기후변화와 환경

김임순 · 박석환

도서출판 동화기술

머 리 말

재앙 수준의 기상 이변이 나타나고 있다. 캐나다 동부 퀘벡주에는 영하 50℃의 살인적인 한파. 미국 뉴햄프셔 주에는 영하 38℃에 체감온도 영하 69.4℃를 나타냈다. 반면 호주 시드니는 47.3℃의 폭염, 파키스탄 남부는 2018년 4월에 기온이 50℃까지 치솟았다. 눈 내릴 확률이 낮은 사하라 사막에 눈이 쌓이기도 했다.

세계경제포럼(WEF)보고서에는 세계가 심각한 위기에 처한다면, 그것은 핵전쟁이나 테러리스트 공격보다, 극심한 기상이변일 가능성이 높다고 발표했다. 이로 인해 발생하는 환경난민의 문제도 증가하고 있다.

미세먼지는 기후변화와 더불어 해결하기 어려운 환경문제 중 하나이다. 비스페놀A와 프탈레이트 등의 내분비장애물질, 식품첨가물, 전자파, 살충제를 포함한 살생물제, 중금속 등도 사람의 건강에 치명적인 문제를 나타내고 있다.

플라스틱 쓰레기의 위해성도 점점 증가한다. 칫솔, 비닐봉지, 스마트폰, 컴퓨터, 자동차 등에 사용하는 플라스틱은 공포로 다가온다. 1907년 리오 베이클랜드의 위대한 발명이 두려운 존재가 되고 있는 것이다. 파도에 의해 부서진 미세 플라스틱은 플랑크톤의 180배로 늘어나, 물고기의 먹이가 되고 있다. 가짜먹이인 플라스틱을 먹고 영양부족으로 죽어가는 어류는 환경오염의 영향이다.

최근에 라돈침대로 떠들썩했다. 침대에서 라돈이 기준치 이상으로 검출된 것이다. 라돈은 국제암연구센터에서 지정한 1급 발암물질로 폐암과 위암을 유발한다. 라돈의 위해성이 침대뿐일까. 주택에도 지하철에도 학교에도 라돈이 기준치이상 노출되어 사람을 공격하고 있다. 실내공기질 측정 결과, 조사대상 학교 408곳에서 권고 기준치를 넘은 자료도 공개되었다. 1990년에 이미 영국 과학전문지 '뉴사이언티스트'는 라돈가스 때문에 영국에서 매해 2500명 정도가 폐암으로 죽고 있다는 결과를 발표했다.

이 책은 기후변화를 중심으로 환경문제를 다루었다. 새롭게 등장하는 그린소비자, 그린제품, 그린마케팅, 그린정보화, 그린관광을 중심으로 최근의 경향을 다루었다. 살생물제와 내분비계 장애물질, 유해물질과 아토피 등 최근의 환경문제도 포함했다. 대기오염, 수질오염, 폐기물, 토양오염 등은 분야별로 구성하였다.

환경에 대한 지식을 갖는 것은 중요하다. 현실을 인지하고 문제를 해결할 수 있는 기초이기 때문이다. 더 중요한 것은 자연의 지혜를 알아채는 것이다. 환경에 적응하는 생명체들은 기생과 공생을 하지만, 사람들은 상리공생으로 함께 살아야 하기 때문이다. 대학생과 환경문제에 관심을 가진 분들에게 도움이 되기를 기대한다.

저자 일동

차 례

5 그린정보화

6 그린관광

7 신재생에너지

8 살생물제와 GMO

9 내분비계 장애물질

10 유해물질과 아토피

11 최근의 환경문제

12 대기오염

13 수질오염

14 폐기물

15 토양오염

기후변화의 원인과 대책

1 CHAPTER

1.1 지구 온난화

1.1.1 지구 온난화의 개념

지구는 점점 더워지고 있다. 산업화와 개발 등 인간 활동에 의해 온실가스가 증가하고 기후변화가 발생하는 것이다. 지구 온난화에 의한 기후변화는 생태계의 변화로 이어져, 인간 생활의 변화를 요구하게 되었다. 환경은 인간을 둘러싼 생활의 터전이다. 이런 환경 변화는 인간의 삶에 영향을 미친다. 환경의 변화를 가져오는 기후변화의 원인은 자연적 요인과 인위적 요인으로 나눈다. 자연적 요인은 지구궤도 요인과 화산 분출, 해수의 순환 변화 등이다. 그러나 인위적인 요인이 더욱 문제가 되고 있다. 인위적 요인은 인구 증가와 산업화, 삼림의 황폐화, 도시 개발에 따른 자연환경의 훼손과 화석연료의 과다 사용 등이다. 자연 환경의 훼손은 자연 생태계의 파괴로 나타나고 에너지 의존형 삶의 방식은 기후변화로 이어지고 있는 것이다. 지구의 평균 온도가 상승하면서 빙하의 감소가 나타나고 해수면 상승으로 인하여 국지적인 침수와 불규칙한 자연 재해 등이 나타나고 있다. 이는 농작물 생산량의 감소로 이어져 식량 부족으로 이어진다.

1.1.2 지구 온난화의 영향

온실가스에 의하여 지구 평균 온도가 상승하면서 빙하가 녹아내리고 있다. 이에 따라 빙하 면적이 감소하고 있으며, 해수면 상승으로 이어지고 있다. 해수면 상승은 도서국가 등의 수몰로 나타나게 되며, 기상이변과 농작물의 생산량 감소를 초래한다. 또한 생태계의 변화, 기후 관련 질병 증가, 가뭄 지역 확대로 인한 물 부족 등이 발생한다. 유엔환경계획(UNEP ; United National Environment Program)은 이러한 문제를 연구하고, 권장안을 만들기 위해 세계기상기구(WMO ; World Meteorological Organization)와 기후변화에 관한 정부간 기구(IPCC ; Intergovernmental Panel on Climate Change)를 설립하였다. 첫 번째 평가는 1990년에 발표되었으며 1996년에는 두 번째 평가서가 발간되었는데, 기후변화는 인간의 활동이 가장 중요한 원인이라고 결론을 내렸다.

1) 지구 평균 온도 상승

지구 온난화란 사람의 활동에 수반하여 발생하는 온실가스가 대기 중에 축적되어 농도를 증가시킴으로써 지구 전체적으로 지표 및 대기의 온도가 추가적으로 상승하는 것을 말한다. 지구의 평균 온도는 1906년부터 2005년까지 지난 100년 동안 0.74℃ 상승한 것으로 나타나고 있다. 이는 IPCC 3차 평가보고서에서 제시한 1901년부터 2000년 사이의 0.6℃ 상승을 웃도는 것이다. 또한 최근 50년간의 온도 상승은 과거 100년 동안의 상승 속도에 거의 2배에 달하고 있어 지구온난화 가속현상을 나타내고 있다.

한국도 지난 100년간 1.5℃ 상승해 세계 평균인 0.74℃보다 온도상승폭이 더 큰 것으로 나타나고 있으며 1980년대부터 온화한 겨울이 지속되고 있다.

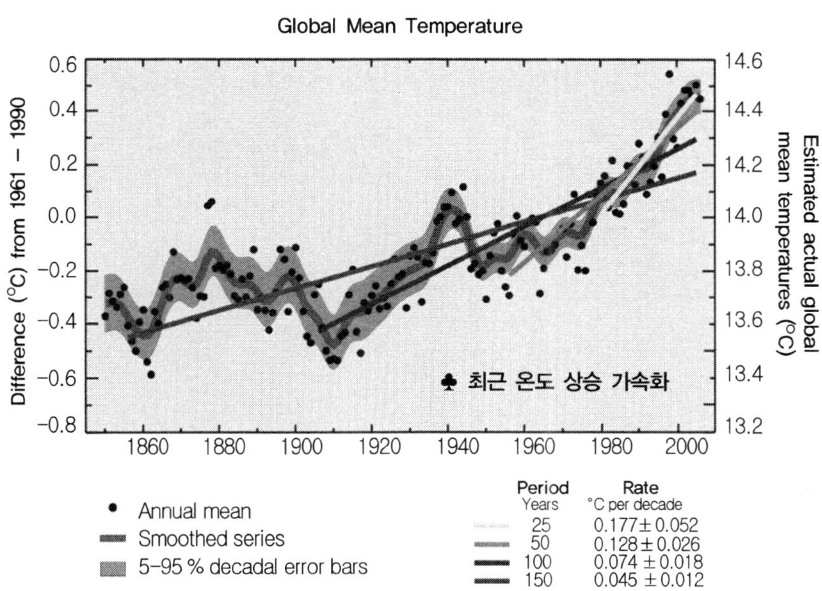

그림 1-1 지구의 온도 상승(℃)

2) 빙하 면적 감소

IPCC의 4차 보고서에는 1993년부터 2003년 동안 그린란드와 남극 빙하 감소가 해수면 상승에 기여한 가능성이 매우 높다고 평가되어 있다.

1978년부터 관측된 위성 자료에 의하면, 북극 빙하는 10년마다 연평균 약 2.7% 정도 감소하고 있으며, 여름철에는 약 7.4% 이상 크게 감소하는 것으로 나타나고 있다. 최근 연구에서는 기후변화에 따른 빙하의 감소가 좀 더 빠르게 진행될 가능성이 있는 것으로 조사되었다.

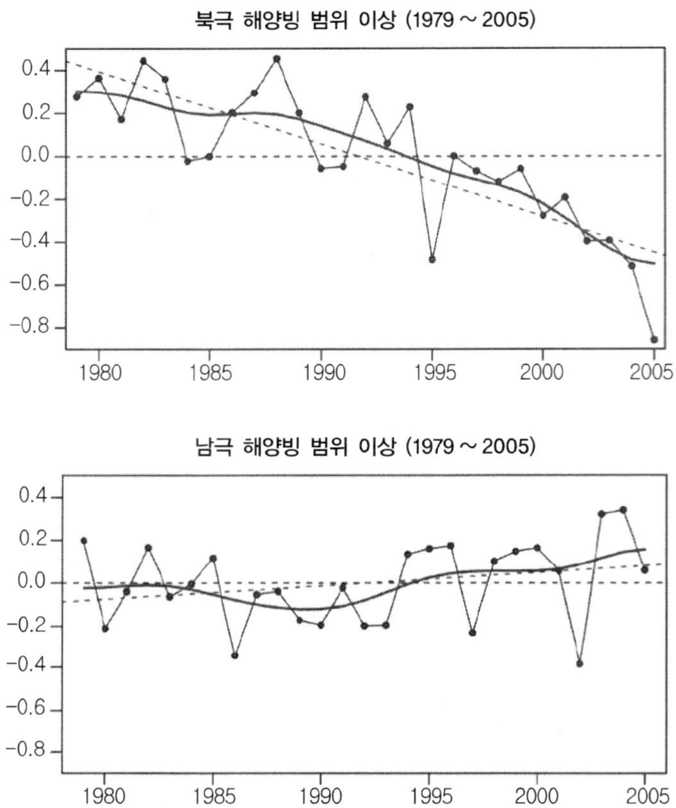

그림 1–2 극지방의 해양 빙하 범위의 변화

3) 해수면 상승

빙하가 녹으면서 해수면은 지속적으로 상승하고 있다. 최근 100년 동안 평균 해수면은 17 cm 정도 상승한 것으로 추정되고 있다. 특히 1961년부터 2003년까지 해수면 상승률은 연간 1.8 mm인 데 비해, 1993년부터 2003년까지 최근에는 연간 3.1 mm로 빠른 속도로 상승하고 있다.

해수면 상승은 해변과 해안의 습지를 위협하고 저지대를 침수시키며, 홍수에 대한 해안지역의 취약성을 증가시킨다. 해수면이 50 cm 상승하면 남대서양과 걸프해안지역을 중심으로 한 북아메리카 해안지역과 방글라데시 같은 섬나라의 일부지역이 유실될 것으로 예측되고 있다. 산업화 이전의 2배인 이산화탄소 농도 550 ppm은 100 cm 이상의 해수면 상승을 가져올 것이며, 1,100 ppm의 이산화탄소 농도는 200 cm 이상의 해수면 상승을 야기할 것으로 예측되고 있다.

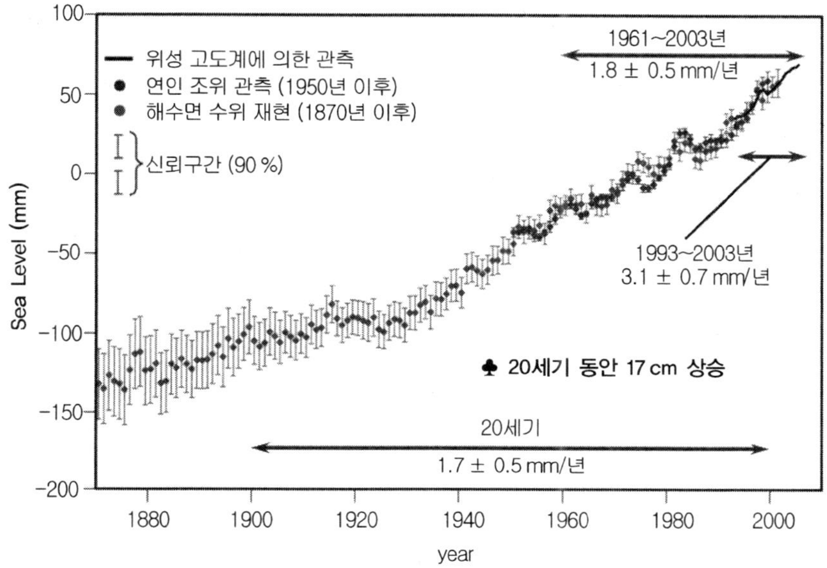

그림 1-3 **전 지구 연평균 해수면 수위(mm)**

4) 기상이변

온실가스에 의한 지구 온난화와 기후변화는 재해로 나타나고 있다. 세계 각지에서 가뭄 및 홍수·폭설·폭염·폭우·한파 등 기상이변에 의한 재해가 빈번히 발생하고 있다. 기후변화에 따라 물 순환이 집중되거나 붕괴되는데, 가뭄과 홍수는 물의 양과 밀접하다. 물 순환의 변화는 어떤 지역에서는 더 심한 가뭄을 나타내고, 다른 지역에서는 홍수를 야기한다.

1993년 미시시피 강의 범람으로 100억 달러의 피해가 발생했다. 1996년 미 남부 평야의 가뭄 피해액은 40억 달러로 추정되었고 미국 레드 강의 홍수는 약 40억 달러의 손실이 발생했다. 유럽에서는 2003년 8월에 열파에 의해서 2만 명 이상의 사망자가 발생했다. 2005년에 발생한 허리케인 '카트리나'는 120만 명이 넘는 이재민과, 1,800명 이상의 사망자가 발생했다. 프랑스는 2017년도에 발생한 태풍 카르멘에 이어 엘리노어가 발생하면서 20대 여성 경찰이 실종되는 등 5명이 숨졌으며, 최소 2억 유로(약 2558억 원) 규모의 재산피해를 입은 것으로 알려졌다.

2015년 12월에 북극 기온이 영하 15℃였는데, 2016년 1월에는 영상 10℃까지 상승했다. 2016년 사하라사막에서는 1979년 2월에 이어 눈이 내리기도 했다. 플로리다에서는 얼어붙은 이구아나가 나무에서 떨어지는 광경도 포착되고 한파로 심장마비와 동상 등으로 최소 18명의 사망자 발생하기도 했다. 2018년 1월 미국 북동부 뉴햄프셔 주에서는 섭씨 영하 38℃, 체감온도 영하 69.4℃를 기록하고 있으며 캐나다 동부 퀘벡 주에는 영하 50℃의 한파가 나타났다. 스페인에는 2018년에 발생한 폭설로 수도 마드리드부터 북서부 도시 세고비아까지 약 70 km구간에 차량 3000여대가 24시간 가까이 고립되기도 했다.

기록적인 한파와 반대로 2018년도 호주 시드니의 서부 펜리스에서는 1939년 이후 가장 더운 기온 47.3℃를 기록했다. 빅토리아 주에서는 낮 기온이 40℃를 넘어가면서 50곳 이상에서 화재가 발생하기도 했다. 500명 이상 사망한 인도의 혹서, 알래스카 해안의 유해 해조류의 이상 번식, 수온상승으로 인한 세계 최대 산호초지대인 호주 그레이트 배리어 리프의 대규모 백화현상도 기상이변의 일부이다.

한국의 기후변화도 여러 측면에서 나타나고 있다. 지구 온난화와 도시화로 인하여 평균 기온은 1.5℃ 상승하였으며, 겨울철 최저 기온의 상승이 두드러지고 있다. 기온 상승은 겨울이 짧아지고 여름과 봄은 길어지는 변화로 나타난다. 서리일과 결빙일 등 혹한 관련 지수는 감소하고, 냉방일과 열대야 등 혹서 관련 지수는 증가하고 있다. 비오는 날은 감소하고 강수량과 호우 발생 빈도가 증가하며, 식물의 서식지와 해양생태계의 변화도 나타나고 있다. 최고 기온을 갱신하면서 한국에서는 2018년 8월 기준으로 35명이 온열 질환으로 사망했다. 일본에서는 열사병과 일사병 등 온열 질환으로 125명 이상이 사망했고, 5만7천여 명이 긴급하게 병원으로 이송되기도 했다.

5) 농작물의 생산량 감소

가뭄이나 홍수 등 이상기후는 농작물의 생산량 감소와 식량 부족 문제를 연쇄적으로 야기하며, 이는 국제 곡물가격 상승으로 이어지게 된다.

2009년 현재 전 세계 밀 재고량은 1억 1900 t으로 25년 만에 최저치를 기록하고 있으며, 미국 가뭄으로 2005년도 밀 생산량이 14% 감소한 것으로 나타나고 있다. 세계 2위 곡물생산국인 인도는 최근 6년 만에 밀을 수입하게 되었다. 옥수수 재고량도 1979년 이후 최저치로 추산되고 있다. 유엔의 식량농업기구(FAO ; Food and Ag ricultural Org anization)에서는 만약 가뭄이나 기상악화로 농작물 생산량이 더 감소하게 되면 매우 심각한 문제에 직면할 것을 경고하였다. 최근에는 옥수수와 밀의 수요는 증가하고 생산은 감소하고 있어 1996년 이후 옥수수는 135%, 밀은 60% 가격 상승이 나타나고 있다.

6) 인간의 건강에 미치는 영향

기후변화는 인간의 건강에 여러 가지 영향을 미치고 있다. 점점 더워지는 온도는 열 스트레스(Heat Stress)에 의한 사망 위험을 증가시킨다. 1995년 7월 시카고에서는 밤낮으로 32℃ 이상으로 더위가 지속되어 465명이 사망했다. 또한 모기와 같은 유해해충이 서식하는 기간이 길어지고 개체수가 증가하면서 말라리아, 뇌염 등과 같은 질환에 노출이 증가할 것이다.

영하 38℃ 정도의 한파는 10분 안에 동상이 발생하기도 하고 심장이상이 나타나 사망하는 것으로 알려져 있다.

1.2 기후변화

1.2.1 기후변화의 개념

기후변화는 자연적 요인과 인위적 요인에 의하여 기후 시스템이 점차 변화하는 것이다. 환경위기로 나타나고 있는 기후변화는 전 세계적으로 인류 생존에 위협적 요소로 대두되고 있다. 각국 전문가로 구성된 UN 산하 '기후변화에 관한 정부간 협의회'인 IPCC에서 발표한 4차 평가보고서에 의하면 인간활동이 기후변화에 90% 이상을 기여한다. 따라서 기후변화에 적극 대응하여야 하며, 화석연료에 의존한 생산과 소비 등을 억제하고 친환경적 패러다임으로 전환해야 한다는 것이다. 이는 기후변화로 인해 발생되는 부정적 영향과 생태계의 변화가 인류에게 직·간접적인 영향을 나타내고 있기 때문이다.

기후변화로 인해 지난 100년간 전 세계 평균 기온이 0.75℃ 상승하였으며, 이 기간 중 1960~2005년에만 0.6℃나 상승하였고, 금세기 말에는 최대 6.4℃가 상승할 것으로 나타나고 있다. 극지방의 얼음은 지난 10년간 2.7% 감소하였으며, 온실가스 배출량은 2000년 대비 2030년까지 25~90% 증가를 예상하고 있다.

해수면은 매년 1.8 mm 상승한 것으로 나타났으며, 1993년 이후 연평균 3.1 mm 상승하고 있고, 금세기 말에는 59 cm 상승할 것으로 예측하고 있다. 온실가스(CO_2) 농도는 산업혁명 이전에는 250 ppm이었으나, 산업혁명 이후 급속히 증가하여 2005년에는 650,000년 동안의 자연적 범위인 180~300 ppm을 상회하는 387 ppm인 것으로 나타났다. 2100년경에는 산업혁명 이전 농도보다 3.2배 증가한 800 ppm을 예상하고 있다.

이러한 기후변화는 생물종 멸종, 기후 관련 질병 증가, 가뭄 지역 확대, 농작물 생산량 감소, 물 부족, 해수면 상승에 따른 도서 국가 수몰, 빙하 면적 감소 등 전 세계적으로 다양한 영향을 미치고 있다.

1.2.2 기후변화의 영향

1) 지역별 영향

(1) 한국

한국은 지난 100년간 평균 기온이 1.5℃ 상승하였고, 이는 세계 평균 상승 기온인 0.75℃를 상회하는 것이다. 서울 등 대도시는 3배인 2℃의 기온 상승이 나타나고 있다. 국립기상연구소 연구 결과에 의하면 21세기 말경에는 한반도 전 지역평균 기온이 4℃ 상승할 것이며, 남한 내륙의 경우는 평균 기온이 3.8℃ 상승할 전망이다.

제주도 용두암의 해수위는 지난 40년간 22 cm가 상승하였으며, 겨울은 짧아지고 열대야는 증가하고 있다. 집중호우가 내리는 날은 일 년에 36.71일로 50년 전보다 13일이 늘어났다. 부산 연안의 해수면도 1973년 이후 7.8 cm가 상승하였다.

국립산림과학원에 의하면 지구 온난화가 계속되어 2℃가 상승하면 기후대가 북쪽으로 150~550 km 이동하며 남부 지방의 전나무와 소나무는 생존이 어렵게 된다. 한국환경정책평가연구원은 3℃ 상승하면 홍수 빈발 등으로 사회 경제적 피해액이 연간 12조~58조 원이 될 것이라고 추정하고 있다. 4℃ 상승하면 강수량이 16% 증가하고 서울, 속초, 강릉, 대전 등이 아열대 기후로 바뀌고 해수면이 42 cm 상승하여 여의도 면적의 226배인 2,233 km^2가 침수될 것으로 국립기상연구소는 예측하고 있다. 5℃가 상승하면 벼 수확량이 최고 20%까지 감소할 것으로 농업과학 기술원이 내다보고 있다. 6℃ 상승하면 여러 종의 산림생물이 멸종하고 진해에서 벚꽃이 피지 않아 벚꽃 축제가 불가능할 것으로 국립산림과학원이 예측하고 있다.

에너지경제연구원의 연구 결과에 따르면 한국의 온실가스 배출량은 2005년을 기준으로 2020년에는 37.7% 증가할 것으로 보인다. 그러므로 에너지 효율 개선과 신재생에너지 비중이 빠른 속도로 증가해야 한다.

기온의 상승으로 한국은 아열대 기후가 남해안과 동해안 지역을 중심으로 북상하고 있으며, 2071~2100년경에는 태백산맥과 소백산맥 등 주요 산지를 제외한 내륙지역까지 아열대 기후가 확장될 것으로 전망되고 있다. 현재 한국에서는 농작물의 생산지가 북상하고, 한류성 어종이 감소하고 난류성 어종이 증가하고 있다. 수온이 낮은 동해안에 상어가 출몰하고 남해안에 백상아리가 나타나는 것도 보고되고 있다. 또한 이상기후로 인하여 태풍 및 게릴라성 집중호우로 인한 피해액도 증가하고, 해안선 유실과 침수가 빈번히 발생하고 있다.

| **표 1-1** | 기후변화에 따른 한국의 영향

• 백령도 아열대 나비 출현	• 설악산 아열대 나비 출현
• 집중호우로 지리산 산사태	• 집중호우로 한계령 산사태
• 대나무 서식지 북상	• 과수재배지 변화(사과, 배, 포도, 복숭아 등)
• 서해안 아열대 해파리 어획 증가	• 동해안 난류성 플랑크톤 증가
• 남해안 연안 수온 0.02℃/년 상승	• 서해안 해수 온도 0.03℃/년 증가
• 남해안 고등어/멸치/오징어 생산량 증가	• 동해안 오징어, 자리돔 어획량 증가
• 제주도 벚꽃 축제 이전에 벚꽃 만개	• 동해안 명태, 대구, 도루묵 어획량 감소

기온 상승으로 인하여 말라리아의 매개체인 모기가 장기간 활동하고 개체수가 증가하게 되면서 말라리아 환자도 증가하고 있다. 1994년에는 말라리아 환자가 5명 발생하였는데 2006년에는 2,051명으로 증가하였다. 쌀 수확량도 남부와 중부지방은 3~4% 감소한 반면 북부지역은 증가하고 있는 추세이며, 여름 기간이 증가하는 반면 겨울 기간이 감소하고 있다.

(2) 극지방

북극 및 남극 지역에서는 생물종 침입을 막을 기후 장벽이 저위도로 하강하여 생태계와 서식지가 취약해질 것으로 예상된다. 예측되는 주요 생물학적(biophysical) 결과는 철새, 포유류, 고등 포식자를 비롯해 많은 생물체에 대한 영향이 나타나고 빙하의 두께 및 범위가 감소되며 자연생태계의 변화가 일어나고 있다.

북극 지방 공동체는 눈과 얼음 상태의 변화로 인해 기반시설 및 자생적 생활방식에 대한 영향이 클 것으로 예상되고 있다. 2009년 현재 북극지역의 대기온도는 5℃ 증가하고 산지빙하는 40% 감소한 것으로 보고되고 있다.

(3) 유럽

기후변화는 내륙 돌발홍수 위험 증가, 해안 홍수 빈도 증가, 침식 증가 등이 예측되고 있다. 산악 지역은 빙하 퇴각, 적설량 및 겨울 관광객 감소, 광범위한 생물종 소실이 나타나며, 남부 유럽에서는 이미 고온과 가뭄이 나타나고 있다. 물 문제, 여름 관광객의 감소, 전반적인 작물 생산량의 감소도 예측되고 있으며, 열파로 인한 건강 위험과 산불 빈도 증가도 예측되고 있다. 킬리만자로산은 1912년에 비해 80% 빙하가 녹고, 케냐산은 1963년과 비교해 40% 얼음이 녹은 것으로 보고되고 있다.

(4) 아시아

해안 지역과 인구 밀도가 높은 도시에는 바닷물의 범람과 강물 범람이 증가하여 다양한 형태의 위협이 증가할 것으로 예측되고 있다. 또한 큰 강 부근에서는 사용가능한 담수가 감소할 것으로 예측된다. 홍수 및 가뭄과 관련한 질병에 의하여 사망률과 사망자 수도 증가할 것으로 예측되고 있다.

(5) 아프리카

2020년까지 일부 국가에서 천수답 농사의 수확량이 최대 50% 감소하여 농산물 생산량이 심각하게 감소하며, 기후변화로 인한 물 부족도 예측되고 있다. 2080년까지 아프리카의 건조 및 반건조 지대가 5~8% 증가할 것으로 예측되며, 해수면 상승은 인구가 많은 해안가 저지대에 영향을 줄 것으로 예측되고 있다.

(6) 아메리카

북아메리카는 기후변화의 초기에 천수답 농사의 총생산량을 5~20% 증가시킬 것이나 지역에 따라 차이가 크게 나타날 것으로 예측되고 있다. 서부 산악 지역의 온난화는 눈으로 덮인 들판(snowpack) 감소, 겨울철 홍수 증가, 여름철 강우 감소를 유발하여 수자원 경쟁을 악화시킬 것으로 예측된다. 열파를 겪고 있는 도시들은 발생 횟수, 강도, 지속기간이 더욱 증가될 것이고, 그로 인해 건강의 문제도 발생할 수 있으며, 해안 도시와 거주지는 기후변화의 영향이 점점 더 심해질 것으로 예측되고 있다.

라틴아메리카는 강수 패턴의 변화와 빙하 소실로 수자원에 부정적인 영향을 줄 것으로 예측되고 있다. 온도 상승과 토양 수분의 감소로 인해 아마존 동부 지역에서 열대 우림이 초원화되고, 반건조 식생은 건조 식생으로 대체되는 경향이 예상된다. 많은 지역에서 종의 멸종에 따른 생물 다양성이 감소하고, 일부 중요 작물의 생산량과 가축 생산성이 감소하면서 식량 확보에 문제가 발생할 것으로 예측되고 있다.

(7) 호주와 뉴질랜드

2020년경에는 생태계가 풍부한 지역에서 생물 다양성이 감소될 것으로 예측되고 있으며, 2030년경에는 물 확보 문제가 악화되고 농업 및 산림 생산량이 가뭄과 화재로 인해 감소될 것으로 예측되고 있다.

2050년경에는 호주와 뉴질랜드 일부 지역의 지속적 해안 발달과 인구 증가로 인하여 해수면 상승, 염분 증가, 폭우와 해안 범람 빈도의 증가 등이 예측되고 있다.

(8) 작은 섬들

해수면 상승은 카리브해와 태평양 등의 작은 섬들을 침수시킬 가능성이 있으며, 중요한 기반시설, 거주지, 섬 주민들의 거주환경을 위협할 것으로 예측된다. 수자원 부족과 비토착 생물종의 침입이 증가할 수 있으며 해변 침식과 백화 현상을 통한 해안 상태의 악화로 지역 자원에 영향을 줄 것으로 예상되고 있다.

2) 분야별 영향

(1) 농업

물 공급 등은 농업 생산량을 결정하는 중요한 요소이므로 기후변화는 식량 공급에 큰 영향을 끼칠 것으로 예상된다. 물은 매우 가치 있는 자원으로 생활용수와 농업용수, 산업용수 등으로 사용된다. 물이 풍부한 곳에서는 비옥한 토지가 형성되고 농업생산량도 증가한다. 그러나 기후변화로 인한 가뭄이 지속되면 농업생산량의 감소와 함께 사막화가 진행되기도 한다.

관개농업으로 물을 공급할 수 있게 되면 환금작물의 재배가 가능하다. 건조지역에 농업용수를 살포하면 초기에는 생산량이 증가하지만, 장기화되면 증발량이 높아 토지의 비옥토가 저하되고 생산량이 감소하게 된다. 토양에 염분이 축적되어 식물 성장이 억제되고 토양의 생산성이 저하되는 것이다. 토양의 염분도 증가와 함께 호수의 유량 감소, 수중생태계 파괴 등도 가시화된다.

도시가 성장하면서 농업을 하려는 농부와, 생활용수를 사용하려는 도시거주자의 갈등도 나타나게 된다. 증가하는 물 수요는 물 부족을 발생시키고, 결국 누가 물을 얻을 것인가를 결정해야 한다. 또한 기후변화로 인한 가뭄으로 대규모 화재를 발생시키기도 하고, 거센 바람으로 엄청난 피해를 야기하게 된다.

농산물의 재배지 변화도 나타나게 된다. 한국의 경우는 기온 상승으로 가을보리 재배 한계선이 북상하고 있으며, 겉보리는 재배 한계지가 확대되고 있다. 사과와 배는 만개기가 빨라지고 만개 소요일수가 짧아지며, 품질 저하가 예상되고 있다. 온도 상승에 따른 품질 변화는 한반도의 사과 재배 적지에도 변화를 가져와 현재 재배 면적 27,000 ha가 온도가 3℃ 상승하면 15,000 ha로 축소될 것으로 예상된다. 또한 제주도에서만 재배되던 한라봉이 전남 고흥, 경남 거제 등지에서 재배할 수 있게 되고, 감귤 재배지는 해발 200 m 이하 해안과 평지에서 250~350 m의 산지로 변화하고 있다.

IPCC 4차 종합보고서에 의하면, 중위도~고위도에서 지역 평균 기온 상승이 최대 1~3℃인 지역은 작물에 따라 수확고가 약간 증가할 것이나 그 이상 상승하는 지역에서는 감소할 것으로 전망되고 있다. 또한 건조한 열대 지역에서는 기온이 1~2℃ 상승하더라도 작물 생산량이 감소할 것으로 전망되고 있다.

(2) 어업

수온 변화는 어종의 변화와 함께 개체수의 변화로 나타나게 된다. UN 농업식량기구(FAO)는 기후변화에 의한 해수 변화로 어류의 영향이 클 것으로 예측하고 있다. 특히 산란을 위해 바다에서 강으로 회귀하는 연어의 피해가 클 것으로 예측하였으며 각국의 연안, 공해 등이 영향을 받게 될 것이라고 전망하고 있다.

한국의 국립수산과학원 조사 결과에 따르면, 서해안에서 대표적 난류성 어종인 살오징어, 멸치, 병어류, 고등어가 전체 어획량의 56.6%를 차지할 정도로 난류성 어종의 어획 비율이 높아지고 일부 어종이 북쪽으로 분포되는 것으로 나타나고 있다. 2007년 3월경에는 강원도 고성 및 속초 지역에서 난류성 어종인 오징어의 생산량이 급증하고 명태와 청어 등 한류성 어종의 어획량은 급감한 것으로 나타났다. 해수 온도 상승에 따라 어류의 질병발생 미생물과 기생충 번식의 확대로 집단적 폐사 가능성도 잠재되어 있다.

기후변화로 인한 강수량의 변화는 민물어종에도 영향을 미친다. 갈수기가 지속되면 하천의 강수량이 줄어들고, 유해물질의 농도가 증가하는데, 이는 어류 개체수의 감소와 물고기의 기형 등으로 나타나게 된다. 강우량의 감소는 수질오염을 가속화하며, 오염에 의한 어종과 생태계의 변화는 상위포식자인 조류에게도 영향을 준다. 물고기를 잡아먹는 새 등의 상위포식자 지방조직 내에는 유해물질이 농축되고, 이는 사람들에게 먹이사슬을 통하여 이동된다. 결국 어류뿐 아니라 생태계 전체에 부정적인 영향이 나타나게 되는 것이다.

| 표 1-2 | 기후변화에 대한 예측

기후변화에 따른 수산업의 영향	confidence 분류
• 생태계의 지리적 이동과 내부 변화로 인해 해면 및 내수면 어종이 뒤섞이는 현상 및 산란 지역의 변동 발생	high
• 수산 자원의 성장기간 장기화, 겨울철 치사율 감소 및 고위도 지역 어류의 빠른 성장, 수산자원의 산란 패턴 변화, 이동 경로 변화 야기	high
• 새로운 어족 자원의 분포가 달라짐	high
• 연어 등 내수면에서 산란하는 어족은 기후변화에 영향을 받을 가능성이 큼	high
• 생태계 변화에 따라 장기적으로 수산자원의 경제적 가치 하락	medium
• 특정 어종에 대해 의존성이 높은 어업은 기후변화로 인해 불균형적 발생	medium

(3) 수자원

물은 자유재로 생각되었으나, 이제는 경제재가 되어 수자원으로 인정된다. 수자원은 토양, 하천, 지하수, 해양의 경로로 순환하기 때문에 재사용이 가능한 자원이다. 수자원의 97%는 바다에 있다. 바다는 지구 표면의 71%를 차지하며, 평균 깊이는 3.73 km, 가장 깊은 곳은 11 km다. 수자원의 공급원은 강우다. 한국은 1년에 평균 약 1260 mm의 비가 내려서 세계 평균 970 mm의 1.3배가 되지만 1인당 강수량은 연 300톤으로 세계 평균의 11분의 1밖에 되지 않는다. 비가 내리면 약 반 정도는 증발과 증산에 의해 대기로 들어가고, 나머지는 하천으로 흘러 바다로 유입된다. 땅속에 스며든 물은 토양 상층부와 암석층의 토양 입자 사이에 있는 빈 공간을 채운다.

수자원의 용도는 가정용수, 농업용수, 공업용수, 하천수 등이다. 기후변화가 진행되면 기온, 강수 등의 변화가 수문 시스템에 영향을 미쳐 수자원의 변동을 초래한다. 강수량과 강수 발생 빈도가 감소하면, 증발산량이 증가하고 지하수 이용량이 증가하여, 지하수량과 하천유출량이 감소하고 수질오염이 증가할 것이다.

강우량은 동남아시아의 인구가 많은 지역을 포함하여, 고위도와 일부 아열대 지역에서 증가할 전망이고, 중위도의 일부 건조 지역과 건조한 열대 지역에서는 강수량 감소가 나타날 것으로 전망되고 있다. 비가 많은 곳은 폭우의 형태로 장마 등을 발생시키고, 비가 적은 곳은 건조와 화재, 사막화 등으로 더욱 수자원의 고갈이 나타나게 된다. 수질과 생태계 측면에서는 기온 상승으로 식물과 토양의 증발산을 증가시켜 갈수기의 하천유량을 더욱 감소시킬 수 있으며, 하천 수위의 저하와 수온의 상승은 수질을 악화시킬 수 있다. 또한 수위가 낮고 온도가 높을수록 박테리아와 부영양화 및 금속오염 수준이 증가하여 수중 동식물의 생존에 위협을 주게 된다.

한국은 강수량의 계절변동성이 크고 인구 밀도가 높아, 기후변화로 나타나는 홍수와 가뭄 등에 취약할 것으로 예측되고 있다. 온도 상승으로 최대 강수량이 증가하고, 최대 홍수량도 크게 증가하여 댐과 같은 인공구조물의 안전에 영향을 미치게 될 것으로 예측된다.

(4) 지구 재난

미국과 유럽에서 최고 기온 32℃가 넘는 날이 증가하고 있다. 2010년부터 2020년 사이에는 열염 순환이 변화되고 멕시코 난류로 따뜻하게 유지되던 유럽 기후가 냉각될 것으로 예측되고 있다. 난류가 북쪽으로 적게 흘러 북유럽과 동북미 지역에 기후변화가 나타날 것이고, 2040년경에는 기온 상승으로 말라리아, 심장질환, 오존 피해 등이 나타날 것이며, 2050년경에는 생물의 멸종현상이 증가할 것으로 예측되고 있다. 2080년경에는 식량 부족으로 기근현상이 예측되며, 물 부족과 홍수 위험, 전 세계 해안의 30% 정도 침수, 아마존 열대 우림의 붕괴 등이 우려된다. 지구 온도가 6℃ 상승하는 경우에는 모든 빙하가 사라지고, 생물종 절반이 멸종 위험에 처할 것으로 예측되고 있다.

1.3 선진국의 기후변화 대응

유엔기후변화협약(UNCFCCC ; United Nations Framework Convention on Climate Change)의 목적은 기후변화가 식량 생산과 지속 가능한 발전을 위협하지 않을 수준으로 온실가스 농도를 안정화하는 것이다. 공통 의무사항은 온실가스 배출량 감축을 위한 국가전략을 수립하고 국가보고서를 작성하는 것이다. 교토의정서는 강제적인 감축의무를 설정하여, 부속서1 국가는 1차 의무이행기간(2008~2012년)에 온실가스 배출량을 1990년 대비 52% 감축하는 것이다.

기후변화 대책이 필요한 이유는 지구 온난화가 점점 가속화되고 있고, 자연재해와 생태계에 큰 영향을 준다는 것이다. 또한 적응대책을 구현하기 위한 시간이 오래 걸리며, 사전예방이 효율적이라는 측면이 중요하게 다루어지고 있다.

1.3.1 미국

미국은 정부 주도의 기술 개발과 민간 주도의 상용화 전략을 기본으로 한다. 주 정부는 자체적 온실가스 감축을 추진 중이며, 신재생에너지 의무할당제, 바이오메탄올 사용 지원 등을 통하여 그린산업을 지원하고 있다. 실리콘계 태양전지, 태양열 발전, 바이오에탄올, 석탄가스와 복합 화력 발전, 탄소포집기술 등에 대한 연구개발을 지원하고 있다.

2017년까지 석유 소비량을 20% 감축할 것을 목표로 하고 있으며, 재생에너지 비중을 2007년 기준 3%에서 15% 확대하는 것을 계획하고 있다. 1990년대 초부터 기후변화영향평가 등의 대책을 마련하고 기후변화 시나리오를 이용한 자연재해, 해양환경, 수문환경 등에 대한 영향예측 연구가 진행되고 있다. 이는 연방정부 부처들이 합동으로 참가하는 형태로 통합 관리되고 있다.

기후변화과학 프로그램은 1989년에 설립되었으며 인간에 의해 유발된 변화에 대한 불확실성을 다루고, 지구 변화를 예측하며, 국가적 의사 결정에 대한 과학적 기반을 제공하고 있다. 기후변화와 관련된 대기 조성 연구, 기후변화 및 변동, 탄소순환, 물 순환, 생태계 변화, 토지 이용도 변화, 인간의 영향 등을 연구하고 있으며, 이에 대한 종합판단·평가보고서를 제공하고 있다. 미국의 2009년도 기후변화 수행 과제는 다음과 같다.

- 지구권의 통합적 분석
- 대기와 해양의 관측기록 정밀 집계
- 지구 온난화 과정에서 발생하는 급격한 기후변동 조사
- 돌발적인 급격한 기후변동에 대한 조기경계 시스템의 실현
- 에어로졸이 기후에 미치는 영향의 정량화
- 고위도 지역의 탄소 순환 연구
- 연속적인 물 순환 예측기술과 응용기술의 개발
- 생태계의 변화 예측
- 이산화탄소 외 온실가스, 수증기, 구름 등 연구 분석

1) 대기 조성 연구

미국은 대기 조성 연구를 위하여 대기 성분 및 화학적 특성에 관한 연구를 수행하고 있으며, 온실가스의 관측 지역을 확대하고 있다. 이 연구는 관측기록을 집계하여 데이터를 정량화하여 축적하고, 급격한 기후변동에 대한 조기경계 시스템 구축에 이용하고 있다. 또한 자외선 복사 관측과 대류권 오존 연구에도 중점을 두고 있다.

2) 기후 변화 및 변동

중요한 기후 요소인 온도, 강수, 구름, 바람, 폭풍우 등이 인간의 활동과 자연적인 변화에 의해서 영향받는 부분에 대한 연구하고 있다. 계절 및 10년 단위의 기후 예측, 기후변화 탐지 및 원인 규명, 기후변화의 장기 예측, 광역 및 지역규모의 극한 기후변화, 급격한 기후변화의 원인 규명 등에 초점을 맞추고 있다. 과거 기후의 연구를 통하여 환경의 기록을 파악할 수 있기 때문에 고기후 연구도 활발히 진행하고 있으며 통합형 지구권의 해석을 기본으로 한다.

3) 탄소 순환

산업활동과 인간의 활동에 의해 대기 중에 방출된 탄소의 역할과 대기 중의 이산화탄소 농도를 중점적으로 연구하고 있다. 또한 농경지 사용과 탄소와의 상관관계, 이산화탄소 증가에 따른 미래의 환경 변화에 대한 연구를 추진하고 있다. 2003년부터는 기후변화의 원인 중 메탄의 역할이 강조되어 이에 대한 연구가 활발히 이루어지고 있으며, 이산화탄소 흡수원으로서 해양과 산림의 역할도 중점적으로 연구되고 있다.

4) 물 순환

연속적인 물 순환 예측기술과 응용기술 개발에 중점을 두고 있다. 따라서 강수측정의 정확도 향상과 대기 온도의 변화, 수증기의 양과 복사량, 구름과 강수, 바람과 표층 해수 온도, 식생 분포, 눈과 얼음의 분포 등에 중점을 두고 연구를 추진하고 있다. 육지로부터 연안으로 유입되는 영양염의 이동과 계절적인 물 순환 변화예측의 정량화를 위하여 노력하고 있다. 농경지의 사용과 기후변화가 물 순환에 미치는 영향을 중점적으로 연구하고 있다.

5) 생태계 변화 연구

기후에 따른 생태계의 변화를 예측하고, 토지 사용이 대기의 화학성분 및 생물생산성에 미치는 영향을 정량적으로 분석한다. 이는 생태계의 안정성에 중점을 두고 있다.

6) 토지 이용도 변화

토지 이용과 지표면 특성이 기후변화에 미치는 영향에 관한 연구는 2003년부터 부각되기 시작하였다. 일사량의 대부분은 눈에 덮이지 않은 바다나 숲에 의해 반사되므로 논과 얼음의 피복도는 기후변화의 중요한 요인이 된다. 빙하의 감소와 개발에 의한 토지 이용은 지표면 특성 변화를 유발하므로 시공간적 분포를 결정하는 과정에 대한 연구가 중요하다.

7) 인간의 영향

인간 활동이 수중 생태계 및 대류권에 미치는 영향은 직접적이거나 간접적으로 나타난다. 따라서 온실기체가 사회 경제에 미치는 영향, 대기오염의 상관관계, 성층권 오존 결핍의 영향에 관한 연구 등이 주된 연구 분야다. 온도 증가에 따른 인간의 건강 문제도 밀접한 관계가 있으므로 집중 연구되고 있다. 예를 들면, 말라리아나 뇌염을 발생시키는 모기는 개체수 증가와 장기간 생존으로 질병발생률을 증가시킬 수 있다.

1.3.2 일본

일본은 탄소 저감기술을 육성하고 세계시장 선점을 위해 개도국에 대한 기술 지원을 강화하고 있다. 2050년까지 저탄소 사회 진입을 목표로 하고 신재생에너지관련 산업을 지원하고 있다.

위성, 관측선, 지상관측망 등으로 최적화된 대기・해양 시스템을 구축하고 관측 자료는 지구환경 문제와 관련된 정책에 적용하며, 정보 공유를 통해 전지구관측시스템(GEOSS ; Global Earth Observation System of Systems) 등에 기여하고 있다. 또한 지구 온난화, 기후변화, 이상기후, 환경기상 등의 문제에 대해서 관계부처나 지방자치단체 등이 정보를 제공하여 그 기관의 요구에 부합하는 정보를 제공한다. 국내 관계 기관과의 연계를 통하여 기후변화 대응에 필요한 관측 시스템 구축 등의 사업을 수행하고 있다.

세계기상기구(WMO)와 유엔환경계획(UNEP)이 공동으로 설립한 IPCC의 활동이나 WMO의 '지구대기감시(GAW ; Global Atmosphere Watch) 계획' 등에 협력하고 지구환경과 관련된 정보 제공 및 지원을 통하여 지구 온난화에 대한 역할을 수행하고 있다. 중점추진정책은 지구 온난화 감시와 예측 정보의 제공, 계절 예보와 이상기상에 관한 정보 제공, 국민 생활 안전에 필요한 환경기상 정보의 제공 등이다.

1) 지구 온난화 감시와 예측 정보 제공

지구 온난화 대책을 추진하고 이와 관련된 국제적인 논의를 주도하기 위해서 최신의 과학 정보가 필요하다는 것에 바탕을 두고 정보 제공을 중요하게 다루고 있다. 지구 온난화의 완화 및 적응 방안 수립과 객관적 지식 보급에 기여할 수 있도록 국제기구, 국내 관계부처, 지방자치단체, 일반 국민을 대상으로 정보를 제공하고 있다.

일본 기상청의 중점 추진정책은 지구 온난화 감시・예측에 관한 정보 제공, 계절 예보와 이상기상에 관한 정보 제공, 황사・광역 대기오염 등 환경기상에 관한 정보 제공 등이다.

(1) 지구 온난화 예측 강화

지구 온난화 예측의 불확실성을 줄이기 위해, 위성 관측기능, 관측선 등 해양 관측기능 및 관측자료 수집 체계를 강화한다. 이는 온실가스 해석기술 개발을 바탕으로 지구 대기농도 정보를 제공하고, 해양 이산화탄소 축적량과 대기와 해양 간 교환량 등에 대한 해석기술을 바탕으로 한다.

(2) 지구 온난화 예측 정보의 고도화

탄소 순환이나 에어로졸 등의 영향을 상세하게 반영한 지구 시스템 모델을 개발하고 이상기상을 예측하기 위한 구름 해상도 지역기후 모델(4 km 해상도) 및 극단현상 평가기법 개발을 추진한다. 이는 불확실성을 줄인 지구 온난화 예측 정보를 제공하고, 30년 후 일본의 극단현상에 관한 예측 정보를 제공하기 위한 것이다.

(3) 일본의 지구 온난화에 관한 보고서 발표

일본의 보고서 발표는 지구 온난화에 관한 과학적 견해를 제공하는 것이다. 약 5년마다 간행해온 '이상기상 리포트'를 보완하여 발표하고, 보도와 홈페이지 등의 다양한 방법을 통해 지식을 보급하고 활용할 수 있도록 체계를 강화하고 있다. 정보 공개와 정보 공유를 통한 효율적인 시스템을 가동하는 것이다.

2) 계절 예보와 이상기후 변화에 대한 정보 제공

기후변화가 초래하는 사회적 활동에 미치는 영향을 감소시키기 위하여, 계절 예보와 이상기후의 정보를 제공한다. 이는 수치예보 모델의 개선 등 기술 개발을 추진하고, 관련기관의 기술 교류를 촉진하기 위한 것이다. 따라서 확률 정보에 대한 홍보를 추진하고 효율적인 활용 사례를 다른 분야에 보급할 수 있다.

(1) 계절 예보의 정보 제공

예보 정확도 향상 및 최고·최저 기온 등의 필요사항을 고려하여, 일반 국민이 알기 쉬운 계절 예보를 제공한다. 또한 연계를 통해 분야별로 사용하기 쉽고, 효율성이 높은 확률 밀도 정보 등을 보급한다.

(2) 극단 현상에 대한 정보 제공

기상이변과 지구 온난화 등 기후변화와의 관계 등을 포함한 이상기후를 조사하여, 위험도를 보완한다. 해양과 열대 해역의 변동이 일본의 기상에 미치는 영향을 평가하기 위하여, 동태평양 지역의 엘니뇨·라니냐 현상과 함께 서태평양·인도양의 열대 해역까지 확대한 정보를 제공한다.

(3) 이상기후 조기경계 정보 제공

농업 등의 분야에서 정확한 기후 위험 관리를 지원하고, 관계기관과 협력하여 활용기술 개발 등을 추진하며 정보의 가치를 보다 향상시킨다. 또한 '이상기후 조기경계 정보'에 일본 해역에 대한 강설량 등의 예보를 추가한다.

3) 국민 생활 안전에 필요한 기상 정보

황사와 오존 등의 대기오염물질이 생태계와 사람의 건강에 악영향을 미칠 가능성을 인지하고, 국민을 대상으로 과학적 근거에 기초한 정보를 제공한다. 이는 지구환경에 영향을 미치는 기상의 정보 제공을 강화하는 것이다. 또한 황사, 대기오염, 자외선과 관련된 수치예보 모델 개선 등의 기술 개발과 정부기관이나 지방자치단체 등과 연계된 효과적인 정보를 제공하는 것이다.

(1) 광화학 스모그와 관련된 정보 제공

대기오염 원인물질의 분포를 예측하는 수치예측 모델의 실용화를 진행시키고, 이를 통해 광역 대기오염 상황을 포함한 스모그 기상 정보를 향상시킨다.

(2) 정확한 황사 정보 제공

황사가 교통과 일상생활에 미치는 부정적인 영향을 저감시키기 위하여 관측자료 교환, 기술 교류 등을 통한 정확한 황사 정보를 제공한다.

(3) 자외선 예측 정보

인체에 미치는 자외선의 문제 등을 사전에 예방하기 위해 정밀한 자외선 예측정보를 제공한다.

1.3.3 호주

호주 정부는 온실가스에 관련된 연구 활동을 광범위하게 지원하고 있으며, 기후변화 및 그로 인한 잠재적 영향에 관한 정보를 향상시키고 있다.

호주 기후변화과학 프로그램(ACCSP ; Australian Climate Change Science Program)은 산업계, 사회 그리고 정부기관에 기후변화에 관한 더 좋은 정보를 제공하는 것을 목표로 한다. 기후변화의 원인, 특성, 결과에 대한 분석을 통하여 긍정적인 개선가능성을 추구하는 것이다. 이 프로그램은 기후변화부가 운영하고 있으며 호주 기상국과 협력하고 있다.

연구 분야는 남반구 해양 순환을 규명하고 기후에 미치는 영향을 분석하는 것을 기본으로 한다. 또한 기후변화에 따른 호주 생태계의 변화에 대한 정보를 확보하는 것이다. 따라서 호주 및 전 지구 기후에 영향을 미치는 구름형성 및 에어로졸과 같은 대기 프로세스에 대한 이해를 기본으로 한다. 미래 기후변화 및 영향 예측에 대한 기후 시스템의 수치 모델에 관련된 지식의 결합을 통하여 정보를 구축한다.

주요 연구과제는 기후변화의 주요 원인 규명, 기후 모델링 시스템의 개선, 기후변화와 기후변동 및 극단기상 연구, 지역 기후변화 전망, 국제협력 등을 중심으로 연구하고 있다.

1) 기후변화의 원인 규명

호주 지역 기후의 과거, 현재, 미래의 변동을 정보로 구축한다. 또한 남반구, 태평양, 인도양 등의 해양 프로세스와 해수면 상승에 대한 연구를 중심으로 한다. 에어로졸 및 구름에 의한 기후변화와 호주 지역의 탄소 순환 변화를 통하여 기후 변화의 원인을 규명하며 과거의 기록을 제공해줄 수 있는 고기후 과학을 포함한다.

2) 기후 모델링 시스템의 개선

호주 공동기후지구시스템 시뮬레이터(ACCESS ; Australian Common Climate Earth System Simulator)를 개발하여 지구 시스템을 모델화한다. 대기, 해양, 육상의 포괄적인 자료를 구축하고 모델 수행 능력을 개선한다.

3) 이상기후 연구

이상기후 사례의 발생 빈도와 강도를 자료화하고, 호주에서의 극단 기후 사례를 모델링한다. 자연 변화에 대한 이해와 모델 수행 능력을 개선한다.

4) 기후변화 전망과 국제 협력

확률 개념을 통해 기후변화의 범위를 전망할 수 있는 능력 개발을 기본으로 진행한다. 정보의 구축 방식을 강화하고 불확실성 및 리스크의 정량화를 포함한 새로운 접근 방식을 연구하고 있다. 온실가스에 의한 기후변화에 대하여 전 지구 및 남반구 지역에서 국제 협력을 강화하고 있다.

1.3.4 유럽연합(EU)

EU (European Union)는 지구 평균 온도를 산업화 이전 대비 2℃ 이내 상승 억제를 목표로 하고 있다. 또한 1990년 대비 온실가스 배출량을 2020년까지 최소 20%, 2050년까지 60~80% 감축하는 것을 계획하고 있다. 이를 위하여 2005년 1월부터는 EU 배출권거래시장을 개설하고, 2007년 3월 EU 정상회담에서는 기후변화 장기 대응정책 방향을 논의하였다.

영국에서는 2008년 그린혁명계획을 수립하고 국가 에너지 공급체계를 혁신하여 전력생산의 15%를 신재생에너지로 공급하는 계획을 시도하여 2050년까지 탄소제로 국가를 목표로 하고 있다. 이를 위해 탄소배출권 거래제를 시행하고 있으며, 배출권 거래 전담기관을 신설하였고 정부 및 지자체 건물에 대한 강제 배출권 거래제를 추진하고 있다. 또한 국민 개개인이 각자 1년간 허용된 탄소배출량으로 비용을 지불하는 개인탄소할당제도를 시도하고 있다.

독일은 에너지 정책을 신재생에너지 개발로 전환하여 선진국으로 도약하고 있다. 1990년대 후반부터 신재생에너지 관련 기술 개발과 시장 선점에 주력하고 2000년에는 재생가능에너지법을 제정하였다. 특히 태양광 발전과 바이오디젤 생산에 집중 투자하며, 1990년 대비 2020년까지 온실가스 배출을 40% 감축할 것을 목표로 하고 있다. 이를 위하여 전기 절약, 신규 발전소 건설, 재생 에너지 비중 확대 등을 진행하고 있다.

EU는 1980년대부터 자금을 조성하여 기후변화에 관한 연구 및 기술 개발을 위해 정책 목표를 설정하여 추진하고 있다. 유럽 연구개발 프로그램을 통하여 27개회원국의 과학자들을 결집시키고, 유럽 이외의 과학자들에게도 참여기회를 개방하고 있다. 대부분 연구개발 프로그램에 대한 EU의 부담액은 일부이고 각 국가 차원에서 추가 자금을 투입하고 있다. 또한 유럽의 중점 연구 분야를 각 국가의 연구공동체나 민간 부문에 공개하고 있다. EU의 기후변화와 그 영향에 대한 관측과 예측, 기후변화의 영향에 대응하는 방법과 비용효과 분석, 기후 관련 기술의 개선과 검증 및 신기술 개발 등이 중점 연구되고 있다. 기후 관련 연구주제는 환경, 에너지, 수송, 안전 모니터링 등이다.

1) 환경 부문

기후변화에 대한 이해와 대응력의 강화를 목표로 한다. 따라서 기후와 지구 시스템의 미래 변화에 대한 예측 능력 향상, 지역적인 기후 정보의 정확성과 활용, 기후변화의 물리적 측면과 사회과학적 측면의 통합, 기후변화에 의한 물 순환의 변화, 이상기후, 인간의 건강 피해 평가, 기후변화에 취약한 국가나 지역에 도움이 되는 효과적인 대안 개발 등이 중점적으로 다루어진다.

2) 에너지 분야

에너지 공급과 지속 가능한 에너지 시스템의 개발을 지원하는 것이다. 따라서 에너지 시스템 전체에서의 효율 향상, 에너지 공급의 재생 가능 에너지 비율 향상, 수송 부문에서의 대폭적인 탈탄소화, 온실가스 배출 삭감 등이 다루어진다.

3) 수송 부문

온실가스의 배출을 저감하기 위한 효율적인 수송 시스템의 개발을 기본으로 한다. 항공수송은 이산화탄소의 배출을 줄이고 질소산화물(NO_x)의 배출을 감소시키는 기술로 항공기의 환경 영향을 저감하는 것이 목표다. 적용 대상은 엔진, 대체연료, 항공기의 새로운 설계 구조, 공항 운영 및 교통 관리 등이 포함된다. 육상운송은 대기·수질·토양 오염을 경감하기 위한 기술과 지식의 개발을 추구하고 있다. 따라서 하이브리드 기술을 포함하여 깨끗하고 효율성 높은 엔진 및 구동장치, 수소 및 연료전지의 이용을 통한 대체연료, 차량 및 선박의 폐기에 관한 전략개발, 비용과 에너지 효율에 관한 문제 등이 포함된다.

4) 안전 모니터링 부문

인공위성의 지구 관측에 의한 기후변화 관측에 초점을 맞추고 있다. 이에 따라 안전 확보를 위한 위성관측 시스템 및 조기경계 시스템의 개발을 중요하게 다룬다. 또한 위기상황 예방과 환경과 안전 및 자연재해에 관한 실용적인 개발 지원이 필요하다. 재생 가능 에너지의 지속적 이용, 사막화, 토지 이용, 식량 공급, 농업과 어업, 탄소 흡수와 탄소 저장, 환경 프로세스와 화학물질, 해양 상태 등의 연구가 이루어진다. 2004년에 제정된 EU의 환경기술행동계획(ETAP ; Environmental Technologies Action Plan)은 EU의 환경기술개발 촉진과 용도의 확대를 지원하고 있다. EU의 환경산업에는 기후변화에 대응한 저탄소 기술, 대기오염 제어, 폐수 처리, 재활용 산업 등의 분야가 있다. 환경기술의 이용을 촉진하는 것은 환경 부문의 긍정적인 영향을 확산하고 경제 성장을 향상시키는 역할을 할 수 있다.

최근에는 에코 산업이 크게 성장하면서 EU 경제에서 중요한 위치를 차지하게 되었다. 이 산업은 EU의 국내 총생산(GDP ; Gross Domestic Product)의 2.1%를 차지하고 있으며, 350만 개의 일자리를 창출하고 있다. 고용은 대부분 수질 관리 및 폐기물 관리 분야이며, 나머지는 대기오염 제어, 토양 정화, 재생 가능 에너지, 재활용 분야 등이다. 풍력발전도 EU가 지원하고 있는 연구개발 프로젝트와 관련되어 있다. 장애 요인은 경제적 장애, 부적절한 규제나 기준, 확실한 목표를 갖춘 연구의 부족, 시장 수요 부족 등이 포함된다.

CHAPTER 2 그린소비자

2.1 그린소비자의 개념

산업혁명 이전에는 환경 문제가 크게 부각되지 않았다. 당시에는 생존 문제를 해결하기에 급급한 상황이었고, 환경 문제가 지구 자정작용을 벗어날 정도로 심각하지 않았기 때문이다. 2차 대전 후에도 인류의 환경 문제에 대한 인식은 크게 달라지지 않았다. 당시 인류는 산업 활동에 의한 독극물의 생성, 환경오염과 생태계 파괴 등을 우려했지만, 급속도로 발전하는 과학과 기술이 해결해줄 것이라고 믿었다.

1960년대부터 인류의 환경에 대한 관심이 가시화되기 시작했다. '침묵의 봄(Silent Spring)', '성장의 한계(Limit to growth)' 등 환경 관련 저서들이 출간되어 지식인들의 관심을 끌기 시작했으며, 환경단체가 조직되어 환경에 대한 합리적 분석과 환경적 이슈를 매체와 대중에게 전달하기 시작하였다.

1970년대에는 처음으로 '지구의 날(the Earth Day)'이 선포되고 환경 문제에 대한 인식이 확산되었다. 초기에는 일부 선진국을 중심으로 시작되었으나, 1974년과 1979년의 두 차례 석유 파동을 거치면서 환경보호와 자원보전의식이 전 세계적으로 확산되었다.

1980년대에 산성비, 지구 온난화 현상, 온실 효과 등 다양한 환경적 현상이 가시화되면서, 환경 훼손에 따른 생활의 질 저하와 지구촌의 미래를 우려하게 되었다. 인류의 기술적 발전이 환경 문제와 자원고갈 문제를 해결해줄 수 없을 것이라는 과학적인 근거들이 제시되기 시작한 것이다.

1990년대부터는 소비생활에서 환경 문제를 본격적으로 고려하게 되었고, 사회적으로 해결되어야 할 과제는 환경, 범죄, 실업, 경제 등이 대두되었다. 환경친화적 소비자 시대가 열리고, 그린소비자주의(Green Consumerism)가 확산되기 시작한 것이다.

2.2 그린소비자주의 확산

1) 친환경적 가치관

세계적으로 1980년대부터는 인류는 소득과 생활수준의 향상으로 인한 경제적 안정기에 들어서게 되었다. 이러한 경제력은 살기 위한 기본적 욕구 충족에서부터 삶의 질을 중시하는 사회적 욕구로 전환되었고, '그린제품'을 요구하게 되었다. 소비자들은 '삶의 질'을 단순 경제척도인 물질적 풍요로 평가하기보다 환경척도인 자연적 풍요로 평가하게 된 것이다.

과학적 증거와 매스컴에 의해 환경 파괴를 체감하게 되면서 생태환경 문제에 대해 합리적인 이해를 할 수 있게 되었으며, 이는 환경현상을 연구하고 분석한 과학적 자료에 의한 것이다.

2) 생태적 위협에 대한 불안

세계적으로 현재의 소비자는 환경 문제에 대해 더 많이 불안해하고 있다. 이는 호흡하는 공기와 마시는 물과 먹는 음식의 오염에 대한 과학적 증거들에 의한 것이다.

일반적으로 대중매체는 통계적이거나 과학적인 논쟁보다는 '이미지'에 의해 좌우되는 경우가 많다. 대중매체는 사람들을 위협하는 기후변화, 기상이변, 동식물의 멸종, 지구 온난화, 자연계의 파괴, 유해물질, 재해 등을 다루고 있으며, 텔레비전과 인터넷 등을 통해 현장감 있게 보여준다. 이러한 대중매체를 통해 소비자들은 생태적 위협에 대한 불안이 고조되고 있다.

3) 미래세대의 배려

사람들은 과거보다 여유로운 삶을 살게 되면서 자신들의 후손 세대에 관심을 두게 되었다. 향상된 의료 등의 건강보호 체계가 사람들의 평균 수명을 증가시켰지만, 절대적인 수명은 한계가 있다. 발전된 사회가 점차 어린이 중심(child-centered)이 될수록 사람들은 미래세대의 환경 문제에 우려를 하게 되는 것이다. 이러한 현상은 환경적 상속에 대한 측면에서 지금이라도 환경의 질적 개선을 위해 무언가를 해야 한다는 의무감을 갖게 한다.

또한 1980년대를 중심으로 확산된 환경친화적 가치관은, 선진국들의 중산계급 사이에서 중요한 위치를 차지하게 되었다. 많은 소비자들은 환경친화적인 제품을 구입해야 한다는 의미 부여를 하게 되고, 그린제품의 구매자는 이기적이지 않고 오히려 존경받을 만하다는 가치관을 갖게 되었다. 이는 환경에 대한 책임의식을 확산시켰다.

4) 정부의 적극적인 환경정책

정부는 환경정책을 통해 환경 문제의 해결과 예방을 주도하게 되었다. 이는 환경법규에 대한 정부의 강력한 의사를 밝힘으로써, 선거 측면에서는 환경주의자를 옹호하는 경향으로 나타난다. 환경주의자들의 지지를 얻고 그것을 유지하는 것은 그들의 투표권을 확보하는 것으로 이어진다. 따라서 정부는 환경정책을 제시하고, 다양한 환경친화적 생활을 홍보하며, 그린산업과 그린기술의 확산을 통해 환경을 주도하고 있다.

2.3 그린소비자 특성

전형적인 그린소비자는 여론 선도의 역할을 하며 교육수준이 높고 경제적으로 안정적인 30~40대 여성으로 나타나고 있다. 그러나 일반적으로 환경 문제에 대한 소비자의 태도는 성별, 직업, 소득, 거주지역, 생활 습관, 취향 등의 인구통계학적 특성에 따라 영향을 받으며 일반적인 그린소비자의 특성은 다음과 같다.

1) 그린소비자의 다양한 행동

특정한 그린제품을 구매할 때 동일 행동을 보이는 사람도 다른 제품을 구매할 때에는 다른 행동을 보인다. 이는 기존의 행동 속성, 제품과 환경 문제와의 상호관계, 그린제품의 질과 신뢰성에 따라 소비자들이 다양한 행동을 취하기 때문이다.

2) 제품정보 불확실성

소비자들은 환경 문제에 관한 과학적 증거들의 난립과 방대한 양의 모순 등에 직면하면서, 정보에 대해 확신하지 못하는 경향을 나타낸다. 즉, 적극적으로 그린정보를 탐색하면 활용할 수 있는 정보 원천이 많이 있음으로 인해 오히려 환경 문제에 대한 불확실성을 갖게 되는 것이다.

3) 일반적인 기준과 다른 특성

기존의 사회경제적 · 인구통계적 · 지리적 · 심리적 시장 세분화의 특성과 그린특성이 다를 수 있다. 따라서 그린마케팅의 전략 수립을 위해서는 별도의 소비자조사와 시장 세분화 작업 등의 분석이 필요하다.

4) 여성이 남성보다 환경 문제에 더 민감

환경친화적인 소비 행동을 보이고, 학력이 높은 사람일수록 그린제품의 구매에 더욱 적극적이다. 또한 여성이 남성보다 환경 문제에 더 민감하며, 자녀가 있는 부모가 자녀가 없는 부모보다 그린제품의 구매에 더 큰 관심을 기울인다.

| 표 2-1 | 환경 문제에 대한 소비자 인식 유형

분 류	구성비	특 성
적극적 집단 (Activists Group)	16%	• 환경 관련 제반 활동에 많은 관심 • 그린제품을 자주 구입 • 자녀에 많은 관심 • 미래의 기술 발전에 대해 낙관적
현실적 집단 (Realists Group)	34%	• 대부분의 젊은 사람들 • 미래 환경 상황을 우려하나 환경보호비용은 절약 • 환경보호운동에 회의적인 반응
자기만족 집단 (Complacents Group)	28%	• 인간, 기업, 정부에 대해 낙관적 성향 • 환경보호 집단에 대해 무지 • 정치적으로는 자본주의 선호 성향
배타적 집단 (Alternated Group)	22%	• 환경보호운동을 일시적 현상으로 파악, 문제 해결 낙관 • 정치적으로는 사회주의 선호 성향

자료원 : Ken Peattie, Green Marketing, Pitman Publishing, 1995.

2.4 그린소비자 행동 성향

1) 환경정보 필요

일반 소비자들은 환경적으로 건전하다고 판단되는 제품을 구매하거나 재활용함으로써 일차적인 환경 보존에 기여할 수 있다. 문제는 일반 소비자들이 친환경제품을 파악할 수 있는 능력이 제한되어 있고 이러한 제품들을 구매할 수 있는 정보도 충분하지 않다는 점이다. 따라서 그린소비자들은 광고나 상표 등에서 파악하고 있는 것 이상의 객관적이고도 정확한 제

품 정보를 필요로 하고 있다. 대부분의 소비자들은 환경 관련 정보를 TV와 신문, 잡지 등의 대중 언론 매체들로부터 얻고 있다.

2) 환경적 통제 필요

그린소비자들은 유기성 세제, 무방부제 식품 등을 구매함으로써 나름대로 환경보호에 기여하고 있다. 또한 '재활용', '무공해' 등과 같은 제품의 환경친화성을 강조하는 용어들에 민감하게 반응하기도 한다. 생산 제조 과정은 물론이고 원료의 사용에서부터 재활용 또는 폐기에 이르기까지 제품 생애기간 중의 환경친화성에도 많은 관심을 나타낸다. 따라서 소비자들은 환경적으로 신뢰할 수 있는 제조회사나 유통회사들이 시장에 공급하는 제품을 선호하는 경향을 보이게 된다. 이는 환경적 통제에 의해 친환경제품의 품질이 유지되고 있다는 믿음에 의한 것이기도 하다.

3) 기존의 생활양식 유지

친환경기업과 그린제품에 대한 그린소비자들의 관심이 일반 소비자에 비해 큰 것은 사실이지만, 개인적인 생활양식에 크게 어긋나거나 불편함을 줄 경우에는 환경친화적 행동 실천은 그만큼 어려워진다. 환경 보호에 대한 의식수준이 높더라도 현실적으로 제품의 성능, 편의성, 가격 등에서 현저한 차이를 보인다면, 그린제품이라 할지라도 쉽게 선택되기는 어렵다.

2.5 그린소비자 유형

미국의 The Climate Group이 미국·중국·영국 소비자 1000명에게 설문조사를 실시하여 그린소비자를 6가지 유형으로 나누었다.

1) Campaigner Type (환경운동가 타입)

적극적이며 환경이슈에 민감하고 그린제품에 관심이 많다. 이 유형의 소비자는 자신들의 행동이 환경 변화를 가져온다고 생각한다. 친환경 요소를 이유로 제품이나 브랜드를 선택하거나 회피하기도 한다. 주로 책임감을 가진 젊은 여성 소비자들이 이 분류에 속한다.

2) Optimists Type (낙천주의자 타입)

환경이슈에 대해 관심이 있으며, 사회적 책임감으로 환경활동에 참여하는 유형이다. 환경활동을 트렌드로 이해하고 그린제품 가격이 높아도 구매하는 부류이다.

3) Confused Type (혼란스러운 타입)

환경에 대한 정보가 별로 없고 결정할 때는 우유부단하다. 친환경 트랜드에 개방된 편이다. 환경 이슈에서 자신의 역할에 대한 확신이 없고 일반적인 정도의 환경 활동에 참여하며 여성 소비자의 비율이 높다.

4) Following Type (따라하는 타입)

이미지가 중요한 소비자유형으로 타인을 의식하는 소비를 한다. 그린소비자라는 것을 타인에게 보여주기 위해 그린제품을 구매하기도 한다. 자신의 생활방식을 바꾸면서까지 환경활동에 참여하지는 않으며 제품이미지를 중요하게 생각한다.

5) Unwilling Type (소극적인 타입)

먼 미래보다는 현재의 편리함을 추구하는 특성을 갖는다. 환경 이슈의 중요성은 이해하지만 이를 위한 선택은 하지 않는다. 외부 자극에 민감하지 않은 특성을 갖는다. 상대적으로 연령대가 높은 소비자들이며 제품 선택 시 친환경 요인보다는 편리하고 가격이 낮은 제품을 선택한다.

6) Rejecters Type (거부감을 갖는 타입)

개인주의 성향이 강하고 의심이 많은 편이다. 환경이슈에 무관심하고 친환경 요인을 고려하지 않는다. 환경활동에 회의적이고 그린소비 등에 거부감을 갖는 나이 많은 남성들이 주로 이 부류에 속한다.

그린소비자는 친환경 제품을 구입하며 폐기까지 고려하여 4R을 선택한다.

① Refuse (거부) : 환경 측면에서 문제가 발생한 기업 제품은 사지 않고 거부한다.

② Reduce (감소) : 제품의 사용량을 줄이고 폐기물을 감소시킨다.

③Reuse (재이용) : 제품을 오래 사용할 수 있도록 최대한 재이용한다.

④ Recycle (재활용) : 제품 사용 후, 재활용 할 수 있도록 분리하여 수거한다.

2.6 그린소비자의 구매행위

그린소비자는 기본적으로 필요한 것만 구입하며 친환경라벨을 확인한다. 환경 보호에 적극적인 회사의 제품이나 브랜드를 선호한다. 과대포장하지 않고 리필이 가능한 제품을 선택한다. 건강에 유리한 제품을 선택하며 재사용이나 재활용이 가능한 것을 고른다. 같은 조건이라면 재생품을 선택하기도 한다. 생산, 유통, 사용, 폐기 단계에서 자원을 낭비하지 않는 것을 선택한다. 일회용품보다는 계속 사용할 수 있는 제품이나 환경영향이 적은 제품을 고른다. 제품 제조과정에서도 환경오염이 적고, 근로자의 건강을 배려한 회사의 제품을 선호한다. 상황에 따라서는 대안적 구매를 선택한다.

| 표 2-2 |

대안적 구매행위 특성	특성
비구매 (Non-purchase)	그린소비자들에게 있어 구매를 하지 않는 것 자체가 중요한 대안일 수 있다. 즉, 비구매는 그린소비자들의 경제적이고 만족적인 대안으로써 내구재를 계속 사용하거나 고쳐 쓰거나 절대적 필요가 있을 때까지 그것들을 대체시키지 않는다.
임대 및 임차 (Borrowing, Hiring and Leasing)	구매에 대한 그린대안은 제품을 임대하거나 임차하는 것이다. 즉, 사용기간 동안만 제품을 소유하고 그 후에는 제품을 공급자에게 되돌려 줌으로써 자원을 보존시킨다.
중고제품 구매 (Buying Second-hand)	중고제품을 구매함으로써 그린소비자는 더 많은 자연자원의 소비를 발생시키지 않고 자신의 욕구를 만족시킬 수 있다.
대체제품 (Alternative Products)	환경에 대한 관심은 소비자들을 이제까지의 구들의 전통적 구매와 금전적으로 다른 제품의 구매로 그들의 욕구를 충족시키는 것을 고려하게끔 한다. (ex. 자동차 → 자전거)
대체브랜드 (Alternative Brands)	환경마케팅의 초기단계에서 가장 많은 관심을 유발시키는 소비자의 행위는 대안적인 그린브랜드로의 구매 전환이다. 대체브랜드는 특히 환경친화적 공급자로부터 제공된 것일 수도 있고, 전통적인 제조업자에 의해 개선된 그린브랜드일 수도 있다. (ex. 삼성컴퓨터 → 삼성그린컴퓨터)
제품생애적 구매 (Lifespan-based Purchasing)	브랜드전환의 특별한 형태가 제품생애적 구매이다. 제품생애적 구매는 일반적으로 가격프리미엄이 있는 상태에서 보다 장기적인 잠재수명을 가진 고품질의 제품을 구매하는 것이다.
현존 브랜드와의 신뢰(관계) 유지 (Keep Faith with Existing Brands)	특정제품이 그린화됨에 따라 그 제품에 대해 상표충성도를 가지고 있는 소비자들의 구매행위도 장차 그린회 된다. 이것은 일회용제품보다 리필제품의 구매와 관련있다. (ex. 일회용 라이터 → 가스충전 라이터)

자료 : 정헌배(1997), 전게서

그린제품

3
CHAPTER

3.1 그린제품의 개념

그린제품은 다양하게 정의되고 있으나 일반적으로는 '제품 생애적 차원에서 기존의 대체 제품 중에서 상대적으로 환경친화성이 강한 제품'으로 정의한다. 그린제품은 '기존의 경쟁사 제품이 제공하는 것보다 현저하게 환경과 사회에 공헌도가 있는 물리적 대상물, 서비스'라고 광의적으로 해석되며 경쟁 제품과 상대적으로 환경친화성이 강조된다.

'환경적으로 유익한 제품이란 제품을 구성하는 원재료와 공정 등 모든 측면에서 비교되는 타 제품보다 자원 절약에 이미 상당한 기여를 하였거나 장차 상당한 기여를 하게 될 환경적 속성을 가진 제품'으로 정의하기도 한다.

| 표 3-1 | 환경 적합 제품의 특성 및 품목

특 성	품목(예)
재활용 가능 또는 재활용된 제품	• 유리병, 알루미늄 캔 • 재생된 타이어 • 재생지로 만든 화장지, 노트
유해 폐기물을 적게 사용한 제품	• 저공해 헤어스프레이, 탈취제 • 독성에 약한 니스, 도료 • 살충제를 사용하지 않고 실내 해충을 제거하는 제품
오염물질은 적게 배출하는 제품	• 오염물질 배출이 적은 기름분사 버너 • 오염물질 배출을 줄일 수 있는 자동차 • 오염물질 배출을 줄일 수 있는 촉매 전략 장치
저소음 제품	• 저소음형 자동차 머플러 • 저소음형 건설장비 • 저소음 · 저매연 차량
물을 효과적으로 활용하는 제품	• 물을 절약할 수 있는 수세식 물통 • 타이머식 샤워기, 절수형 수도꼭지 • 물을 절약할 수 있는 수량 조절기
에너지 절약형 제품	• 태양 에너지를 사용하는 제품 • 열 차단형 다중 창문
생분해되는 제품	• 생분해 속도가 빠른 세제류 • 퇴비로 만든 토양 비료 • 생분해 플라스틱 제품

자료원 : 두산그룹, 환경보전강령 해설서, 1993.

'그린제품은 내구력이 있고, 중독성이 없으며, 재활용된 재료로 만들어지고, 최소한의 재료로 포장된 제품이다. 그러나 완전한 그린제품은 없다. 왜냐하면 그린제품도 에너지와 자원을 소모하고, 제품의 제조·유통 그리고 사용 후 각종 폐기물과 환경오염을 유발하기 때문이다. 즉, 그린제품은 보통 다른 대체품보다 환경에 덜 영향을 주는 제품이며 상대적인 것이다.'라고 정의하는 경우도 있다.

3.2 그린제품의 분류

그린제품은 제품의 생산 과정 중에 재활용을 통해 환경오염과 쓰레기 배출을 최소한으로 억제할 수 있어야 하고, 효율적인 유통과정을 추구하며 제품 사용 시의 환경 안정성을 최대한 고려하여야 한다. 또한 제품 수명을 연장하고, 재사용이 가능해야 한다. 그린제품은 핵심제품, 실체제품, 확대제품, 총체적 제품 등의 기준에 의해 분류된다.

① 핵심제품(core product)은 가장 기본적인 제품 수준으로, 구매하고자 하는 본질적인 필요성을 만족시키는 부분이다. 소비자에게는 제품 구매 시 가장 중요한 부분이므로, 핵심제품은 경쟁사와의 차별성이 두드러져야 한다.

② 실체제품(tangible product)은 핵심제품은 아니지만 핵심제품의 가치나 효용 증대에 결정적으로 기여할 수 있는 제품으로 포장, 질적 수준, 외형, 스타일, 상표 등이다. 실체제품은 제품의 외형과 포장에 관련된 요소이므로 포장의 간소화, 포장 원료의 재활용, 포장 원료의 환경영향평가 등이 요구된다. 환경과 관련해서 제품 포장이 중요한 이유는, 핵심적 요소의 변경 없이도 포장을 통해 환경개선을 도모할 수 있기 때문이다. 포장에는 기초 재료가 사용되며, 포장 자체의 생산을 위해 투입되는 에너지의 양도 무시할 수 없다. 과대 포장, 재활용이 불가능한 포장 원료 등은 환경성을 저해하는 요인이다.

③ 확대제품(augmented product)은 실체제품에 추가하여 제공되는 서비스나 기타 혜택을 의미하며 설치, 보증, 배달, 결제 조건 등이 해당된다. 외형적으로는 평가할 수 없는 서비스나 제품 보증 등과 구매한 제품의 사용 후 제품 폐기와 재사용 등이 이에 해당한다. 또한 확대제품을 관리하는 것은 자사 제품과 환경 보호 측면을 체계화시키는 활동이므로 환경보호기금을 책정하여 제품 가격의 일부를 제공하는 것도 대안 중의 하나이다.

④ 총체적 제품은 소비자에게 기업 자체가 제품의 일부분으로 인식되게 하는 활동이다. 기업 시스템 전체를 실체적 요소의 하나로 변화시켜서 생산 체계를 구축하는 것이다. 제품 생산에 소요되는 자원과 에너지를 절감하여 친환경제품을 생산하고 재활용운동, 환경보호운동 등의 후원 활동을 하는 것도 총체적 제품의 영역이다.

제품의 환경친화성을 강화시키기 위해서는 그린제품 평가서를 활용한 지속적인 점검이 필요하며 조정 가능한 내용은 다음과 같다.

첫째, 기존 제품의 생산라인에 환경 관련 제품 생산라인을 추가할 것인가, 대체할 것인가, 새로운 생산라인을 만들어 그린제품을 생산할 것인가 등의 내용 검토이다.

둘째, 환경제품의 품질과 환경 기능의 조화를 어느 수준으로 정할 것인가를 검토하는 것이다.

셋째, 환경 관련 제품의 기능이 기존 제품들에 미치는 영향과 시장의 수용성을 전망하는 것이다.

| 표 3-2 | 그린제품 평가서(The Green Performance Matrix)

제품 특성	환경 비교 성적표				
원료(Raw Material)	매우 우수	우수	보통	불량	매우 불량
에너지 효율(Energy Efficiency)					
오염(Pollution)					
포장(Packaging)					
수명(Lifetime)					
재사용성(Reusability)					
재활용성(Recyclability)					
소비자 행위에 대한 영향력 (Effect on customer behaviour)					
환경운동과의 연합과 제휴 (Green associations and linkages)					
사회 경제적 영향력 (Socio-economic impact)					

3.3 그린제품의 특성

그린소비자들의 인식이 높으면, 기업은 환경 문제에 대해 관심이 고조되고 기업의 책임을 뚜렷하게 인식하게 된다. 소비자들의 관심은 환경에 유해한 특정 상품을 거부하고, 환경보전 운동에 참가하는 등의 행동으로 나타나고 있다. 기업의 입장에서는 친환경적인 제품을 생산하고 환경 보전에 적극적으로 참여해야 성공할 수 있다. 기업은 환경에 대해 건전한 행동을 촉구하는 언론매체의 압력에 반응하며, 친환경제품을 생산하게 된다.

그린마케팅 전략의 유형은 크게 두 가지이다. 제품의 속성상 환경에 덜 유해하도록 만드는 것과, 제품의 여러 가지 속성 중에서 몇 가지를 강화하고 몇 가지는 최소화하여 시장에서 제품의 위치를 재배치(repositioning)하는 것이다.

환경오염에 영향을 미치는 제품은 플라스틱 병, 에어로졸 스프레이, 일회용 종이기저귀, 스티로폼 포장, 자동차 배기가스, 플라스틱 가방, 유성 페인트, 스티로폼컵, 자동차 기름 등이다. 그린제품의 특성은 제품 설계 시에 고려하는 것이 가장 효율적이며 환경적 고려사항은 다음과 같다.

- 보다 적은 에너지와 원재료를 사용하여 제품을 생산할 수 있어야 한다.
- 재생 가능한 재료로 생산할 수 있어야 한다.
- 생산 · 소비 · 사용 후 처리 과정에서 재활용이나 재사용이 가능하여야 한다.
- 폐기물을 낮은 비용으로 처리할 수 있어야 한다.
- 제품의 수명이 길어야 한다.
- 사용 후 폐기과정에서 환경오염이 적어야 한다.

Hopfenbeck은 환경친화적 제품의 특성을 표 3-3과 같이 생산, 소비, 처분의 세 가지 단계로 나누어 설명하고 있다. 일반적으로 그린제품의 특징을 다음과 같이 설명하고 있다.

- 그린제품은 다른 제품에 비해 환경 보전이라는 부가적인 혜택이 추가되어 있으므로, 그 혜택만큼 가격이 높게 책정되어 있다.
- 그린제품은 일반적으로 그 제품의 본질적 기능에 효과가 적을 수도 있다. 천연세제는 기존의 합성세제보다 세척력이 다소 떨어진다. 이는 그린소비자들은 그린제품을 사용함으로써 느끼는 환경 보전에 대한 만족도와 그린제품의 부족한 기능적 측면을 서로 교환한다는 측면이 있다.

| 표 3-3 | 환경친화적 제품의 생산, 소비, 처분 단계에 있어서의 환경적 기준

생산 단계	판매 및 소비 단계	사용 후 처분 단계
• 환경친화적이고 에너지 사용이 적은 원료 투입 • 쉽게 이용할 수 있는 원료 이용 • 자원 사용의 최소화, 제품 수명의 최대화 • 공해 및 폐수 방출금지 • 환경친화적 제품의 생산 및 판매 증대	• 소비자의 건강과 환경에 해가 되지 않는 포장 및 용기의 사용 • 용기의 재활용이 가능한 제품 • 과대 포장 금지 • 소비와 사용에 있어서 소비자의 안전이 보장되는 제품 • 환경 기준에 적합한 양의 공해 및 폐기물이 발생하는 제품 • 사용 시 소음이 적은 제품 • 유지 및 보수가 쉽고 대체 가능성이 높은 제품 • 환경친화적임과 동시에 스타일과 기능이 진보된 제품	• 폐기물 양을 최소화하는 제품, 폐품 재활용이 가능한 제품 • 쓰레기 소각을 이용한 에너지 재활용이 가능한 제품

자료원 : Waldermar Hopfenbeck, 'The Green Management Revolution', Prentice-Hall, 1993.

- 그린제품은 기술적으로 진보된 컴퓨터, 통신기기 등의 제품에는 적합하지 않다. 왜냐하면 소비자들이 이런 제품을 구매할 때는 '환경'보다는 '효용'이라는 측면이 더 중요하기 때문이다.
- 그린제품의 개념은 소비자의 심리적 만족과 관계가 있는 사치품에 적합하지 않다. 사치품이란 기능의 측면보다는 타인에게 보여주기 위한 개인의 심리적 측면이 있기 때문이다. 즉, 그린제품이란 기존의 경쟁 제품에 비해 제품의 환경지향적 측면이 상대적으로 강조된 제품이며, 기존 제품에 비해 가격은 높으나 주요 기능이 오히려 떨어질 수도 있다는 것이다.

3.4 그린제품의 확산

유럽 연합(European Union)을 중심으로 친환경 제품이 확산되고 있다. RoHS(Restriction of Hazardous Substances)를 기본으로 전기 전자 장비에 유해물질 사용을 제한하는 것이다.

사람의 건강을 배려하고 WEEE(Waste Electrical and Electronic Equipment)의 친환경적인 회수를 위한 것이다.

전자제품에는 수은, 납, 카드뮴, 6가크롬, 폴리브로미네이티드 디페닐 에테르(PBDE), 폴리브로미네이디드 비페닐(PFF)이 포함되지 않아야 한다. 전기 장비에서도 사용을 제한하거나 금지한다. 유해물질이 포함된 제품은 수출입이 금지된다. RoHS 기준에 적합하지 않기 때문에 위주 제품도 그린화가 필요하게 된 것이다.

소비자들이 그린제품 선호 현상과 환경 단체들의 영향도 중요한 요인이다. 그린제품으로 출시되는 노트북의 경우 중금속과 PBDE와 같은 환경호르몬 유발 플라스틱을 개발 단계부터 제거하고 있다. 디지털 복합기의 경우는 전력 소비를 최소화하고 부품에서도 납, 크롬, PVC 등 유해물질 사용을 낮추어 환경 마크 인증을 획득하였다. 데스크탑 PC인 경우 환경유해 물질을 제거한 친환경 제품으로 무연 전력 공급 장치, 새시, 마더보드 등을 장착하는 추세이다.

3.4.1 그린제품 의무구매제도

친환경제품의 구매를 촉진하여 환경오염과 자원낭비를 방지하기 위해 「녹색제품 구매촉진에 관한 법률」 6조에 따라 공공기관은 의무적으로 녹색제품 구매를 해야 한다. 공공부문이 녹색구매를 선도하여 녹색제품에 대한 공공시장을 형성하는 것이다. 이는 민간 R&D 투자로 민수시장이 형성되는 선순환 고리를 형성하려는 것이다. 공공기관의 그린제품 구매의무는 다음과 같다.

공공기관의 장은 제품을 구매할 때 그린제품을 구매하여야 한다. 다만, 다음 각 호의 어느 하나에 해당하는 경우에는 그러하지 아니하다.

① 구매하고자 하는 상품의 품목에 그린제품이 없는 경우
② 안정적인 공급이 불가능한 경우
③ 친환경제품의 현저한 품질저하 등의 이유로 구매목적 달성이 어려운 경우
④ 장애인복지법 등 다른 법률의 규정에 의한 우선구매 규정의 이행을 위하여 그린제품 외의 상품을 구매하고자 하는 경우
⑤ 그 밖에 긴급한 수요의 발생 등 불가피한 사유로 인하여 친환경제품의 구매가 어렵다고 당해 공공기관의 장이 판단하는 경우

3.4.2 그린제품 구매담당관 제도

2013년부터 그린제품 구매담당관 제도가 시행되면서 시행령에서 임무 및 요건을 구체적으로 정하고 있다. 그린제품 구매담당관은 그린제품을 구매하기위하여 구매이행계획을 제출하고 구매실적을 제출해야 한다. 그린제품의 기술개발, 생산, 판매실태 등의 정보를 수집하고 분석하며, 녹색제품의 구매를 위한 교육 상담 등을 담당한다. 녹색제품 구매담당관은 다음과 같다.

① 국가기관 : 물품관리법 제9조에 따른 물품관리관
② 지방자치단체 : 공유재산 및 물품 관리법에 따른 물품관리관
③ 기타 공공기관 : 공사, 물품, 용역에 대한 계약담당부서의 장

3.5 환경라벨링 제도

그린 제품은 환경 표시제도에 의하여 선정된다. 환경라벨링 제도라고도 하며 제품의 친환경성에 대한 정보를 표시하여 그린제품의 생산을 촉진한다. 또한 소비자가 환경친화제품을 사용하게 하여 환경보전에 참여하는 제도이다. 환경라벨링 제도는 3가지의 유형으로 분류한다. 정부나 공공기관에서 환경 성적이 우수한 제품에 표시 할 수 있게 인증하는 방식(Type I), 기업이 독자적으로 친환경임을 주장하는 제품인 경우 표시방법(Type II), 제품에 친환경 관련 정보를 제공하도록 의무화하는 방법(Type III)이다.

3.5.1 Type I

우리나라에서 시행하는 '환경마크'제도이다. 환경마크 제도는 제품의 제조와 유통, 사용 또는 폐기 과정에서 동일 용도의 다른 제품에 비하여 환경오염을 적게 일으키거나 자원을 절약하는 제품을 인증하는 제도이다.

환경마크제도를 통한 환경 마크를 얻기 위해서는 다음과 같은 절차를 거친다.

1 환경마크 인증신청서 제출
신청업체 : 신청서 제출
한국환경산업기술원(이하 기술원) : 신청서 접수

2 서류 검증
기술원 : 제출 서류에 대한 서류 심사

3 현장 심사계획 통보
기술원 : 현장 심사일정 및 심사원 배정 알림

4 현장 심사
기술원 : 제출서류와 현장의 일치 여부 확인
신청업체 : 시험기관에 시험분석 의뢰 /
시험기관 : 시험분석

5 시험성적서 수령
시험기관 : 시험성적서 발송
기술원 : 성적서 수령 및 자료 검토

6 인증 심의위원회 개최
기술원 : 심의위원회에서 인증기준 적합여부 판정

7 인증 심의 결과 통보
기술원 : 심의결과 통보 및 사용료 안내

8 인증서 교부
신청업체 : 사용료 납부 / 기술원 : 환경마크인증서 교부

9 환경마크 사용
신청업체 : 환경마크 사용

그림 3-1 **환경마크제도 절차**

3.5.2 Type II

생산자가 제품의 환경성을 주장하는 방법과 조건 등을 규정하는 환경성 자기주장 제도이다.

3.5.3 Type III

제품의 환경 정보를 계량화 한 후 그래프와 도표 등으로 표시하는 '환경성적 표지제도'이다.

3.5.4 외국의 환경라벨링제도(GEN)

우리나라의 환경마크제도와 비슷하게 세계적으로 시행하고 있으며, 특히 EU와 북유럽에서는 환경라벨링을 운영하고 있다. 또한 상호인정협정(MRA)을 통해서 상대국과 상호 환경

라벨링 제도 및 검증방법의 신뢰성을 상호 인정하고, 인증제품의 상대국 인증취득 신청 시 검증협력 등을 약속하는 협정을 운영하고 있다.

그림 3-2 외국의 환경마크제도

그린마케팅

4
CHAPTER

환경 문제는 기업의 경제적 활동에 의무사항이 되는 것만은 아니다. 과거에는 기업이 환경 문제에 대하여 소극적이고 방어적이었으나 이제는 적극적이고 공격적으로 패러다임이 변하고 있다. 이는 환경경영이 기업의 활동 분야에 긍정적인 영향을 나타낼 수 있다는 것이다. 기업에게 직접적인 영향을 미치는 요소는 환경친화적 소비자들의 증가, 경쟁업체들의 환경경영 등을 들 수가 있다. 그리고 기업활동에 간접적인 영향을 미치는 요소는 환경과 무역 규범 등으로 볼 수 있다.

4.1 그린마케팅의 개념

그린마케팅(Green Marketing)이란 고객의 욕구나 수요충족에 초점을 맞추는 기존의 전략과 달리 유해환경요인을 제거한 상품을 제조·판매해야 한다는 소비자보호운동에 입각한 기업활동을 의미한다. 즉, 자연환경과 생태계를 중요하게 다루는 시장접근전략이다.

그린마케팅활동은 통합적 마케팅의 범주를 가지며 환경 고유의 가치와 중요성을 중심으로 특정지역이나 사회를 넘어 지구적인 관심을 기본으로 한다.

| 표 4-1 | 기존의 마케팅과의 그린마케팅의 차이

	기존의 마케팅	그린 마케팅
이익 주체	• 기업 이익과 소비자의 이익이 중요	• 환경측면과 기업 및 소비자 이익이 함께 공존
가치관	• 물질적 풍요를 통한 생활수준의 양적 향상 • 기업의 이익과 매출액, 시장점유율 등의 경제적 요인 중심	• 환경과 생활수준의 질적 향상 • 환경을 포함한 생산자와 소비자의 이익과 선순환구조의 생태학적 요인 포함
특징	• 기업 시스템 내에서 파악되는 마케팅	• 사회 시스템 내에서 평가되는 마케팅

4.2 그린마케팅 출현배경

산업화와 급속한 과학기술의 발달에 의해 대량생산, 대량유통, 대량판매, 대량소비, 대량폐기를 촉진시켰다. 이러한 소비패턴의 변화는 자원과 에너지 소비를 가속화시켜 자원고갈과 환경파괴의 위기를 초래하였고, 친환경적인 패러다임의 변화를 요구하게 된 것이다. 재생불가능한 자원의 한계를 인식하고 경제적 가치를 중심으로 한 기업활동에 제동을 걸게 되었다.

이는 지구차원의 문제와 맞물려 국가와 기업, 국민의 자각에 따른 변화라고 볼 수 있다. 인간의 건강한 삶과 생태계를 중심으로 환경을 보존해야 한다는 새로운 가치기준이 환경전문가와 시민들 사이에서 발생하고 기업의 사회적 책임이 그린마케팅으로 출현하게 된 것이다.

4.3 그린마케팅의 필요성

그린마케팅은 소비자들 뿐 아니라 기업 입장에서도 각광을 받고 있다. 그린마케팅의 필요성은 다음과 같이 요약할 수 있다.

첫째, 국가는 정치・경제・사회・교육・문화 등 모든 부문에서 친환경 정책의 기본원칙을 적용하고 있다. 따라서 사업자는 그린경영을 선도하여야 하며, 기업활동의 전 과정에서 온실가스와 오염물질의 배출을 줄여야 한다. 그린마케팅은 국가의 기조에 맞추어야 하는 기업에 대한 사회적, 윤리적 책임을 요구하고 있다.

둘째, 국민은 가정과 학교 및 직장 등에서 그린생활을 적극 실천해야 한다. 실제 소비자들은 친환경제품을 요구하고 있고, 기업은 이에 대한 욕구를 충족시켜야 한다. 기업은 시장을 확보하고 이윤을 지속적으로 확보하기 위해서 소비욕구를 파악하고 그에 맞는 제품을 생산해야 하기 때문이다. 소비자들은 환경성과가 높은 상품을 선호하고 있으며, 소비자들의 환경보호의식이 점진적으로 증가하고 있다.

셋째, 산업의 신 성장동력화가 요구되고 있다. 그린기술은 제품생산단계는 물론, 제품을 소비할 때도 에너지 사용을 줄이고 오염물질과 폐기물 배출을 줄이는 것이다. 이는 기업의 지속가능한 발전과 영속성 추구에 필요하다. 기업도 결국 환경과 불가분의 관계에 있는 하나의 경제주체이므로 환경파괴나 자원고갈을 촉진하는 무분별한 기업활동이나 개발행위는 기업 자체의 생존을 위협하게 된다. 따라서 기업도 생존과 환경을 보존하는 사회적 책임을 동반한 발전을 추구해야 할 것이다.

넷째, 동종기업보다 경쟁우위를 점유하기 위한 것이다. 소비자들은 친환경 정책을 선택하는 기업을 그렇지 않은 기업보다 선호하며, 상대적으로 시장점유율과 수익성에서 앞서는 것으로 보고되고 있다. 경제성장을 추구하되 자원이용과 환경오염을 최소화하고, 이를 다시 경제성장의 동력으로 활용하는 선 순환구조로의 변화를 요구하고 있는 것이다. 친환경 생산체제로 전환하는 것과 그린경영의 정보공개 등도 그린마케팅은 경쟁력을 강화하기 위한 주요 수단이다.

다섯째, 기존산업의 그린화로 기업의 새로운 투자기회를 확보할 수 있다. 그린경영도입으로 전 생애평가를 실시하며, 친환경공정 혁신, 소재 개발 등을 통해 그린전환을 추구하는 것이다. 신소재, 신공법을 이용한 신제품 개발, 오염방지와 폐기물 처리 설비, 재활용품을 이용한 제품생산기술 등은 새로운 투자분야로 인식되고 있고, 친환경 경영이나 제품에 대한 기술이 부족한 국가들이 새로운 시장이 될 수 있다.

4.4 그린마케팅 구조

그린마케팅은 환경 구조, 생활 조건, 개인이 살아가는 과정 모두를 대상으로 한다. 따라서 소비자, 기업, 정부의 세 축이 중요하다. 이들은 상호 영향을 주고받으며 하나의 시스템을 이루고 있다. 소비자는 그린마케팅의 가장 핵심적 대상으로, 기업의 환경경영의 에너지를 제공하며 그 혜택을 돌려받는다. 소비자들이 원천적으로 갖는 삶의 질 향상에 대한 욕구는 산업화의 부산물인 환경오염 문제에 적극적으로 대응하게 한다.

소비자는 기업 및 정부에 영향을 미칠 수 있다. 우선 기업에 대해서는 환경 문제발생 제품의 불매, 과대 포장 제품의 불매, 재활용이 안 되거나 자연 분해되지 않는 포장을 사용한 제품의 불매, 일회용 제품 사용의 절제, 환경오염 기업의 고발 등을 통해 영향을 미칠 수 있다. 또한 정부에 대해서는 환경 규제에 관한 법 제정과 시행 촉구, 소비자 단체의 결성 등을 통해 영향력을 행사할 수 있다.

기업은 소비자들의 환경의식이 높아질수록 다양한 환경적 요구사항에 직면하게 된다. 산업폐기물 처리시설의 확충, 효율적인 생산 방식 개발, 새로운 자원 개발, 포장 방법 변경 등의 많은 기술과 연구가 진행되어야 하기 때문이다. 그러나 기업은 환경의 변화에 의해 요구되는 여러 가지 조건들을 적극적으로 활용하여 새로운 사업성의 기회로 만들 수도 있다. 기업이 적극적이고 자율적인 경영을 하게 되면 오히려 정부에 영향력을 행사할 수도 있다. 소비자에 대해서도 그린제품의 개발, 친환경 마크 획득, 그린커뮤니케이션 등을 통한 기업 이미지 제고, 그린재질 개발, 그린포장 개발, 재활용품 사용, 그린소비자 시장 개발 등을 통해 기술 개발의 경쟁우위를 확보할 수 있다.

4.5 그린마케팅의 이해관계자

기업이 환경 문제와 관련해서 시장에서 주어지는 사업성 기회를 적절히 활용할 수 있기 위해서는, 환경과 관련된 이해관계자 집단의 파악이 중요하다. 전통적으로는 소비자의 구매의사 결정과 산업 여건이 중요했지만, 그린마케팅은 환경과 관련된 이해관계자 집단에 의해 결정되는 경우가 많다.

환경과 관련된 이해관계자 집단은 회사 내부의 종업원과 주주, 투자가를 비롯하여 회사 외부의 언론, 정부 및 공공기관, 교육기관, 환경운동 단체 등이 있다.

4.5.1 소비자

소비자는 가장 직접적인 이해관계자다. 친환경제품을 구입하고 그린기업을 선호하는 등의 소비자 환경의식은 구매의사 결정에 직접 반영된다. 그러나 일반적으로 소비자들은 환경 문제에 대한 전문지식이 적으므로, 기업이 정확한 정보를 제공하고 공개해야 한다.

기업에 관련된 기업활동과 제품 등에 대한 소비자들의 환경적 지식의 수준을 분석하고, 기업의 환경적 이미지를 강화해야 한다. 기업의 제품과 포장을 재활용하고 유통 단계를 효율화하며, 안전하게 폐기하기 위한 정보도 제공해야 한다.

또한 기업에게 중요한 존재가 미래의 소비자인 청소년들이다. 청소년들은 잠재적 소비자로서 미래 시장에 영향을 미치고, 현재 시장에서도 부모의 구매의사 결정에 영향을 미친다. 청소년들은 주로 학교의 교육을 통해 환경 문제를 인식하는데, 이 시기에 접하는 정보는 평생 영향을 미칠 수 있다. 따라서 기업은 청소년의 역할과 취향을 분석하는 것이 필요하다. 또한 회사 제품이나 산업에 청소년들이 미치는 영향을 분석하여, 환경 교육 프로그램을 통해 기업의 친환경 이미지를 부각시켜야 한다.

4.5.2 정부

정부는 환경정책과 제도의 입안자로서 기업활동에 가장 직접적인 영향을 준다. 기업은 정부와의 긍정적 관계를 통하여 그린산업과 그린기술 정보를 초기에 접할 수 있다. 기업은 환경 문제 해결을 진취적이고 적극적으로 실천하기 위해, 기업이나 제품에 영향을 줄 수 있는 환경정책이 준비되고 있는지 등을 파악하는 것이 필요하다. 또한 회사의 환경경영 정보를 제공하여 긍정적인 정보 교류가 이루어져야 한다.

4.5.3 환경단체

환경단체들의 활동은 기업이 환경을 보는 관점과 크게 다른 경우가 많다. 그럼에도 기업은 다양한 환경단체들의 활동을 이해하도록 노력하고 협력체제를 구축할 필요가 있다. 그 이유는 환경단체와의 협력체제를 공고히 한 기업이 소비자와 언론매체들의 신뢰를 얻을 수 있기 때문이다. 따라서 기업과 제품이 환경운동가들에게 어떻게 비치고 있는지를 분석할 필요가 있다. 또한 기업이나 제품에 대한 정확한 환경 정보를 공개하는 것도 필요하다. 환경단체를 통해 제품에 대한 교육의 효과도 검토해야 하며, 기업과 제품 이미지를 강화하는 방안에 대한 의견교류도 필요하다.

4.5.4 언론매체

언론의 보도는 소비자에게 직접적인 영향을 준다. 환경 관련 사고나 제품의 환경적 결함이 충분한 확인 없이 언론에 의해 보도된 경우, 그것이 사실이 아니어도 해당 기업은 치명적인 타격을 받게 된다. 따라서 기업도 언론매체와의 환경적 신뢰를 구축해두어야 한다. 또한 언론매체들은 기업의 환경적 대응자세에도 많은 관심을 가지고 있으므로, 이에 대한 정보를 제공하고 새로운 정보를 공급받는 노력이 필요하다.

4.6 그린마케팅의 확산

4.6.1. 그린마케팅 확산 추세

환경에 대한 관심은 세계적으로 여러 분야에 걸쳐 확산되고 있다. 기후변화협약 등 국제환경협약이 증가하고 탄소배출권 등 산업계의 이해관계가 가시화되고 있기 때문이다. 또한 이산화탄소 감축이나 탄소배출권 확보 문제 뿐 아니라 그린소비자의 등장으로 친환경 제품은 대중화되고 있다. 환경단체를 중심으로 친환경 제품 소비운동도 확산되는 추세이다. 전자, 화학, 정유, 자동차 등 환경오염이 발생하는 산업은 기업의 이미지 개선을 하기위해 그린마케팅을 도입하고 있다.

기업은 환경보전 노력을 홍보하고 환경 친화적 이미지를 구축하는 것이 점점 더 중요해지는 것이다. 소비자들의 인식변화로 친환경시장은 확대되고 있으며 유기농식품시장도 빠른 속도로 성장하고 있다. 기업의 사회적 책임(CSR)이 강조되면서 환경보호 활동은 경영적 이익성과 이상의 사회공헌 활동으로 평가되고 있다.

4.6.2 그린마케팅의 장점

① 기업은 환경문제에 적극 대응하여 매출신장의 기회를 마련할 수 있다.
② 친환경인증 마크 등을 활용하여 제품의 차별화 전략으로 핵심고객을 확보할 수 있다.
③ 환경보호 비용의 절감 효과가 발생하고 기업이미지 개선이 가능하다.
④ 무분별한 환경 파괴를 막고 다른 기업과의 경쟁력을 높여줄 수 있다.
⑤ 지구환경 보호에 기여함으로써 지속가능한 경영이 가능하다.
⑥ 소비자 입장에서는 구매 욕구를 충족하며 환경문제에 도움이 되고 있다는 만족감을 얻을 수 있다.

4.6.3 그린마케팅의 단점

① 그린제품으로 특화되지 않으면 그린마케팅의 효과가 없다.
② 지나치게 그린 마케팅에 치중하여 제품의 본래 기능을 발휘하지 못하게 하는 경우에 오히려 역효과가 나타나기도 한다.
③ 부적절한 홍보는 오히려 역효과가 나타난다. 미국과 영국 등 선진국에서는 광고표현에 과장과 오도(誤導)가 발생하지 않도록 광고에 관한 가이드라인을 제정하고 법적 규제도 하고 있다.
④ 기업의 환경 친화적 노력에 대한 정보는 알 수 있지만, 변화의 대한 결과는 알기 어렵다.
⑤ 나중에 밝혀지는 친환경적 허구에 대한 경험도 그린 마케팅에 부정적으로 작용한다. 이는 환경문제에 관심이 많은 소비자들을 혼란스럽게 하고 환경보호를 위해 노력하는 기업이 피해를 입기도 한다.
⑥ 유해물질을 사용하지 않았다는 등의 모호한 표현은 친환경적인 이미지로 경제적 이득을 챙기려는 '그린 워싱(Green Washing)'으로 오해될 수 있다. 그린 워싱은 위장환경주의라고 부르며 그린(Green), 화이트 워싱(White Washing)의 합성어이다. 기업이 경제적 이익을 위하여 친환경 특성을 허위로 과장하여 홍보하거나 광고하는 행위를 의미한다. 천연 성분이 1% 미만인 경우의 천연함유제품으로 표현하는 경우 등이 포함된다.

4.6.4 그린마케팅 사례

1) 실패사례

- 친환경 섬유 유연제가 본연의 기능에 충실하지 못하여 소비자의 불만 야기
- 친환경 껌 제품이 소비자들이 기대하는 '단맛'을 만족시키지 못하여 시장에서 퇴출
- 소비자에게 환경보호 책임을 전가하는 '그린마케팅'은 실패 요인
- 차별화된 제품인데도 일반 제품과 같은 수준의 가격을 책정하여, 고가 제품 인식에 실패
- 그린이란 용어를 남발하여 오히려 소비자들의 불신으로 기업의 신뢰도 하락
- 상표명에서는 친환경적 이미지를 포함했으나, 기존제품과 구별되지 않는 디자인으로 실패
- N사가 만든 농구화경우는 공장 근처에서 원재료를 조달하고, 바닥은 재활용 고무를 사용하고 친환경 소재를 사용하는 등 친환경전략을 구사했다. 그러나 제품 매출이 저조하여 출시 1년 만에 철수하였다. 디자인과 기능성을 중요하게 여기는 고객들에게 친환경성을 지나치게 강조하여 실패

2) 성공사례

- 천연원료를 사용하였더라도 탁월한 착용감 등 내의로서의 본연의 기능에 충실한 제품
- 두부 소비자들이 먹거리에서 기대하는 건강에 유익함을 무기로 성공한 사례
- 천연의 제품을 사용하고 있음을 알 수 있는 상표명
- 좋은 제품에 높은 가격을 지불하는 소비자를 대상으로 한 그린마케팅
- 환경인증마크를 부착하여, 제품의 친환경성 표시
- 재활용이 가능한 용기를 사용하고, 환경 호르몬이 포함되지 않아 안전하다는 표시 제품
- 코팅 껌을 출시하여 알약과 비슷한 건강식품으로 인식하게 한 제품
- 제품 구입 시 원료를 제공하여 제품에 대한 소비자의 믿음에 대한 확신을 준 사례
- 제품과 기업의 친환경성이 광고에 포함된 디자인
- 제품 시식 후 소비자의 의견을 광고에 활용한 사례
- 친환경원료 사용과 건강에 도움이 되는 차별적 가치를 인식시켜 높은 가격 형성
- 환경 체험행사를 통해 친환경 경영의 기업이미지를 알린 사례

그린정보화

5 CHAPTER

5.1 그린정보화의 개념

그린정보화(Green Informatization)는 환경을 의미하는 그린(green)과 정보화(informatization)의 합성어로, 적극적인 IT 활용으로 정보자원을 효율적으로 활용하는 새로운 정보화 패러다임이다. 그린정보화는 저탄소 녹색성장의 핵심 기반으로 등장하였고, 미국・영국・일본 등 선진국은 전력 시스템 지능화 등 IT를 핵심 기반으로 추진하고 있다.

한국도 탄소 절감 효과가 큰 정보화 프로젝트를 추진하기 위하여 정보자원 그린화, 그린오피스, 빌딩 에너지 관리 시스템, 온라인 민원 서비스 확대 등 그린정보화 전략을 추진하고 있다. 정보화는 업무효율성 증진과 생활편의 기반 제공에 중점을 두었으나 이제 IT를 통한 저탄소 그린성장의 사회 구조 전환이 필요하게 되었다. 따라서 지능화, 유비쿼터스, 내재화 등을 통해 경제 성장과 환경이 상호 시너지를 창출하여 선순환 구조를 만들어야 한다. 이는 교통과 재난 등의 다양한 분야를 통합하여 저탄소 사회 전환을 촉진하고 에너지 효율화, 교통수요 감소, 자원 소비 절감, 환경 감시 및 예측 등을 통해 저탄소 그린성장을 실현하고자 하는 것이다.

5.2 외국의 현황

외국에서는 기후변화와 에너지 문제에 능동적으로 대처하기 위하여 그린정보화를 추진하고 있다. 미국은 전력 소비가 급증하는 데이터센터 효율성에 중점을 두고 있으며, 원격근무센터를 구축하는 등 정부 부문의 원격근무가 확산되고 있다.

일본은 '경제 성장과 환경 보전이 양립하는 유비쿼터스 네트워크 사회'를 국가정보화비전으로 제시하고, 국가 미래발전 전략으로 그린정보화를 추진하고 있다. 영국은 에너지와 주요 자원의 대형 소비자인 정부가 솔선하여 그린정보화 비전 및 목표를 제시하고, 정부의 탄소중립을 추진하고 있다. 덴마크는 범국가적 그린정보화 실행 계획으로 'Green IT Action Plan'을 발표하고 친환경적 IT 사용과 지속 가능한 미래를 위한 IT 솔루션 개발을 추진하고 있다.

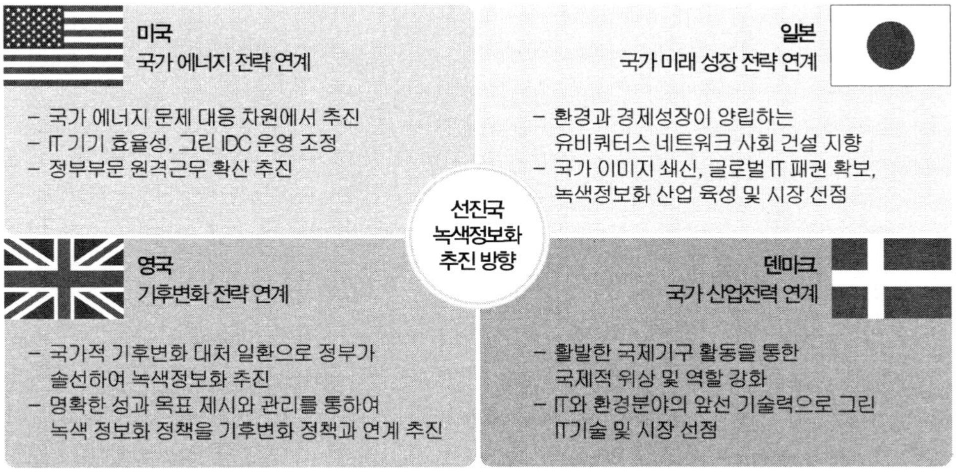

5.3 그린정보화의 목표

정보자원 그린화는 PC 절전모드 생활화, 정부 통합전산센터 구축, 정보자원 통합 등을 활성화시켜 CO_2 감축을 유도하는 것이다. 화상회의, 원격근무, 전자고지서 발급, One Click 민원완결 서비스 확산 등을 유도하고, U-City 구현, 실시간 환경모니터링 시스템 구축, 정부통합센터 구축, 그린정보화 홍보 등을 실현해야 한다.

그린사회로의 전환을 위해 그린도시 구현, 실시간 환경 모니터링 시스템, 국가정보자원 개방과 공유가 필요하다. 그린정보화 기반을 마련하기 위해서는 국민의 그린생활 실천을 위한 교육과 재교육이 이루어져야 하고, 국민 의견수렴을 통한 정책 개발, 탄소배출량 관리 시스템의 구축이 수반되어야 한다.

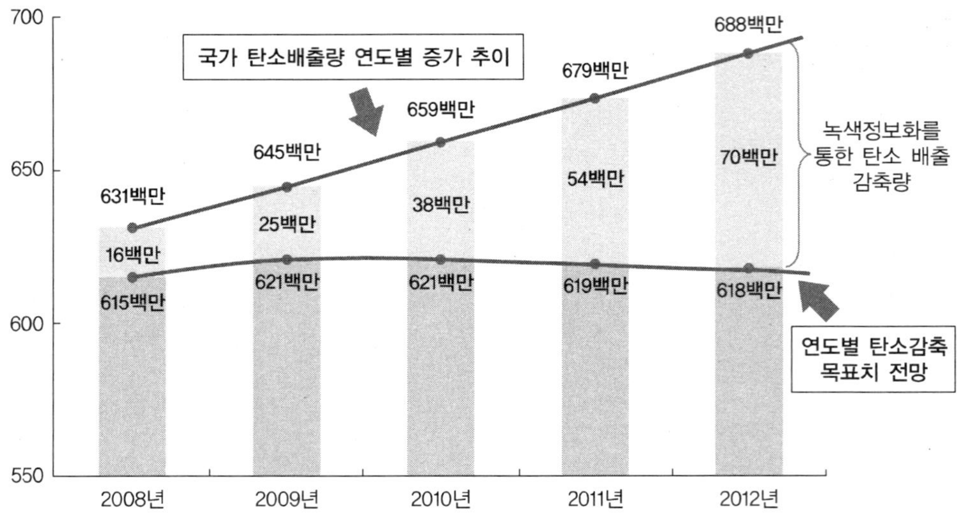

그림 5-1 그린정보화에 의한 탄소 배출 절감량

5.3.1 정보자원의 그린화

정보자원의 그린화는 정보자원의 라이프사이클 관리, 정부 통합전산센터 구축, 정보자원 운영의 효율화로 가능하다.

1) 정보자원 라이프사이클 관리

정보자원의 라이프사이클 관리를 통하여 공공기관 절전모드가 생활화되면, 절감이 가능하다. 따라서 컴퓨터, 서버, 데이터 등 정보자원에 대한 구매, 사용, 재활용 및 폐기 등 생애주기 과정의 친환경 관리방안이 필요하다.

이를 위하여 첫째, 에너지 절약형 전산장비 표준규격 제정이 필요하다. 행정업무용 다기능 사무기기 표준규격에 에너지 절약 규격조건을 강화하고 정부 조달물품 구매규격에 반영할 수 있다. 에너지 절약 등 친환경 기준에 적합한 제품을 도입하고, 친환경제품 규격 조건, 친환경 부문의 평가요소를 내재화할 수도 있다. 둘째, 사무기기 전력의 절감을 위한 실천 가이드라인이 마련되어야 한다. 이는 사무기기 등에 대한 가이드라인을 마련하고, 구체적인 실천사항 등을 포함하여 제시해야 한다. 절전모드를 설정하여 장시간 미사용 시 전원 차단 기능을 작동시키거나, 프린터 사용 시 양면과 흑백 인쇄설정 등의 실천사항이 수반될 수 있다. 복사기, 프린터, 스캐너, 팩스 등을 한 대로 통합한 복합기의 활용도 유용하다. 셋째, 중고 PC 등 재활용 프로그램 운영도 가능하다. 중고 PC 수집・정비를 위한 지역별 정비센터를 선정하고, 중고 PC DB관리시스템을 운영할 수도 있다. 넷째, 데이터 삭제 및 폐기에 대한 정책이 필요하다. 전산장비는 조달청 고시로 폐기처분 기준이 마련되어 있으나 데이터에 대한 삭제 및 폐기 지침이 제시되어야 한다.

2) 정부 통합전산센터 구축

정부 통합전산센터의 환경 구축이 중요하다. 전산실의 온도・습도 조절을 통한 에너지 절감과, 항온 항습기의 가동시간을 줄여 전력사용량의 절감이 가능하다. 전산실 신축과 증축 시에는 신기술을 적용하는 것이 필요하다. 냉각효율을 향상시키고, 태양광이나 지열 등 신재생에너지의 활용도 가능하다. 동절기의 차가운 외기와 하절기의 다습한 외기를 전산실 냉방과 가습에 활용하는 외기 시스템을 도입하는 것도 필요하다.

또한 친환경 지역정보통합센터 구축이 효율적이다. 이는 지방자치단체 전산자원통합 및 공동활용체계 구축을 통해 효율적 활용이 가능하기 때문이다.

3) 정보자원 운영 효율화

전산자원과 정부 웹사이트 통합과 정비를 통해 자원관리의 효율성을 향상할 수 있다. 우선 중앙부처 전산자원을 통합하기 위한 기준을 마련하고, 부처별 통합계획을 실시해야 한다. 네트워크상에 분산되어 있는 정보자원을 가상화 기술로 통합하여 사용자가 다양한 수단으로 접속해 활용하는 클라우드 컴퓨팅(Cloud Computing)기술도 유용하다.

CPU와 메모리 등의 다양한 서버 자원을 하나로 묶어서 사용자가 자유롭게 나누어 사용하는 기술인 서버풀 구축의 적용도 검토될 수 있다. 컴퓨팅 리소스를 구매하거나 소유하지 않고 전기등과 같이 필요할 때마다 사용하는 방식인 유틸리티 컴퓨팅(Utility Computing)도 컴퓨팅파워 사용효율을 극대화할 수 있다.

또한 정부 웹사이트 정비로 창구 일원화가 가능하므로 웹사이트 통합・정비 지침을 수립하고 단계별 통합을 시행해야 한다. 서비스 통합을 위해서는 수요자 중심의 One-Stop 통합 민원 서비스가 제공되어야 한다. 이로 인해 연계 서비스의 첨부서류 및 처리시간이 대폭 단축될 수 있다.

5.3.2 그린정부 구현

1) 그린행정 실현

행정정보 공유 확대와 온라인 완결 서비스 제공 등으로 '종이 없는(Paperless) 그린행정'을 실현할 수 있다. 우선 전자결재를 통해 국세와 지방세 등의 전자 고지와 납부가 가능해진다. 이를 위해서는 전자결재체계의 보안체계를 강화해야 하고, 온라인 사용이 보급되지 않은 노년층이나 장애인을 위한 서비스도 병행해야 한다. 온라인 완결 서비스가 확대되면 구비서류가 감축되고 증명서 발급비용이 감소된다. 또한 행정기관 등이 보유하고 있는 가치 있는 정보의 디지털화도 필요하다. 구축된 지식정보자원의 이용 활성화를 위해 기존 DB를 일부 가공하여 제공하는 재가공 사업도 추진할 수 있다.

종이는 나무를 베어야 하므로 산림 감소에 의한 이산화탄소 증가로 이어진다. 탄소배출량 관리 시스템을 활용하여 종이출력량을 저감시키고, 회의자료 등의 정보 공유로 신속한 의사결정도 가능하다. 각종 기관지와 정보지 등은 디지털로 제작하고 연구용역 제안서 등도 디지털화할 수 있다.

2) 그린오피스 도입

원격근무, 화상회의 등이 가능한 그린오피스 도입이 활성화되면 교통수요 감소 등을 통한 에너지 절감과 CO_2 감축이 가능하다. 원격근무 기반을 마련하기 위한 통합 커뮤니케이션 시스템 구축을 위한 표준 모델 개발과 시스템 구축이 필요하며, 고도화된 화상회의 시스템 구축이 유용하다. 공공기관의 지방분산 및 행정체계 개편에 대비하여 원거리 출근자에게 원격근무를 제공하기 위한 스마트워크센터 구축도 지원되어야 한다.

3) 공공건물 에너지 관리 효율화

공공건물에 지능형 에너지 관리 시스템 등을 도입하여 공공건물의 에너지 관리를 효율화할 수 있다. 에너지 통합제어 시스템을 도입하고, 고효율 조명기기 및 열손실 최소화 설비, 벽면녹화와 옥상녹화 등을 확대할 수 있다. 공공청사 신축 및 개축의 경우에도 에너지 절약형 설계기준을 적용하는 것이 필요하다.

5.3.3 그린사회 전환 촉진

1) 국가 정보자원 개방과 공유 체계 구축

국가 정보자원의 공유와 디지털 인프라 구축을 통한 종합 대책이 필요하다. 이는 정보 공유의 대상과 범위를 행정정보에서 국가 정보자원 전체로 확대하고 공유하는 것이다. 과학기술과 공간 정보의 지식 인프라 활용 시스템이 구축되면 데이터 공동 활용, 서비스 공동 활용, 연구개발 시간 단축 등을 실현할 수 있다. 이를 위해서는 지식인프라 공통 기술과 데이터, 네트워크, 인터페이스 등의 구축이 필요하다.

국가 정보자원의 유통 기반도 지원되어야 한다. 신규 개발되는 자원의 등록은 국가공유서비스 등록저장소로 일원화하고 안정적인 서비스의 제공을 위한 공유 서비스 관리를 병행해야 한다. 보안, 메시지 변환, 통합 ID 관리 등으로 범정부 서비스 버스(GSB)로 개발하여 관리되면 효율성이 높다.

2) U-Green

유비쿼터스 IT를 주민 생활에 접목하여 삶의 질과 지역경쟁력을 향상할 수 있다. 이는 U-IT 기반의 저탄소 그린도시로 건설하여 자전거 전용도로, 지역 교통체계 등과 연계한 운영관리 시스템 등으로 가능하다.

국가표준 탄소마일리지 관리 시스템 개발도 병행될 수 있다. 탄소마일리지 제도는 전력, 가스, 수도 등 각종 에너지를 절감한 시민 등에게 절감분에 해당하는 포인트를 제공하고, 적립된 포인트로 사용할 수 있게 하는 제도이다. 세금과 공공요금의 납부, 공공시설 이용, 기부 등을 할 수 있게 된다.

3) 실시간 환경 모니터링 시스템 구축

실시간 모니터링 시스템 구축은 대기와 수질 오염을 예방하고, 자연재난의 피해를 최소화하며, 예산 절감의 효과도 기대할 수 있다. 실시간 생태 모니터링 시스템 구축은 하천과 호수 등의 실시간 모니터링으로 오염 발생 시 U-IT 기술을 이용한 수질 원격감시를 가능하게 한다. 이는 즉각적 조치를 취할 수 있고 인건비 절감의 효과도 있다. 수질오염 조사 소요시간이 약 15일 정도 걸리는 경우, 획기적인 개선이 가능해지는 것이다.

대기질 관리를 위한 다중이용시설 및 대중교통수단의 실내공기질 자동측정망 구축도 유용하다. WHO 보고서에 의하면 실내오염도 20% 감소 시, 급성 기관지 질환 사망률이 4~8% 감소한다고 보고되고 있다.

또한 지능형 재해 예방 및 대응체계 구축이 가능하다. 체계적인 재난대응을 위해 재난 관련 기관의 정보를 공유하고, 중요시설에 CCTV와 센서 등을 설치하여 실시간 상황 모니터링을 지원할 수 있다. 효율적 화재 진압을 위해 주요 국가자산의 3D 공간정보 구축과 화재 이동경로 예측 등도 가능하다.

5.3.4 그린정보화 기반 마련

1) 정책 연구 및 과제 발굴

국가 차원의 종합적이고 체계적인 그린정보화 정책을 추진하기 위하여 그린정보화의 법과 제도 연구, 그린정보화 추진과제 연구, 민간교류 등을 통한 협력이 이루어져야 한다.

그린정보화 기반 조성을 위한 에너지 절감과 관련된 법과 제도를 연구하여 제도화를 추진하고, 행정업무용 다기능 사무기기 표준규격에 에너지 절약 조건을 강화할 수 있다. 그린정보화 추진과제의 발굴을 통하여 IT를 활용한 CO_2 감축, IT 사용에 따른 CO_2 배출 감소를 위한 기술, 표준화의 연구가 지속되어야 한다. 민간 교류와 협력 등을 통한 협력체계 강화를 위해 포럼·학술대회·심포지엄 등을 통한 산·학·연 협업 체제가 필요하다.

2) 탄소배출량 관리 시스템 구축 운영

에너지 소비에 따른 탄소배출량을 자동 계산하고 기록하고 관리하는 탄소관리시스템의 구축이 필요하다. 에너지 사용에 따른 탄소배출량 관리 시스템을 구축하여 탄소배출량을 종합 관리하는 것이다. 중앙행정기관과 지방자치단체에 확산하고 관리항목의 상세화와 목표 관리 등을 통해 탄소배출량 종합관리 시스템으로 발전할 수 있다.

3) 교육과 홍보

국민에게 실천 가능한 그린정보화 가이드라인을 배포하고 홍보하는 것이 필요하다. 가이드라인은 IT 기기의 구매와 사용 및 폐기 등의 제품 수명주기별로, 그린정보화의 구현을 위한 실천적 가이드라인으로 제시되어야 한다. 이를 위해 웹사이트를 활용하는 것도 유용하며, 국민 차원의 그린생활 실천을 위한 교육 프로그램 지원 및 홍보 등도 필요하다.

5.4 그린정보화의 효과

기업은 그린경영의 일부로 그린 정보화를 도입하고 있다. 이는 에너지 절약에 의한 비용의 절감과 기업의 긍정적인 이미지 향상에 도움이 된다. 일부 대형유통업체에서는 제품 생산과정에서 사용된 에너지와 화학물질에 대한 정보를 요구하기도 한다. 또한 납품업체에 친환경적인 생산 활동을 권고하고 있다. 그린제품 관련 인터넷 사이트 '녹색 정보 시스템'에서는 그린 제품 정보를 제공한다. 이를 통해 다양한 정보를 얻을 수 있다. 공공기관 의무구매에 따른 그린제품의 정보, 제품의 상세 정보 관리 등이 제공된다. 민간 및 산업계 구매를 위한 연계 정보와 공공기관과 구매 실적을 집계하여 제공하므로 편리하게 이용할 수 있는 효과가 있다.

그린정보화의 효과는 전력소비절감과 비용절감, 이산화탄소 배출 저감으로 인한 환경영향 감소, 성능향상 등이다.

5.4.1 전력소비절감에 따른 비용효과

① 고효율 파워 서플라이를 사용하거나, 전력을 적게 소비하는 CPU를 사용하는 방법이다.
② 칩을 개발하여 서버에서 발생하는 열을 감소시켜 에너지 소비를 줄이는 방법도 있다.
③ 여러 개의 스토리지를 대규모로 통합하여 전기를 절약하고 비용을 줄일 수 있다.
④ 서비스를 가상화하여 비용을 줄이는 방법도 있다.
⑤ PC 전력 관리 S/W를 도입하여 컴퓨터 사용 전력을 절감할 수 있다.

5.4.2 성능향상 효과

제품의 성능을 확대하면 판매가 증가한다. 이는 그린 IT의 저소음, 저발열, 전자파 차단과 같은 친환경 기능이 업무만족도와 업무능력 향상으로 이어진다.

5.4.3 국제규제에 맞는 제품의 판매 확대 효과

① 1992년 리우환경회의에서 국제적인 환경 규제가 강화되었다. 수출하는 제품은 친환경적인 제품으로 국제적인 환경 기준에 맞추어야 한다. 환경문제에 대한 대비가 안 된 개도국은 또 다른 무역 장벽으로 인식할 수 있다.

② 국제 무역에 환경문제가 연관된 그린라운드(Green Round)가 등장하였다. 그린라운드는 환경보호 여부를 기준으로 무역을 규제하는 다자간 국제협상이다. 국제적으로 합의된 환경 기준을 만들고 미달하는 무역상품은 제재 조치를 가하는 것이다.

③ 선진국은 화학 물질 관리체계를 강화하고, 수입제품에 대해서도 동일한 기준을 적용하여 수입을 규제하고 있다.

5.4.4 기업이미지 제고 효과

친환경 기업과 그린제품의 이미지 제고효과를 나타내기 위해서는 총체적인 접근법이 필요하다. 또한 정보시스템의 설치뿐 아니라 조직에 미치는 영향과 성과를 지속적으로 평가하여야 한다.

① 생산의 그린화(Green manufacturing) - 제품과 서비스를 생산할 때 에너지 소비와 환경오염을 최소화하여야 한다.

② 디자인의 그린화(Green design) - 제품 설계 단계부터 에너지의 효율성을 고려하며, 친환경부품을 사용하여 컴퓨터와 서버 등을 설계한다.

③ 사용의 그린화(Green use) - 컴퓨터와 기기 등을 사용할 때, 전력 소비를 줄이는 친환경적인 방법을 선택한다.

④ 폐기의 그린화(Green disposal) - 제품의 재사용이나 재활용 방법을 적용하여야 한다. 제품의 매립을 최소화하고 매립할 때 발생하는 환경오염도 줄여야 한다.

5.4.5 정보자원의 효율적인 관리 효과

인터넷 데이터 센터(IDC : Internet Data Center)는 중소도시규모의 전력을 사용하기 때문에 소비전력을 줄이는 것이 매우 중요하다. 건물이나 냉각장치, 전원시설, 장비 등 전력 소비량 감축방안은 다른 분야에도 적용될 수 있기 때문이다. 클라우드 컴퓨팅의 확산도 효과가 있다. 따라서 그린정보화 전략과 설비, 지원영역이 균형적으로 발전해야 한다. 이를 통해 전력비용 최소화와 조직의 업무에 효과가 있다. 지능형교통물류시스템, 스마트 그리드 확장, 원격근무 등도 국가에서 효율적으로 관리할 수 있다.

5.4.6 공간관리 효과

클라우드 컴퓨팅은 인터넷 서버를 통하여 데이터를 저장하고, 네트워크와 콘텐츠 사용 등 IT 관련 서비스를 함께 사용할 수 있는 컴퓨팅 환경이다. 정보가 인터넷 상의 서버에 영구적으로 저장된다. 사용자가 자신의 컴퓨터에 소프트웨어를 설치하지 않고도 정보통신 기기로 데이터를 손쉽게 공유할 수 있는 인터넷 기반(Cloud)의 컴퓨터기술이다. 이는 공간의 효율적인 사용을 내포하고 있다. 가상화(virtualization)도 물리적 서버 하나에 여러 개 서버를 연결하는 개념으로 공간관리 효과가 있다. 물리적 하드웨어와 운영체제를 분리하여 하나의 컴퓨팅 시스템을 여러 개로 사용하는 기술이다. 가상화가 적용되는 정보자원은 하드웨어와 운영체제, 응용프로그램 등의 소프트웨어도 포함된다.

그린관광

6
CHAPTER

6.1 그린관광의 개념

그린관광(green tourism)은 일반적으로 농촌의 자연과 문화를 느낄 수 있게 하는 농촌관광이다. 농가에서는 숙박시설을 제공하고, 특산물과 토속음식 등을 개발한다. 이벤트와 농사 체험 등의 프로그램으로 농촌지역의 소득을 증대할 수 있다.

농산물이나 농촌자원이 중심이 되는 농업관광(Agri-Tourism), 산악지대나 눈 속에서 진행하는 관광을 화이트 투어리즘(White Tourism), 해안 위주의 관광을 블루 투어리즘(Blue Tourism), 그리고 전원이 중심이면 그린 투어리즘(Green Tourism)으로 분류하기도 한다. 경제적 이익 수단으로 관광개발이 계속되며 환경피해가 나타나자 그린관광이 대두되었다. 환경에 미치는 부정적인 영향을 최소화하자는 의미이다.

① 자연을 보호하고 그 지역의 전통문화를 중심으로 하는 방식
② 문화와 자연을 즐기고 배우는 소규모 그룹 여행
③ 환경보호를 기반으로 하는 전문 가이드와의 동행 관광
④ 보호지역과 그 지역 주민들을 위한 관광이익 환원 여행
⑤ 나무를 심는 등 여행 일정에 자연보호활동을 포함하는 여행
⑥ 환경파괴 현장을 찾아 생태계 복구에 참여하는 생태관광
⑦ 지역의 동식물에 대한 관찰과 연구를 동반한 학습 관광
⑧ 슬로우시티(Solow City) 등 차 없는 지역의 자전거 여행
⑨ 정글 탐험 등 자연 그대로의 오지체험 방식

그린관광은 지속 가능한 개발과 친환경적 운영으로 생태 가치를 높이는 것이다. 생활수준의 향상으로 관광 수요는 급증하고 있으며, 그린관광을 새로운 성장 동력으로 인식하고 전략적으로 육성하고 있다. 생태적으로 우수한 지역을 발굴하여, 지역경제 활성화에 기여하고 친환경 프로그램을 추진하는 것이다.

관광은 에너지 다소비 산업이며, 기후변화에 민감하고, 기후변화에 의하여 관광자원이 영향을 받는다. 관광객이 이용하는 교통시설과 숙박시설, 관광시설 및 관광활동은 다량의 온실가스를 배출한다. 또한 임야, 농경지 등 녹지 면적을 감소시켜 지구 생태계의 탄소 흡수 능력을 저하시킴으로써 지구 온난화를 유발한다. 즉, 기후변화의 원인자(vector)이며 동시에 피해자(victim)다.

기후변화에 따라 스키 산업은 따뜻한 겨울의 영향으로 스키 시즌 단축, 인공제설비용 상

승, 방문객 감소 등으로 운영수익률이 저하될 수 있다. 반면에 위도와 고도가 높은 지역에서는 관광 시즌이 길어지는 긍정적 효과가 나타난다. 기후변화는 관광자원을 변화시킨다. 기후변화로 항공기 결항, 여행 예약 취소, 인프라 훼손 등이 나타난다. 온실가스 배출 규제로 관광사업자의 원가가 상승하여 소비자의 여행비용도 증가한다.

6.2 패러다임의 변화

1990년대 중반까지의 관광은 환경중심주의에 입각한 자연자원 보전, 환경오염방지 차원의 개발이었다. 1992년 유엔환경개발회의가 개최되어 지속 가능한 개발(Sustainable Development)이 전 세계의 패러다임으로 부상하고, 1995년 세계관광기구와 유네스코 등이 '지속 가능한 관광 헌장(Charter for Sustainable Tourism)'을 제정하면서부터 환경자원의 적정 이용, 문화 다양성 존중, 경제적 편익 및 형평성을 추구하는 지속 가능한 관광 개발로 전환되었다. 그리고 2007년에 세계관광기구와 유엔환경계획, 세계기상기구가 '다보스 선언(Davos Declaration)'을 채택하고, 2008년에는 기후변화 대응을 핵심 의제로 채택하면서 탄소 경제 시대에 부응한 저탄소 그린관광 개발이 새로운 패러다임으로 부상하고 있다.

그린관광은 환경적 지속성, 경제적 지속성, 사회문화적 지속성을 추구하는 것이다. 환경적 지속성은 환경을 보전하며 회복까지 포함하는 개념이다. 경제적 지속성은 관광지의 경제를 활성화하는 방안을 포함한다. 사회문화적 지속성은 지역 문화와 지역주민을 존중하고 서로 배려하여 질 높은 관광이 실천됨을 의미한다.

6.2.1 그린관광이 확대되는 이유

① 관광지 조성으로 인한 자연환경 훼손
② 야생동물, 식물군, 조류의 서식지 등 자연생태계 위협
③ 수질오염과 대기오염
④ 관광서비스의 질을 중요하게 생각하는 관광객의 인식변화
⑤ 지역사회의 문화적인 가치관 변화

6.2.2 그린관광의 역할

1) 농어촌의 잠재력 활용

점차 관광객이 직접 참여하고 체험하는 관광으로 변화하고 있다. 기존의 관광지나 리조트보다 농촌이나 어촌, 문화유적지, 오지 등에 관심을 갖게 되었다. 지역에 체류하면서 무공해 농산물을 직접 재배하고 수확하거나, 문화와 전원생활을 체험하는 그린관광이 확산되는 추세이다.

2) 지역 활성화의 새로운 수단

도시화, 공업화로 인하여 농어촌지역은 젊은이들의 노동력이 유출되고 있다. 동시에 농산물의 가격불안정과 농수산물 시장의 개방 등으로 어려움이 나타나고 있다. 관광객을 위한 농가민박과 특산물 개발, 향토요리 개발, 이벤트 등으로 새로운 기회를 만들 수 있다.

3) 젊은이 중심의 개발전략

그린관광은 관광자원을 개발하고 서비스를 제공하는 주체가 주민들 자신이다. 따라서 소득의 외부유출을 최소화할 수 있으므로 젊은 사람들의 새로운 도전이 가능하다. 다른 지역과 차별화되는 독특한 관광 상품 개발하고, 인터넷을 이용한 홍보나 지역특산물 판매망을 이용하여 고유한 자원을 기반으로 그린관광이 가능하다.

6.2.3. 그린 관광의 기대효과

① 밤에 도시에서 보기 어려운 별자리 체험 등 새로운 경험을 할 수 있다.
② 참가비를 통한 수익은 지역경제에 기여할 수 있다.
③ 직접 채취한 특산물로 만든 음식을 먹기도 하고, 부족한 일손을 보충할 수 있다.
④ 고향을 잃은 현대인들에게 새로운 고향을 만들어 줄 수 있다.
⑤ 자연과 사람의 관계를 인지하고 새로운 시각을 가질 수 있다.

6.3 기후변화에 의한 잠재적 영향

6.3.1 기온 상승과 해수면 상승

기온 상승으로 해수욕장의 여행객이 증가할 수 있으며, 관련 레저가 한시적으로 호황을 누릴 수 있다. 또한 강설량 감소로 스키 시즌은 짧아지고, 영업일수 감소, 인공제설비용 상승 등으로 나타나 경영 여건을 악화시킨다.

반면에 골프장은 영업일수 증가 등이 나타날 수 있어 양면성을 갖는다. 휴가 시즌이 여름에 집중되던 것이 봄과 가을 등으로 분산되기도 한다. 휴가지는 바다와 해수욕장 중심에서 산과 계곡으로 분산될 수도 있다. 겨울축제 등 자연자원을 활용한 지역 축제는 기후변화로 개최시기가 변경되거나 취소될 수도 있다.

빙하가 녹으면서 발생하는 해수면 상승과 연안 침식, 모래사장 감소 등 관광 요인이 변화할 수 있다. 또한 해파리, 갯녹음 증가 등으로 인해 다이브, 스킨스쿠버 등 해양관광 수요가 감소할 수도 있다. 반면에 설상차 등을 이용하여 만년설 등의 관광을 활성화시킬 수도 있다.

6.3.2 기상이변 및 재해

기상재해나 이상기후로 인한 태풍, 홍수, 산불 등에 의해 관광자원이 훼손되거나 항공기 결항이 나타나고 관광 인프라의 파괴도 나타날 수 있다. 방파제 등의 해안시설 피해와 건축물 파손 등이 나타날 수 있다. 이에 따라 여행보험 상품이 다양화 될 수 있으며, 여행 예약 취소 및 분쟁이 증가되기도 한다.

6.3.3 생태계 변화와 물 부족

동식물 분포와 특산품 재배 변화로 지역 관광자원의 변화도 나타날 수 있으며, 지역 특산물을 이용한 오징어 축제 등의 개최 시기의 변화도 나타난다. 이는 최대한 부정적인 요인을 감소시키고 긍정적인 요인을 특성화시키는 창의적인 발상으로 극복할 수도 있다. 도보, 자전거, 기차 여행 등으로 다양화하고, 기후 여행, 북극 여행 등의 지속 가능한 생태 여행 증가로 유도하는 것도 필요하다.

관광 산업과 농업 등의 물 사용량 증가로 물 분쟁이 나타날 수도 있다. 물 부족은 워터파크 등 물 사용량이 많은 사업체의 원가와 사용요금을 상승시킬 수도 있다. 그 외에도 냉난방, 관광사업자의 원가 상승, 소비자 이용요금 상승 등도 연결되어 나타날 수 있다.

6.4 친환경적 운영 관리

6.4.1 환경경영 실시

관광호텔 등 대규모 민간 관광기업의 그린 구매, 그린마케팅, 환경 회계, 환경보고서 작성, 직원 교육 등 환경경영을 도입하도록 유도하고 이를 적극 지원한다. 이를 위하여 민간 사업자 인센티브 시행 등도 선행되어야 한다. 민간 관광기업의 온실가스 배출 감축을 유도하기 위하여 취득세, 등록세, 재산제 등 지방세 감면, 용적률, 건폐율, 층고 등의 완화, 에너지 진단 지원 등 국가와 지방자치단체 차원의 인센티브가 마련되어야 한다.

관광객의 에너지 및 자원 절약과 이에 따른 온실가스 감축 실천의 확산을 위하여 객실 내 적정 온도 유지, 친환경상품 구매, 쓰레기 분리수거 실시 등 관광객이 참여할 수 있는 친환경 관광 활동을 홍보한다. 또한 관광기업의 종사원 등을 대상으로 관광 산업의 기후변화 대응 역량, 온실가스 저감 실천사항 등에 대한 교육훈련 프로그램을 실시하는 것도 필요하다.

6.4.2 온실가스 감축 매뉴얼 작성

실효성 있는 온실가스 배출 감축을 위하여 온실가스 감축 매뉴얼을 작성하고 그 이행 상황을 주기적으로 평가하며 평가 결과에 대한 정보를 공개한다. 온실가스 감축 매뉴얼에는 온실가스 종류 및 배출량, 에너지 사용량, 온실가스 배출량 및 에너지 사용량의 감축 목표와 목표 달성을 위한 부문별 저감 계획 등을 포함한다. 이를 위하여 국가적 차원의 지원이 병행되어야 할 것이다.

6.4.3 기후변화 영향 모니터링 및 대책 수립

연안 침식, 하천 범람, 집중호우, 가뭄, 태풍 등 극한 기후 현상의 빈도와 그로 인한 관광 인프라 시설의 피해 상황 등에 대하여 정기적으로 모니터링하며 데이터베이스화 한다. 또한 장래의 기후변화가 대상지에 미칠 수 있는 잠재적인 영향을 최소화하기 위한 대책을 수립한다. 이상기후에 대비한 위기관리 매뉴얼 작성도 필요하다. 혹서, 혹한, 태풍, 폭풍, 집중호우, 가뭄 등 극한의 기상재해 발생 시 관광객의 안전과 민간 관광기업의 경영 안정을 위해 효율적으로 대처할 수 있는 위기관리 매뉴얼을 작성하는 것이 필요하다.

6.5 그린관광의 실천 방안

6.5.1 근거리 여행

런던행 비행기에서 발생하는 이산화탄소량은 제주도행 비행기보다 훨씬 많다. 배를 이용할 때도 마찬가지이다. 외국여행을 하게 되는 경우도 있지만, 일상에서는 근거리 관광을 선택하는 것도 대안이 될 수 있다.

6.5.2 자가용보다 대중교통 이용

여행 중에 자동차가 발생하는 이산화탄소량은 도시면적의 숲이 1년 동안 흡수해야 하는 이산화탄소의 양으로 알려져 있다. 대중교통을 이용하며 지역의 구석구석을 다녀보는 여행도 신선하다. 현지인의 생활과 문화를 접할 수 있는 장점도 있다.

6.5.3 도보여행

도보여행은 지역을 직접 체험하고 지역민과의 교감도 충분히 가능하다. 슬로우시티(Slow City)의 경우에는 차 없는 도시의 자전거 여행도 병행할 수 있으며 이산화탄소의 양을 줄여주는 효과도 얻을 수 있다.

6.5.4 지역 특산먹거리 먹기

수확철에 포도를 따거나 딸기를 따는 체험이 가능하다. 어린이가 직접 딸기를 따서 먹는 경우에도 매우 즐거워한다. 특히 농약을 사용하지 않거나 친환경먹거리를 생산하는 과정을 경험 한 후 매해 가정에서 주문하는 경우도 있다.

6.5.5 패스트푸드 보다 Slow Food 이용

지역의 특산물을 이용한 슬로우푸드(Slow Food)를 경험하는 것도 여행의 묘미이다. 관광 중에 만난 좋은 음식을 여행의 끝난 후에 애용하기도 한다. 친환경먹거리는 건강에도 좋은 것으로 알려져 있다.

6.5.6 숙박할 때

에어컨 온도를 1℃ 내리면 지구온도는 반대로 올라간다. 냉방온도는 적정온도로 하고 일회용품 사용을 줄이는 것도 필요하다. 업소에서는 에어컨 냉매 등을 주기적으로 점검하는 등의 관리가 필요하다. 그 외에도 물 아껴쓰기, 불필요한 전등 끄기 등이 그린관광의 요소이다.

신재생에너지

7 CHAPTER

신재생에너지는 친환경적이고 무한한 자연 에너지의 특성을 이용하여 기존의 화석연료를 대체하는 에너지다. 한국은 '신재생에너지 개발 및 이용 보급 촉진법 제2조'에 의해 태양열, 태양광, 바이오 에너지, 풍력, 소수력, 지열, 해양 에너지, 폐기물 에너지의 8개 재생 에너지 분야와 연료전지, 석탄액화 및 가스화, 수소 에너지를 포함하는 3개의 신에너지 분야로 나누어 정의하고 있다. 한국은 지난 2005년까지 전체 에너지의 97.3%를 화석 및 원자력 에너지에 의존해왔으며, 신재생에너지는 기존의 화석연료의 문제점들을 보완하여 대체에너지로 등장하였다.

신재생에너지는 화석연료가 갖고 있는 문제점의 개선을 목표로 하므로 화석 에너지의 문제점인 환경오염의 방지와 안정된 자원 확보, 높은 효율성 등이 수반되어야 한다. 유가의 불안정과 지구 온난화 방지를 위한 기후변화협약의 규제, 새로운 에너지 자원을 둘러싼 주도권 확보 등은 신재생에너지의 개발 필요성을 더욱 가속화시키고 있다.

1970년대 석유파동 이후 정부 출연 연구소와 일부 대학에서 태양열, 바이오매스 등 석유자원을 대체할 수 있는 대체 에너지 연구가 착수되었다. 1980년대 초반에 에너지관리공단이 설립된 이후에 대체 에너지 사업이 체계화되면서 1987년 12월에 대체에너지개발촉진법을 제정하고 대체에너지센터를 설치하여 본격적으로 기술 개발과 보급을 실시하게 되었다.

1980년대 중반부터는 태양열 온수기, 폐기물 소각시설 등이 보급되기 시작하였다. 1992년 12월에는 에너지·자원기술개발 지원센터를 에너지관리공단 부설로 설립하였다. 1997년 1월에는 에너지기술개발 10개년 계획을 수립하고 12월에는 '대체에너지개발촉진법'을 '대체에너지개발 및 이용·보급·촉진법'으로 개정하여 태양열, 태양광, 폐기물, 바이오 등 대체

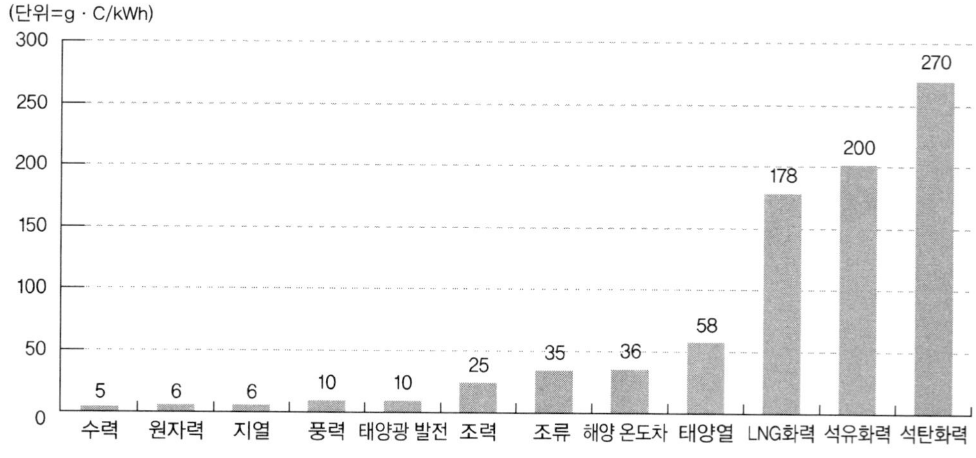

그림 7-1 발전원별 이산화탄소 배출량 비교

| 표 7-1 | 신재생에너지의 장·단점 비교

분류	장 점	단 점
태양열	• 무공해, 무한량	• 밀도가 낮고, 간헐적임. 비경제적 • 양과 질의 관계가 정비례하지 못함
태양광	• 햇빛이 있는 곳이면 어느 곳에서나 간단히 설치 가능 • 소음과 진동이 적음 • 수명이 길고 유지비용 거의 없음	• 에너지 밀도가 낮음 • 초기 설치비용이 비쌈
바이오 에너지	• 지구 온난화 진행 억제에 기여 • 잠재적 에너지의 가치가 높음	• 산림 고갈의 우려가 있음 • 생물학적 공정이 복잡함
풍력	• 무한정의 청정에너지 • 설치비용 적고, 설치기간이 짧음	• 바람이 항상 부는 것이 아니므로 이용에 제한
지열	• 발전비용이 저렴함 • 깨끗함	• 수몰 보상 • 지역적 편재
해양 에너지	• 깨끗하고 양이 무한함	• 해안 생태계에 영향 • 에너지 밀도가 작고, 시설비가 비싸며, 소비자와의 거리가 멂
폐기물 에너지	• 에너지 회수 경제성이 높음 • 쓰레기양을 줄일 수 있음 • 환경오염의 방지 효과 기대	• 고도의 기술과 연구개발이 필요함 • 처리 과정에서 다른 환경오염이 우려됨
수소 에너지	• 공해물질을 거의 배출하지 않음 • 사용이 간편함 • 가스나 액체로서 쉽게 수송 가능 • 다양한 형태로 저장 용이 • 사용 후에 물로 재순환됨 • 다양한 분야로 활용 가능	• 폭발 위험성이 있음 • 액체나 고체로의 저장이 어려움

출처 : 에너지관리공단

에너지의 보급기반을 조성하였다. 1999년 12월에는 IMF 여파로 에너지·자원기술개발센터를 폐지하고 에너지관리공단의 단일부서로 편입하였다.

2002년 3월에는 대체 에너지 산업의 육성을 위한 발전차액 보전, 공공의무화, 대체 에너지 설비 인증제도를 도입하였다. 2004년 12월에는 '신에너지 및 재생 에너지 개발·이용·보급 촉진법'으로 개정하였다. 이를 통하여 국제표준화와 전문기업제고를 도입하고 인력양성을 위한 특성화대학원 및 연구센터 지정제도를 도입하였다. 2006년 10월에는 태양광, 바이오 등의 산업화를 유도하게 되었다.

신재생에너지의 개발과 보급을 위해서는 정책이 강화되고, 산업이 확대되며, 기반 구축이 수반되어야 한다. 정책 강화를 위하여 국민의 공감대 형성과 부처 간에 공조체제가 구축되어야 한다. 또한 예산 투입의 확대와 효율적인 집행 시스템이 구축되어야 한다. 이를 위하여 기술 개발과 연구 및 보급이 연계되어 시행되고 국민의 수용성을 증대시키기 위하여 홍보를 강화하여야 한다.

산업 확대 측면에서는 발전차액 지원을 확대하고 의무화 대상을 확대하고 법령을 정비하여야 한다. 의무할당 비율 및 주체에 대한 제도와 대상범위 등도 검토해야 한다. 신재생에너지의 지원 기준과 방법 연계방안 등을 구상하며 법규의 정비와 지원 시스템을 구축해야 한다. 기반 구축을 위해서는 인증제도를 확대하고 실증단지 사업이 추진되어야 한다. 핵심 기술센터를 확대하고 고정적인 재원 배분과 전략적인 부품 소재 지원도 병행되어야 한다.

7.1 태양열 에너지(Solarthermal Energy)

태양열을 이용할 경우, 태양열 가열기를 통해 물을 가열하고 뜨거운 물을 만들어냄으로써, 일차적으로 온수 및 냉난방에 활용이 가능하며, 물을 끓일 때 발생하는 증기를 활용하여 전기를 생산하기도 한다. 하지만 최근에는 태양 에너지를 보다 직접적으로 전기 에너지로 전환하는 방법을 사용하여, 좀 더 높은 효율을 내기 위한 연구가 이루어지고 있다. 태양전지는 햇빛을 받으면 광전 효과에 의해 전기를 발생시킨다. 태양전지 기술은 규소를 이용한 반도체 제작이 핵심이다.

태양전지의 효율은 약 15%로 다른 에너지원들에 비해 상당히 낮으므로 적은 양의 전기에너지를 필요로 하는 소규모의 주택 등에서 난방이나 가전제품을 사용하는 데 쓰이고 있다. 따라서 태양전지의 에너지 효율을 높이는 것이 가장 큰 해결과제이다.

7.1.1 원리

태양열 에너지는 태양으로부터 오는 복사 에너지를 흡수하여 열에너지로 변화시켜 바로 이용하거나 저장하여 필요할 때 이용하는 에너지를 말한다. 태양 에너지는 무공해 에너지원으로서 환경에도 청정한 에너지이다. 태양열 시스템의 구성은 에너지를 모아서 열로 변환하는 집열부, 저장했다가 필요시 사용하는 축열부, 온수나 냉난방과 발전을 위해 공급하는 이용부, 태양열을 효과적으로 집열, 축열, 공급하기 위한 제어장치로 구성되어 있다.

7.1.2 장점

- 소음이나 배기가스가 발생하지 않는 무공해 에너지이며, 무한하다.
- 반영구적으로 사용할 수 있다.
- 초기 투자비용이 높은 만큼 한 번 설치하면 특별한 관리가 필요 없다.
- 태양열 기초기술 및 이용 시스템에 대한 체계적인 연구가 진행되어 있다.
- 신재생에너지원 중에서 전기와 열을 동시에 생산할 수 있는 유일한 에너지이다.

7.1.3 단점

- 밀도가 낮고 간헐적 에너지이므로 흐린 날은 맑은 날보다 이용이 어렵다.
- 보충 에너지를 사용해야 한다.
- 초기 투자비용이 높아 비경제적이다.
- 태양열 발전을 포함한 신기술 적용과 실증을 위한 장이 부족하다.
- 기술 및 보급 성공사례에 대한 대책이 적다.
- 시장 확대를 위한 기술적이고 정책적인 방안이 부족하다.
- 태양전지의 효율이 낮고 양과 질의 관계가 정비례하지 못한다.

7.1.4 외국의 현황

태양열 에너지는 저온 분야의 경우 첨단소재 개발을 통한 시스템의 고효율 저가화에 집중하고 있으며, 중·고온 분야의 경우에는 태양열 발전, 태양열 화학 시스템의 응용 개발에도 연구가 이루어지고 있다. 태양열 적용 분야 중 집열효율이 높고 생산단가가 낮은 온수급탕 및 난방 분야에 기술 개발이 이루어져 시장 형성이 집중되어 있다. 최근에는 에너지 절약기술을 포함하여 제로에너지 타운, 그린빌리지, 제로에너지 하우스 등과 같은 복합적용 연구가 시도되고 있다.

미국에서는 태양열 집열기, 온수급탕 시스템, 자연형 시스템 개발을 시작하였고 1980년 이후에는 자연형 태양열 건물과 건물의 난방, 급탕 분야에 투자하고 있다. 태양열 온수 급수온탕 시스템의 상용화는 업체 주도로 진행 중이다.

유럽은 활발하게 연구와 보급정책을 진행하고 있다. 독일은 태양열을 이용한 에너지 생산량이 1990년과 2001년 사이에 25%가 증가하였다. 태양열 집열기와 열펌프 구매에 필요한 투자비의 30%를 보조해주면서 태양열 이용을 장려하고 있다. 프랑스는 국가 프로그램으로 태양열 이용을 확대하고 있다. 태양열 설비는 2000년과 2003년 사이에 크게 증가하였으며, 태양열 보급 확대를 위해서 국가계획을 시행하고 있다. 덴마크는 약 3만 개의 태양열 설비로 국내 온수를 공급하고 있으며, 지원금제도로 활성화하고 있다. 네덜란드는 태양열 온수 시스템의 꾸준한 성장세를 나타내고 있으며 약 66%는 주거용으로 사용되고 대규모 집광 시스템의 14%, 수영장 설비의 20%가 이용되고 있다. 이는 다양한 투자 보조금과 에너지 세금의 결과다.

일본은 태양열 온수기가 개발되어 상용화되고 있으며, 1980~1990년대에 생산과 판매가 최고조에 이르렀다. 일본의 태양 에너지 설치 계획은 점차 증가하고 있으며, 자연채광 및 제어와 대규모 태양열 냉난방, 온수급탕 시스템의 산업 이용 개발에 주력하고 있다.

중국은 세계에서 가장 큰 태양열 온수기 제작국으로 2002년 말까지 4천만 m^2에 이르는 가정용 급탕 시스템을 설치하였다. 2004년의 매출 규모는 13.5백만 m^2로 전년 대비 26% 증가하였고, 현재는 진공관형 태양열온수기가 88%를 차지하고 있다. 중국의 태양열 시장은 약 17%로 예측되고 있으며, 1,000개의 태양열시스템 판매업체가 있고 5만 명 이상의 사람을 고용하는 것으로 나타나고 있다.

7.1.5 한국의 현황

태양열온수기 등 저온활용 요소기술과 태양열 이용 분야 확대를 위한 중 · 고온시스템 개발을 병행하여 추진하고 있다. 온수 · 급탕 기술 등 저온활용 분야는 자연형 및 설비형 온수급탕 시스템, 블랙크롬 코팅기술, 저온 축열재 기초기술 개발 등을 추진하여 온수급탕 시스템을 완료하였다.

1990년대에는 차온제어, PTC (Parabolic Trough Solar Collector) 기초기술, 공조 등에 활용하는 기술 개발에 주력하여 태양열 시스템의 차온제어기술을 확립하였다. 2000년대에는 단일진공관형 집열기를 개발하여 대량생산체제를 갖추었으며, 건물의 냉난방 시스템과 해수담수화 기술 개발 등을 진행하고 있다. 가정용 온수기 및 골프장, 양어장 등의 급탕시설에 보급 중이다.

태양열집열기의 기술 분야에서는 수입에 의존하고 있는 흡열판(Absorb Plate)의 국산화를 위한 기술 개발이 필요하다. 흡열판과 동관의 열전달 손실을 최소화하기 위해 '저가형 태양열 집열판 접합 시스템 개발'을 추진하여 초음파 용접기의 국산화 기술을 개발하고, 저온 분야 집열기의 손실 최소화를 위해 메가 집열기 개발을 추진 중이다.

중 · 고온 활용 분야는 1990년대부터 꾸준히 기술 개발을 추진하여 2000년대에 는 집광시스템에 대한 국내 기술 수준이 상승하고 있다. 냉난방 분야는 태양열을 이용한 흡수식 냉방 시스템이 개발되고, 대규모 태양열 지역냉난방 및 급탕 시스템 개발이 2007년에 개발되었다.

7.2 태양광 에너지(Photovoltaic Energy)

태양광 에너지는 반도체가 갖는 광전 효과를 이용해 태양빛의 에너지를 직접 전기 에너지로 변환시키는 발전 시스템이다. 태양광 에너지의 특징은 깨끗하고 무한하다는 것인데, 지구 표면에 도달하는 태양 에너지의 양은 전 세계 소요 에너지의 약 1만 배에 달한다. 태양광 시장은 2003년 이후 35% 이상 성장률을 나타내며 급성장하고 있다.

7.2.1 원리

태양 에너지를 직접 전기 에너지로 변환시키는 태양전기와 발전 시스템 기술이다. 태양열 발전과는 달리 반도체, 염료, 고분자 등의 물질로 이루어진 태양전지를 이용하여 바로 전기를 생성하는 기술이다.

태양빛이 입사되어 반도체 내부에서 흡수되면 전자와 전공이 발생하여 흐름이 생기고 외부 회류에 전류가 흐르게 된다. 즉, 반도체가 태양빛을 흡수하면 전기가 발생되는 원리인 광기전력효과를 이용하는 것이다. 에너지 변환효과를 높이기 위해서는 가급적 많은 태양빛이 반도체 내부에 흡수되도록 하고, 태양빛에 의해 생성된 전자가 쉽게 소멸되지 않고 외부 회로까지 전달되게 하며, 접합부에 큰 전기장이 생기도록 소재 및 공정을 디자인해야 한다. 현재 상용화 되어 있는 태양전지는 주로 실리콘 소재로 제작되며 제품의 효율은 15% 정도다.

7.2.2 장점

- 친환경적이고 경쟁력이 있다.
- 표준 시스템의 상용화 기술 개발과 최적 운전기술이 축적되어 있다.
- 태양광 시장 점유율이 확대되고 있다.
- 햇빛이 있는 곳이면 어느 곳에서나 간단히 설치할 수 있다.
- 소음과 진동이 적다.
- 수명이 길고 유지비용이 거의 없다.
- 깨끗하고 무한한 에너지다.

7.2.3 단점

- 태양전지 모듈의 내구성 확보에 대한 연구가 저조하다.
- 원천기술 확보를 위한 선행연구가 필요하다.
- 태양전지의 저가를 위한 공정 개선이 필요하다.
- 태양광 시스템에 의한 계통 간의 상호작용에 따른 문제점이 발생할 수 있다.

- 태양광 산업의 전문산업인력이 필요하다.
- 에너지 밀도가 낮다.
- 초기 설치비용이 높다.

7.2.4 외국의 현황

일본은 1980년부터 1988년까지 신에너지개발기구를 중심으로 입자형 연속생산 기술개발에 주력하였다. 실리콘 태양전지는 앞선 기술을 보유하고 있으며 기업에게 초박형 실리콘 태양전지에 관한 연구를 주도하고 있다. 연구 방향은 실리콘 원료 소재의 소비를 줄여 최종적으로 생산비용을 낮추는 것이다. 따라서 태양전지 기판의 고효율화와 태양전지 제조공정에서의 기판개질, 광 포획강화, 고속열처리 등의 기술에 중점을 두고 있다.

유럽의 태양광 산업은 주로 태양광 장비업체가 주도하고 있다. 태양광 장비업체는 장비와 더불어 태양전지 제조기술을 함께 제공하는 턴키 방식의 사업을 진행하고 있다. 독일은 새로운 전기 가열방식의 유동층 석출공정으로 개발하였다. 노르웨이에서는 태양광 산업 합작회사를 설립하여 원료 소재를 대량 확보하고 자체 수급 및 대외 판매를 시행하고 있다.

미국은 결정질 실리콘 태양전지 분야의 기초기술이 앞서가고 있다. 이는 초박형 실리콘을 사용하여 단결정 실리콘에서 20% 정도의 태양전지 양산이 가능하며 다결정 실리콘을 사용하여 18% 효율의 태양전지 양산이 가능함을 제시하고 있다. 실리콘 박막 태양전지는 모듈생산라인을 보유하고 있으며 지정질 실리콘계 태양전지 모듈 생산라인도 보유하고 있다.

7.2.5 한국의 현황

한국도 태양광 발전 시장이 급격히 증가해 2008년 8월 말까지 170 MW 수준이던 태양광 발전용량이 9월 한 달 동안 50% 이상 증가하여 누적용량 260 MW 수준으로 나타났다. 태양광 발전도 다른 신재생에너지와 마찬가지로 시스템 산업이며 부품 산업이다. 잉곳, 웨이퍼, 태양전지(cell), 모듈 등으로 구성된 태양광 발전설비의 핵심은 원천 소재 개발이다.

태양전지 소재는 반도체를 이용한 결정질 실리콘이 전체 시장의 89.6%를 점유하고 있고 결정질 실리콘 박막 태양전지와 구리・인듐・갈륨・셀레늄(CIGS) 박막 태양전지 및 비실리콘 계열의 염료감응형과 유기 태양전지 개발도 확대될 전망이다. 결정질 실리콘 태양전지의 효율은 13.5~18%이며, 효율은 좀 낮은 편이지만 20~30년 이상 오래 사용할 수 있다는 것이 장점이다. 때문에 단기적으로 고효율 결정질 실리콘 개발에서 장기적으로 박막 태양전지와 차세대 태양전지인 유기, 염료감응 태양전지 개발에 지원하고 있다.

태양광 발전은 장치 산업이므로 기존 인프라를 활용해 핵심 소재만 개발한다면 엄청난 성장 동력으로 키울 수 있다. 당초 2025~2030년 가량 되어야 기존 화력 발전과 태양광 발전의 발전단가가 비슷해질 것으로 예상되었지만, 태양전지 가격이 낮아지고 화석연료는 비싸지고 있어 더 빨리 태양광 발전이 정착할 것으로 예상하고 있다.

7.3 풍력 에너지(Wind Power Energy)

7.3.1 원리

풍력 발전이란 공기의 유동을 가진 운동 에너지의 공기역학적 에너지의 특성을 이용하여 회전자를 회전시켜 기계적 에너지로 변환시키고, 발생되는 유도 전기를 수요자에게 공급하는 기술이다. 풍력발전기는 지면에 대한 회전축의 방향에 따라 수평형과 수직형으로 구분되며, 운전 시스템의 제어방식에 따라 능동제어형과 수동제어형으로 구분된다. 풍력발전기의 구성요소는 운동량변환장치, 동력전달장치, 동력변환장치, 제어장치 등이다. 기계장치부는 회전날개, 회전자, 증속장치 등의 시스템으로 구성된다. 전기장치부는 발전기 및 전력안정화 장치로 구성된다. 제어장치부는 제어 시스템 및 제어기와 모니터링 시스템으로 구성된다.

회전축 방향에 따른 구조상 분류는 수평축과 수직축으로 나누며 운전방식에 의한 분류는 정속운전과 가변속 운전으로 나눈다. 풍력발전산업은 스펙트럼이 넓기 때문에 고용효과가 큰 산업이다. 또한 육상과 해상에 설치가 가능하므로 산업이 촉진되고 고용효과가 높다.

풍력 발전의 세부기술은 시스템 기술, 단지개발기술, 운영 및 연계기술로 분류한다. 기술영역별 분류는 육상풍력, 해상풍력, 소형풍력, 하이브리드, 설계기준 등으로 분류한다. 풍력단지 개발의 기술영역별 분류는 풍력자원 평가, 단지 최적 설계, 풍력 발전 예보, 환경영향평가를 포함한다. 운영 및 연계기술 분류는 성능 평가 및 인증, 국가실증단지 조성, 수용성 확대 등을 포함한다.

풍력 발전은 현재까지 개발된 신재생에너지원 중 가장 경제성이 높다. 풍력 발전의 특징은 설치할 장소의 풍력자원량이나 특성의 편차가 매우 크고, 그 특성에 따라 기기의 사양이나 경제성이 달라질 수 있다는 점이다. 그러나 풍력 발전은 어느 곳에나 산재되어 있는 무공해·무한정의 바람을 이용하므로 환경에 미치는 영향이 거의 없고, 국토를 효율적으로 이용할 수 있으며, 대규모인 경우에는 발전단가도 경쟁력이 있다.

풍력발전단지의 면적 중에서 실제로 이용되는 면적은 풍력발전기의 기초부, 도로, 계측 및 중앙제어실 등으로 전체 단지 면적의 1%에 불과하며, 나머지 99%의 면적은 목축, 농업 등의 다른 용도로 이용 가능하다. 전 세계적으로 풍력 발전 기술은 고도로 성장하고 있으며 4~5 MW급 초대형 풍력발전기들이 지속적으로 개발되고 있다.

풍력발전산업은 주로 풍력발전기 설계·제작과 풍력발전단지 조성에 관련된 기계·항공, 전기·전자, 기상, 재료, 토목, 해양 등 광범위한 산업 분야와 연결되어 있다. 부품 산업 중에서 날개 부분의 경우는 설계, 유리·탄소 섬유, 수지, 접착제, 페인트, 목형, 낙뢰 보호, 각종 제작기구 등이 하나의 산업체이다. 풍력발전기의 주요 부품 중에서 날개·증속장치·제동장치·대형 구조물 등은 조선, 중공업, 자동차 산업에서 파생된 것이다.

7.3.2 장점

- 초기 투자비용이 적고, 건설 및 설치기간이 짧아 높은 경제성을 갖는다.
- 육상과 해상에 설치가 가능하여 산업이 촉진되고 고용효과가 높다.
- CO_2 감축을 위한 저비용, 고효율 기술이다.
- 무한정의 청정에너지이다.
- 국토를 효율적으로 이용할 수 있다.

7.3.3 단점

- 설치 장소의 풍력자원량과 특성의 편차가 매우 크다.
- 새들을 위협하고, 소음을 발생시킨다.
- 지리적으로 적합한 환경이 필요하다.
- 바람의 속도와 방향이 자주 바뀌고 지속적이지 못하여 에너지의 발생이 불규칙하다.
- 동력원으로서의 전환에 많은 기술들이 요구된다.

7.3.4 외국의 현황

2003년 캘리포니아에서는 15,800개의 풍력터빈을 이용해 390 MW의 전기를 생산했으며, 화력 및 원자력 발전소와 비교할 때 비용 면에서 경쟁력이 있다. 또한 독일, 덴마크, 네덜란드 등이 풍력을 이용하고 있으며, 인도, 중국, 독일, 스페인 등도 풍력에 의한 전력 생산을 증가하는 계획을 가지고 있다. 내몽고 지역의 유목민들은 자신의 텐트에서 불을 밝히고 TV를 보기 위해서 또는 가축들을 가두는 전기울타리에 전기를 공급하기 위해 휴대 가능한 풍력발전기를 가지고 있다.

전 세계 풍력발전기의 누적보급량은 2006년 말 현재 74,000 MW에 이르고 있으며, 증가폭은 더욱 커지고 있다. 2006년에는 13개 국가에서 100 MW 용량 이상의 풍력발전기를 새로 설치하였으며 미국, 독일, 스페인이 1,000 MW 이상을 새로 설치하였다. 7개 국가에서 해상 풍력용량의 증가율이 30% 이상으로 기록하였으며 해상풍력발전기가 설치 준비 중이다. 기존의 중소형 풍력발전기를 대형 풍력발전기로 교체하는 리파워링 작업이 주요한 기술 동향이며 독일과 덴마크 등에서 이루어지고 있다.

유럽에서는 해상 및 대형 풍력발전기 등의 연구가 활발하게 진행 중이며, EU 주도하에 각국의 정부 지원으로 연구가 진행되고 있다. 미국은 연구소를 중심으로 저풍속, 해상 및 대형 풍력발전기에 대한 연구를 수행하고 있다. 대형 풍력발전기의 생산 비중이 늘어남에 따라 경량화에 대한 연구가 진행 중이다.

7.3.5 한국의 현황

2008년 현재, 국내에 보급된 풍력 발전 시스템은 총 170여 기, 약 278 MW 용량으로 전력을 생산하고 있다. 영덕 풍력발전단지(39.6 MW)와 대관령 풍력발전단지(약 103 MW), 행원 풍력발전단지(약 10 MW) 등 세 개의 풍력발전단지가 국내 풍력 에너지 보급량의 약 55%를 담당하고 있다. 현재 운전 중인 풍력설비는 Vestas(덴마크)와 같은 해외 수입품이 많은 실정이며, 타워 구조물과 기초 구조물만 국내에서 제작 · 시공되고 있다.

정부는 국책과제로 2001년부터 750 KW급 개발에 착수하였고, 2004년에는 2 MW급 풍력 발전 시스템 개발과제를 추진하였다. 해상 풍력자원의 활용을 위해 2004년도에는 4 MW급 해상풍력실증연구단지 조성에 착수하고, 2006년에는 3 MW급 해상 풍력 발전 시스템 개발 과제에 착수했다.

현재 국내에서는 1.5～2.5 MW 용량이 시장의 50% 정도를 차지하고 있으며, 2.5 MW 이상의 Multi-MW급으로 대용량화하는 추세다. 또 육상 풍력의 기술 수준은 세계 최고 수준의 79%, 해상 풍력의 기술 수준은 68%로 기본 기술은 확보했지만 핵심 요소 기술의 부족으로 국산화율은 매우 저조하다.

5 MW급 이상의 해상 풍력 발전용 대형발전기의 기반기술 개발을 위해서는 신형 수중 기초 개발이 필요하다. 또한 소형 풍력발전기 시스템은 현재 1 KW급 저소음 풍력발전기가 개발 중에 있지만, 국내 현황을 고려한 기술 개발이 필요하다. 특히 도시형 소형 풍력 발전 시스템 개발을 위해서는 소음 및 진동 저감기술을 적용한 저소음 소형 풍력 발전 블레이드의 개발이 필요하다.

풍력 에너지는 바람의 속도와 방향이 자주 바뀌고 지속적이지 못한 경우가 많으므로 동력원으로서의 전환에 많은 기술들이 요구되고 생산가격이 상대적으로 높다는 단점이 있다. 그러나 중 · 대형급(250 KW급 이상) 수평축 발전기의 개발과 풍력시스템 단지화에 의한 대량생산 등으로 생산단가를 낮출 수 있다.

단지개발기술 분야는 선진국에 비하여 86% 정도의 기술 수준을 유지하고 있으며 단지개발기술과 타워, 축구 동계 부분은 세계적 수준으로 평가받고 있다. 시스템 설계평가, 운영 및 유지보수, 감시진단, 하이브리드 감시 분야는 취약한 상황이다. 증속기기술이 취약하며 타워기술은 높은 평가를 받고 있다.

국내 풍력 발전 시스템 제작 및 개발 기업의 목표는 2011년 세계시장에 진입하고, 2020년에는 세계 10위권을 목표로 하고 있으며, 2030년 이후에는 풍력 발전시장의 주도적 국가로 부상하는 것을 목표로 하고 있다.

7.4 지열 에너지(Geothermal Energy)

지열은 지구 내부에서 표면을 거쳐 외부로 나오는 열을 말한다. 지구는 중심부로 갈수록 온도가 높아져 지구 중심부의 온도는 4,000℃에 달한다. 이러한 지열은 열전도에 의해서나 가스, 온수 및 화산 분출 등에 의해서 유출되는데, 그 양은 지역적으로 크게 다르다. 지열 에너지는 재생이 불가능한 에너지원이지만 지구 자체가 가지고 있는 에너지이므로 굴착하는 깊이에 따라 잠재력은 거의 무한하다고 볼 수 있다.

지열 에너지는 저온 열수를 직접 이용하는 온천 등의 관광 자원 또는 난방 열원 등으로 개발되었으나, 에너지원으로서는 개발된 자원은 아니다. 현재는 지열을 직접이용하는 방식을 사용하고 있으나 앞으로는 지열 발전의 비중이 증가할 전망이다.

지구는 하나의 거대한 보일러이며, 현재 발전에 이용되는 것은 지열로 발생한 증기다. 빗물이 단층 등을 통해서 지하로 흘러 들어갈 때, 그 근처에 마그마가 모여 있으면 고온의 물이 되는데 이때 우물을 파면 물의 압력이 낮아지면서 고온의 수증기가 되어 뿜어 나오게 된다. 이 증기로 터빈을 돌리는 것이 지열 발전이다.

지열 발전은 운전기술이 비교적 간단하고 가동률이 높으며 잉여 열을 지역 에너지로 이용할 수 있다는 이점이 있다. 어떤 지역은 증기와 뜨거운 물이 충분하여 전기를 생성한다. 땅속에 구멍을 뚫고서 파이프를 뜨거운 물속에 꽂으면 뜨거운 증기나 물은 이 파이프들을 통해서 땅 위로 나온다. 이를 통해 만들어진 전기는 발전소와 가정, 학교 그리고 직장의 거대한 회송 전선으로 보내진다.

7.4.1 원리

지열 에너지는 토양, 지하수, 지표수 등의 지중이 태양복사 에너지나 지구 내부의 마그마 열에 의해 보유하고 있는 에너지다. 지표면의 깊이에 따라 천부지열(Shallow Geothermal)과 심부지열(Deap Geothermal)로 구분되며, 천부지열은 10~20℃ 정도이고, 심부지열은 40~150℃이다.

활용 측면에서는 직접이용과 간접이용 기술로 분류한다. 직접이용은 열펌프나 냉동기와 같은 에너지 변환기기의 열원으로 공급하여 건물 냉난방, 건조 산업, 도로 융설, 온천, 양식업 및 시설 영농, 지역난방 등에 활용하는 기술이다. 간접이용기술은 대략 80℃ 이상의 고온수나 증기를 끌어올려 전기를 생산하기 위한 기술이다.

7.4.2 장점

- 발전비용이 비교적 저렴하다.
- 운전기술이 비교적 간단하다.
- 공해물질 배출이 없으며 가동률이 높고, 잉여 열을 지역 에너지로 이용할 수 있다.

7.4.3 단점

- 지열 발전이 가능한 지역이 한정되어 있다.
- 재생 불가능한 에너지다.
- 침전이 있을 수 있으며 지중 상황 파악이 곤란하다.
- 수몰 보상이 수반된다.

7.4.4 외국의 현황

지열 발전은 지하에서 올라오는 열을 이용한 발전기술이므로 온천이나 화산 지대가 유리하다. 따라서 일본이나 뉴질랜드, 아이슬란드 등이 중심으로 발전되고 있다.

미국은 세계 지열 발전 능력의 절반을 가지고 있다. 130개 이상의 발전소가 다른 12개국에서 가동되고 있다. 고온의 물 저장소는 전 세계 전기 수요의 약 30~45%에 해당하는 90,000~150,000 MW의 전력을 공급할 수 있다. 현재는 지열 전기 용량의 약 3,000 MW만이 작동 중이고 대부분이 캘리포니아의 지저스 필드에서 나온다. 캘리포니아는 지열 자원으로부터 약 6%의 전기를 얻는다. 남부 캘리포니아의 일부 지역에서는 겨울 동안 건물의 난방용으로 땅 밑에서 생성된 뜨거운 물을 이용한다. 뜨거운 물은 수십 마일의 단열 파이프를 통해서 십여 군데의 공공건물에 보내진다. 시청, 연금생활자 센터 등이 이런 방식으로 난방이 된다. 지열에너지 자원 개발기술에는 지하에 존재하는 고온의 암반까지 굴착하고 물을 주입하여 수증기를 발생시켜 전기를 얻는 방식인 고온암체 발전기술의 가능성이 가장높은 것으로 평가되고 있다. 미국과 일본을 중심으로 고온암체 발전기술이 개발되고 있다.

고온암체 발전과 비슷한 개념인 화산 발전기술은 마그마의 열을 이용하는 것으로 미국은 1970년대 중반부터 기초 연구를 수행하고 있으며, 일본도 개발 연구를 추진하고 있다. 이 외에도 지열 에너지 이용기술과 해양 온도차 발전기술을 복합적으로 이용하는 GEOTEC (Geothermal & Ocean thermal Energy Conversion) 기술도 시도되고 있다.

중국은 지역난방, 온천, 지열열펌프 시스템 등으로 활용하고 있다. 스위스는 면적 대비 지열열펌프 설치 건수로는 세계 1위다. 면적 대비 이용량에서 1위인 아이슬란드에서는 지하열 자원이 풍부하며 국가 전체 난방에 87%를 지열로 공급하고 있다. 이스라엘이나 스웨덴 등은 주로 심부시추공을 이용하는 지역난방, 온천 및 농업 양식업 등에 지열 에너지를 활용하고 있다. 필리핀, 이탈리아, 멕시코, 일본, 뉴질랜드, 아이슬란드 등도 지열 발전으로 많은 전력을 생산하고 있다.

7.4.5 한국의 현황

한국의 지열기술은 주로 천부지열을 이용하여 건물을 냉・난방하거나, 온수를 공급하는 지열열펌프 시스템 기술이 활성화되어 있다. 초기에는 기초자료 확보를 위한 지열자원 탐사에 주로 투자하였으며, 2000년 이후에 열펌프를 이용한 건물 냉난방 시스템과 지중열 교환기 성능 확보에 집중하였다. 전문 시공기술과 기술인력 등이 확보되면서 시장 확보가 가능해졌으며 정부의 보급정책으로 점차 성장하고 있다.

2008년부터 현재까지 연구 개발된 기술 중에서 단기간에 상업화가 가능한 기술을 우선 개발하고 있다. 민간시장 활성화를 위한 저비용 천공 및 시공기술을 우선 발굴하여 인증 시스템 구축사업을 추진하는 것이다. 소규모 주거용 지열열펌프 시스템 보급 활성화를 위하여 고성능화 및 표준화에 역점을 두고 있다. 2013년부터 2020년까지는 선진 외국기술에 대한 의존도를 낮추기 위해서 핵심 기기의 설계와 제작, 저비용 시공기술 개발을 중점적으로 추진하고 있다. 2021년부터 2030년까지는 냉동기 연계기술 등 미래형 지능화 시스템 개발에 역점을 둔다.

7.5 폐기물 에너지(Waste Energy)

폐기물 에너지는 사업장과 가정에서 발생되는 가연성 폐기물을 처리하여 얻어지는 연료와 이를 연소시켜 발생되는 에너지를 의미한다. 폐기물 고형연료, 고분자폐기물의 열분해 연료유, 가연성 폐기물의 가스화 연료, 소각열 등이 있다.

고형연료는 폐기물 선별기술, 폐기물 건조기술, 폐기물 성형기술, 고형연료 연소기술로 분류한다. 열분해 유화는 PVC 처리기술, 반응기 기술, 코킹 방지기술, 열분해 촉매기술, 정제기술로 나눈다. 가스화 연료는 가스화 기술, 정제기술, 복합발전기술, 합성가스 이용기술, 용융기술로 나눈다. 소각열 회수이용은 연소기술, 혼소기술, 열병합 발전기술, 폐열 발전기술, 폐열 회수기술로 분류한다. 온실가스 저감효과는 가스화, 열분해유화, 고형연료, 소각열 회수이용 순으로 효과적이다.

폐기물 발전단계는 첫째, 쓰레기에서 유기물과 무기물이 분리되어야 한다. 이는 일차 배출자인 개인에 의해서 이루어지는 것이 경제적이다. 둘째, 원료공급원으로서 쓰레기의 양이 안정적으로 공급되어야 한다. 쓰레기 소각이 에너지를 창출하는 것뿐 아니라 매립지의 필요량이 감소하므로 쓰레기 처분에 드는 비용을 줄일 수 있다.

7.5.1 원리

1) 고형연료(RDF ; Refuse Derived Fuel)

고형연료 제조기술은 1990년대 중반부터 본격적으로 추진되었으며 폐기물을 대상으로 하여 선별, 파쇄, 분쇄, 건조, 성형 등 제조기술을 중심으로 진행된다. 이중포장재들을 포함한 폐플라스틱을 원료로 하는 제조기술이 먼저 법규 제정으로 보급되었고 본격적인 고형연료는 2006년 말부터 법적 근거가 마련되었다.

고형연료 이용기술은 고형연료 연소설비 등 개발이 추진되어 스토커 방식의 난방용 고형연료 전용 온수보일러가 개발되었고, 증기보일러와 흡수식 냉방기를 연계하여 건물냉난방 시스템을 구축하고 있다. 고형연료 전용 열병합 보일러 기술을 확보한 후에 열병합 발전소를 건설하여 보급의 기반을 마련하였다.

2) 열분해 유화

폐플라스틱 및 폐타이어 등 고분자 폐기물을 대상으로 하는 열분해 기술이 1990년대 중반에 본격 추진되었다. 유동층 방식 및 교반형의 열분해 반응기 기술, 촉매이용기술 등이 개발되었고 소규모 연속식 설비에 대한 기술도 확보하였으나 관련기술에 대한 신뢰가 부족하여 활성화되지 못하였다.

3) 가스화

폐기물 가스화식 기술은 석탄가스화 기술을 기반으로 2000년대부터 개발을 시작하였으며 해외 공정의 요소기술 및 핵심부품 국산화 기술 개발을 추진하여 내화물, 가스화 버너, 벽면 냉각장치, 합성가스세정장치 등이 국산화되었으나 상용화는 어려운 상태다.

4) 소각열 회수 이용

1980년대 후반부터 연구가 추진되었고 스토카, 유동층, 로터리 킬른 방식의 소각로와 폐열 회수 이용기술이 개발되어 보급되었다.

7.5.2 장점

- 에너지 회수 경제성이 높다.
- 쓰레기량을 줄일 수 있다.
- 20년 이상의 기술 개발 경험에 의한 경쟁력이 있다.
- 화석 에너지 대체에 따른 온실가스 저감효과가 있다.
- 국내 IT 분야의 개발 능력과 응용기술이 발전되어 있어 상승효과를 기대할 수 있다.
- 사업장 폐기물의 지속적인 증가 추세에 의하여 에너지 잠재량이 확보된다.
- 중국, 동남아, 중동 등의 새로운 환경시장이 형성되어 있다.
- 환경오염 방지효과가 있다.

7.5.3 단점

- 고도의 기술과 연구 개발이 필요하다.
- 원천기술 및 축적된 노하우가 부족하다.
- 종합적인 폐기물 재활용 정책 및 관리체제가 미흡하다.
- 첨단기술과의 연계가 미흡하다.
- 폐기물 관련 업계가 영세하다.
- 폐기물 에너지화 과정에서 2차 공해가 발생할 가능성이 있다.
- 폐기물 재활용 비중이 증가하면 에너지 잠재량이 감소할 수 있다.
- 선진국의 기술 우위선점과 기술 개발에 따른 경쟁력 약화의 문제가 있다.

7.5.4 외국의 현황

1) 고형연료(RDF)

미국에서는 1970년대 초부터 고형연료 시설이 대규모로 가동되어 석탄발전소, 시멘트 공정에서 사용되고 있다. 미국은 주로 스토커식 소각로를 사용하며 열분해유화공정이 개발되었다. 일본의 고형연료 생산은 2000년대 초반부터 전용 발전소가 건설되었으며 열분해 유화플랜트, 폐기물소각로, 가스화 용융로가 가동 중이다.

2) 열분해 유화

미국은 필터링 및 이온 정제를 통한 중유 대체 연료유로 활용하였으나 현재는 열분해 및 증류 공정을 통한 고급 정제유 생산기술을 개발하여 9,000톤/년 규모 플랜트를 실용화하고 있다. 일본은 단순 처리에 의하여 재생 윤활기유(base oil)로 활용하였으나 현재는 정제유를 생산하여 연료유로 활용하고 있다.

유럽에서는 1990년대 초부터 독일을 중심으로 상업화 공정이 가동되고 있다. 영국에서는 중대형 규모의 열분해 유화기술이 상용화되었고 다양한 형태와 조성을 가진 폐기물들을 처리하고 있다. 독일은 열분해 유화설비를 보급하고 있으며, 중국은 다양한 방식을 가진 반응기를 채택하여 열분해 유화설비를 가동하고 있다.

캐나다는 폐타이어 열분해 기술이 개발되었으며, 일본은 여러 기관에서 기술을 개발하여 상업화 규모의 플랜트를 가동하고 있다. '용기 포장 리사이클법'이 1997년부터 발효되어 2000년부터는 PET를 제외한 모든 폐플라스틱을 오일로 전환시켜 연료유 혹은 화학공업 원료로 재활용하도록 법제화되어 있다.

3) 가스화

캐나다의 가스화 기술은 주로 바이오폐기물, 폐타이어에 제공되고 있다. 유럽에서는 1990년대 초부터 독일을 중심으로 상업화 공정이 가동되고 있다. 스웨덴, 독일, 핀란드 등에서는 가스화 설비 분야가 성장하고 있다. 멕시코는 폐타이어 가스 설비를 도입하고 있다.

4) 소각열 회수 이용

일본, 싱가포르, 프랑스, 독일 등은 폐기물 소각률이 높아 고도의 소각기술을 보유하고 있어 중대형 소각 시스템이 상용화되고 있다. 미국 등에서도 폐기물 종류에 따라 기술이 상용화되고 있다.

7.5.5 한국의 현황

고형연료(RDF) 기술은 RDF 전용 냉난방 시스템의 실증연구와 열병합 발전 실증연구가 진행되고 있다. 고분자 폐기물 열분해 기술은 폐플라스틱 열분해 플랜트 제작과 운전 기술을 보유하고 있다. (주)한국로이코, (주)리엔텍 등의 기업에서 자체 개발 또는 도입기술로 3,000톤/년 규모 플랜트를 설치하여 가동 중이나, 추가 기술 개발이 필요한 상태이다.

폐유 정제기술은 산백토 처리, 이온 정제 및 감압 증류에 의하여 재생유로 대부분 활용하고 있으며, 열분해에 의한 고급 재생유 생산 공정의 개발도 완료된 상태다. 가스화는 대형(200톤 이상)의 경우 해외 기술을 도입하고, 중소형(50톤 이하)은 국산 기술로 건설하여 가동 중이다. 소각열 이용기술은 1990년대 집중적으로 개발하여 중소규모의 산업계폐기물 소각열 이용기술이 개발되었고 대형 소각설비는 해외기술을 도입하고 있다.

7.6 해양 에너지(Ocean Energy)

해양 에너지 기술은 해양에 광범위하게 분포하는 파랑, 조류, 조석, 수온 등의 물리적 에너지를 전기 에너지로 변환하는 장치와 해양 구조물의 설계 및 엔지니어링 기술, 해역설치, 유지보수 등의 실용화 기술이다.

해양 에너지는 고갈될 염려가 없고, 인류의 에너지 수요를 충족시킬 수 있을 만큼 풍부하며, 공해 문제가 없는 이상적인 에너지 자원이다. 그러나 발전에 필요한 지형적 제약이 까다롭고, 발전에 의해 생성된 에너지를 사용할 수 있는 수요처가 근거리에 위치해야 하며, 상대적으로 에너지 확보가 불안정하므로 대체 에너지 자원으로서의 한계도 있다. 또한 개발단가가 높아 통상의 에너지원으로서는 해결해야 할 부분이 있다.

해양 에너지는 크게 조력 발전, 파력 발전, 온도차 발전으로 나뉜다. 한국의 서해안은 조석간만의 차가 크고, 수심이 얕고, 해안선의 굴곡이 심해 조력 발전의 훌륭한 입지 조건을 지니고 있다. 입사하는 파도 에너지를 원동기의 구동력으로 변환하여 발전하는 파력 발전은 한국의 동해안이 적당하다. 동해안은 수심이 깊고, 연중파도 발생 빈도가 비교적 높기 때문이다. 해양 표면의 온수와 심해의 온도차를 이용한 열에너지의 차이를 기계적 에너지로 전환하는 기술인 온도차 발전은 동해로 북상하는 쿠로시오 해류를 이용할 가능성이 있다. 역시 해양자원의 다각적 이용 차원에서 기대해볼 만하다.

| 표 7-2 | 해양 에너지의 입지 조건

구분	조력 발전	파력 발전	온도차 발전
입지 조건	• 폐쇄된 만의 형태 • 평균 조차 3 m 이상 • 근거리에 입지	• 연안 근처 • 육지에서 30 km 미만	• 온도차가 17℃ 이상인 지역

7.6.1 해양 온도차 발전(OTEC ; Ocean Thermal Energy Conversion)

해수 온도차 이용기술은 해수 온도차를 이용하여 작동유체를 증발시켜 터빈을 구동하는 것이다. 또한 해수 온도와 대기 온도의 차를 이용하여 냉난방에 이용하는 해수 온도차 냉난방차 이용기술을 포함한다.

열대 해역에서 해수 온도는 20℃를 넘으나 해면으로부터 500~1,000 m 정도 깊이의 심해에서는 4℃에서 거의 변하지 않는다. 이런 표층수와 심층수의 온도차로부터 프레온과 같은 저온 비등 매체를 이용하여 발전하는 기술이다. 1948년에 해양에너지개발공단이 조직되어 서아프리카 상아해안에 세계 최초로 해양온도차 발전소가 건설되었다.

1) 원리

해양 온도차 발전 시스템의 원리는 일반 발전소의 가동 원리와 같다. 열대 부근의 바다는 태양열로 데워진 해수면과 수심 600~700 m의 바닷물 사이에 20℃ 이상 온도차가 있다. 해수면의 더운물과 심층 냉수 간 온도차를 이용해 비등액이 낮은 액체를 증발 냉각시킨 뒤 그 압력차를 이용해 발전하는 것으로, 즉 고온에서 저온으로 열이 흘러 들어가 터빈을 구동시켜 전력을 생산하는 방법이다.

(1) 폐회로 시스템(Closed-loop cycle system)

표면 온수를 사용하여 오존층을 파괴하지 않는 암모니아나 프로필렌 같은 작동유체를 증발시켜 터빈 제너레이터를 구동시키는 방법이다. 바다 표면의 온수는 작동유체 시스템에 유입되어 열교환기를 통하여 열전달이 일어나며, 이때 비등을 통해 작동 증기가 생성된다. 이 생성된 증기가 터빈을 회전시켜 전력을 생산한다. 터빈을 나온 증기는 해저로부터 끌어올린 심층 냉수에 의하여 응축기에서 응축액으로 바뀌며 다시 재순환된다. 이 시스템은 간단하여 전력 생산만을 위하여 가장 실용적인 방법으로 알려져 있다. 이때 전력전환효율은 약 5%이며, 터빈효율, 펌프효율 등을 포함한 전체 시스템 효율은 약 2.5% 정도이고 플랜트 설비 단가가 저렴하기 때문에 화석연료 시스템과 비교해 경쟁력이 있다고 할 수 있다.

(2) 개회로 시스템(Open-loop cycle system)

해양 표면 온수를 작동유체로 직접 사용하는 방법이다. 표면 온수는 펌프로 증발기에 유입되고, 증발기는 진공펌프로 압력을 낮추어 온수가 상온에서 비등하게 하며, 생성된 증기로 저압터빈을 구동시켜 전력을 생산하게 된다. 이어 터빈을 나온 증기는 심해에서 펌프로 퍼올린 냉수로 열교환기에서 응축되어 부산물로 담수가 얻어진다. 이러한 직접접촉 열교환 방식은 그 효율이 높아 더 많은 전력을 생산하는 장점이 있다. 이 시스템은 현재 선진국에서 테스트 중이며, 전력변환효율은 약 5.5%이고 전체 시스템의 효율은 약 3.0% 정도로, 플랜트의 단가는 폐회로 시스템보다 약간 비싸나, 도서 지방이나 선진국에 적합하다.

(3) 혼합형 하이브리드 사이클(Hybrid cycle)

폐회로(closed-loop)와 개회로(open-loop) 시스템의 장점을 결합한 것으로, 열원을 최대로 사용하도록 설계하여 전력과 담수를 동시에 얻게 하는 방법이다. 유입된 표면 온수로 일차적으로 폐회로 사이클에서 전력을 생산하며, 여기서 나오는 온수를 이차적으로 개회로 사이클에 보내어 직접접촉식 증발기를 통과하게 하고, 다시 응축기로 보내는 2단계 시스템을 사용함으로써 충분한 담수를 동시에 안정적으로 생산할 수 있게 한다. 아직은 이론적 단계에 있지만 두 시스템의 장점을 조합하였기 때문에 미래의 시스템으로 기대되며, 효율은 개회로 시스템과 거의 같을 것으로 보고되고 있다.

2) 장점

- 깨끗하고 에너지공급원이 무한하다.
- 기존 화석연료를 전혀 소비하지 않는다.
- 이산화탄소(CO_2) 등의 유해물질을 발생시키지 않는 청정에너지다.
- 주야로 전력 생산이 가능한 안정적 에너지원이다.
- 특별한 저장시설이 필요하지 않다.
- 혼합형 하이브리드 사이클에서는 담수를 얻을 수 있다.
- 계절적인 변동을 감안하여 계획적인 발전이 가능하다.
- 고급 IT인력 및 관련 연구인력을 보유하고 있다.
- 해양 구조물 및 해양 토목 산업체의 기술이 선진화되고 있다.

3) 단점

- 기술 개발과 적용 사례가 미미하고 경험이 적다.
- 고효율 에너지 변환기술 수준이 낙후되어 있다.
- 최적지 선정 및 환경영향평가, 저감기술 수준이 낮다.
- 초기 투자비용이 많이 들며 단기간에 회수가 불가능하다.
- 대용량 전력변환기술 연구가 부족하다.
- 기후변화협약 대응시간이 부족하다.
- 상용운전 발전소 모델이 부족하다.
- 발전설비는 바닷물의 부식성에 영향을 받지 않는 재료로 제조해야 한다.

- 생물 때문에 생기는 오염을 막기 위한 대책이 필요하다.
- 심해에 기계를 설치하는 데 어려움이 있다.
- 부유 플랫폼에 부착된 케이블은 특히 폭풍우 동안에 피해를 받기가 쉽다.
- 1,000 m보다 더 깊은 깊이에서 케이블을 고정하거나 수리하기 힘들다.
- 해안과 공장 사이의 거리를 연결하는 케이블의 얽힘도 발생할 수 있다.
- 큰 폭풍우나 강한 파도는 수직으로 설치된 냉수 파이프를 파손할 수 있고, 온수 받아들이는 것을 방해할 수 있다.
- 부유시설의 공정은 안정화시키기 어렵다.
- 해안 생태계에 영향을 준다.
- 에너지 밀도가 작고, 소비자와의 거리가 멀고, 시설비가 비싸다.

4) 외국의 현황

미국은 특허등록 건수, 경쟁력 지수 등 결과에 따르면, 다른 국가에 비하여 압도적인 우위에 있다. 미국의 기술은 멕시코 만, 플로리다 그리고 하와이, 푸에르토리코, 버지니아 섬과 같은 지역을 포함하여 해안 지역에 초점을 맞추고 있다. 미국은 1980년대 초에 이미 160 KW급의 해양 온도차 발전에 대한 실증 실험을 하였으며, 하와이에는 50 KW급의 상용 발전소가 가동 중이고(Mini OTEC), 10만 KW급의 대규모 발전소가 건설되고 있다. 하와이 주변 해역에 해양온도차발전소를 건설해 운영 중인 미국은 2000년부터 해양 온도차 발전을 통해 일부 연안 지역에 전력을 공급하고 있다.

일본은 일찍부터 선샤인(Sun-Shine) 계획의 일부로 해양 온도차 발전기술의 개발을 추진하여 1993년 후쿠오카를 중심으로 적용하였다. 도쿠시마 등에 시범 발전소를 건설하여 가동하고 있으며, 동남아 국가에 관련 기술을 수출하고 있다.

스웨덴 등은 1982년부터 사업을 시작하였고, 프랑스는 남태평양의 타히티 섬에 5,000 KW급 해양온도차발전소 건설을 계획하고 있다. 핀란드도 스페인과 공동으로 저온도차 OTEC 시스템을 이용한 해수담수화장치 개발을 추진하고 있으며, 자메이카에 발전소 건설을 추진 중이다. 네덜란드도 1980년대 후반부터 개발에 착수하여 인도네시아의 발리 섬에 250 KW급 발전소 건설을 추진 중이며, 영국은 10 MW급 해상발전소 건설사업을 추진하고 있다. 노르웨이는 2003년부터 해수 농도차 프로젝트를 지원하고 있다. 노르웨이의 피오르드식 해변은 수력 발전과 해수 농도차 발전의 이용잠재력이 높은 것으로 평가되고 있다.

5) 한국의 현황

한국에서는 해양 온도차 발전기술의 개발이 본격적으로 추진되지 않고 있으나, 동해 남부 해역에는 표층수와 심층수 사이에 상당한 온도차가 존재한다고 알려져 있어 가능성이 있는 것으로 예측되고 있다. 그러나 계절적인 편차가 심하여 개발착수에는 신중한 접근이 필요하다.

7.6.2 파력 발전(Wave Energy)

1) 원리

바닷가에는 파도가 지속적으로 발생하고 있다. 파도 때문에 수면은 주기적으로 상하 운동을 하며, 물 입자는 전후로 움직인다. 이 운동을 에너지 변환장치를 통하여 기계적인 회전 운동 또는 축 방향 운동으로 변환시킨 후 전기 에너지로 변환시키는 것을 파력 발전이라 한다.

파력 발전은 파도에 의해 발생하는 에너지로 터빈을 돌려 발전하는 방식이다. 파도가 진행하는 힘 또는 파도의 상하 운동을 이용하여 공기를 압축 활용하는 방법 등이 있으며, 각국에서 다양한 모델이 연구 개발되고 있다.

2) 장점

- 소규모 개발이 가능하고 방파제로 활용할 수 있어 실용성이 크다.
- 한 번 설치해놓으면 거의 영구적으로 사용할 수 있고 공해를 유발하지 않는다.

3) 단점

- 심한 출력 변동과 발전 플랜트를 해상에 계류시키는 데 기술적인 어려움이 있다.
- 발전에 필요한 지형적 제약이 까다롭고, 발전에 의해 생성된 에너지를 사용할 수 있는 수요처가 근거리에 위치해야 한다.
- 초기 제작비가 많이 들어 발전단가가 화력 발전보다 높다.
- 해안 생태계에 영향을 준다.

4) 외국의 현황

파력 발전은 1973년 제1차 석유파동 이후 세계적으로 관심을 갖게 되었으며, 2009년까지 파랑 에너지의 설치를 전망하고 있다. 시장점유율은 해안형이 24%, 외해형이 76% 정도로 예측되고 있다. 파력 에너지를 이용한 발전기술 연구는 파력 자원이 풍부한 일본, 영국, 덴마크, 노르웨이, 미국, 스페인, 포르투갈, 호주 등에서 활발하게 추진되고 있다.

일본은 카이메이에 240 KW급의 해안 고정식 파력발전장치를 설치하여 시험 가동하고 있으며, 해양과학기술센터 주관으로 540 KW급의 부유식 파력발전소 건설을 진행하고 있다. 영국도 파력 에너지 변환장치의 개발을 중심으로 벨파스트의 퀸즈 대학에 75 KW급 파력발전장치를 설치하여 가동 중이고, 덴마크는 34 KW급 발전소에 대한 실증 실험을 진행하고 있으며, 노르웨이도 500 KW급 발전소를 건설하고 있다.

5) 한국의 현황

한국은 아직 파력 에너지의 개발이 적극적으로 이루어지지 않고 있는 상태이다. 파도가 높은 동해안이 파력 발전에 적지로 예측되고 있으며, 파력 발전 에너지는 약 500만 KW로 추산되고 있다. 한국의 실험용 파력 발전 시스템은 출력 60 KW급으로 직경 13 m 높이 9.5 m의 원통형이며 무게는 415톤에 달한다.

2008년부터 2012년에는 국내 연안의 파랑 에너지 자원 분포를 조사하여 적지분석 및 파력 발전의 적용에 의한 실용화를 추진하고 있다. 2013년부터 2020년까지는 대규모 단지화를 통해 상용화하기 위하여 적용성이 우수한 파력발전장치 기술 개발을 추진하고 있다. 해양 에너지 복합발전기술 중에서 파력 발전기술과의 접목이 유망한 복합발전기술을 추진하고 있다. 2021년부터 2030년까지는 파력 발전 실용화 기술과 복합발전 실용화 기술에 의한 대규모 단지화를 추진 중이며, 해양 에너지 복합 이용을 통한 대형 인공섬 기술 개발 계획을 추진하고 있다.

7.6.3 조력 발전(Tidal Power)

1) 원리

실용화되고 있는 해양 에너지는 바다의 밀물과 썰물의 차이를 이용하는 조력 발전이다. 바다에서는 하루 두 번씩 밀물과 썰물을 만난다. 이런 조석현상은 달이나 태양의 인력과 지구가 공전할 때 생기는 원심력의 차이에 의해서도 발생한다. 인류는 벌써 오래전부터 이런 조류를 이용해왔다. 프랑스에서는 11세기에 조류로 수차를 돌려 생기는 동력을 이용하여 옥수수나 밀을 가루로 빻기도 했다. 중세 유럽에서도 조류로 돌리는 수차를 이용하여 제재소를 가동하고 제분소도 운영했다.

조력 발전은 조석이 발생하는 하구나 만을 방조제로 막아 해수를 가두고 수차발전기를 설치하여 외해와 조지 내의 수위차를 이용하여 발전하는 방식으로서, 해양에너지에 의한 발전 방식 중에서 가장 먼저 개발되었다. 조수의 변화는 극지방에서 가장 크고 좁은 만과 강어귀에 두드러지기 때문에 발전소 건설은 제한되어 있다.

2) 장점

- 조력 발전의 예정 지점이 결정되면, 조위(潮位)의 변화를 예측할 수 있다.
- 청정에너지이다.
- 조력 에너지 이용기술에는 풍력 발전의 기술을 이용할 수 있는 면이 많다.

3) 단점

- 얻어지는 유효낙차가 적다.
- 조위의 변화가 균일하지 않으며, 조위가 일정한 시간대에서는 발전이 불가능하다.
- 간만의 차가 커야 하므로 지역적으로 한정된 장소에만 적용이 가능하다.
- 해안 생태계에 영향을 준다.
- 에너지 밀도가 작고, 시설비가 비싸며, 소비자와의 거리가 멀다.

4) 외국의 현황

1966년 프랑스는 상업성 있는 조력발전소를 건설하였다. 이는 브리타니 해안에 있는 랑스 강어귀에 위치하고 있는 대규모 조력발전소이다. 이곳은 영불 해협과 이웃하여 밀물과 썰물의 차이가 13.5 m나 벌어지고 밀물이 들어오고 나갈 때의 조류의 용량이 매초 5천 m^3나 된다. 프랑스는 먼저 콘크리트 케이슨으로 랑스 강 하구에 댐을 건설하여 우리나라의 팔당댐보다 약간 작은 용량인 1만 8,400만 m^3의 물을 담을 수 있는 저수지를 만들었다. 만조 때 이 저수지를 가득 메운 바닷물은 간조 때 낮아진 해면으로 떨어지면서 24개의 터빈발전기를 돌린다. 바닷물이 저수지로 밀려들어올 때도 발전기를 돌려 효율을 높일 수 있다. 조력 발전의 효율을 결정하는 가장 큰 요소는 저수지의 저수량이다. 따라서 썰물과 밀물의 차와 함께 넓은 저수지가 들어앉을 수 있는 입지 조건이 매우 중요하다.

5) 한국의 현황

상용조력발전소 건설은 기업 위주로 추진하고, 정부 주도의 기술개발사업은 조력 발전 적지 조사평가, 환경영향저감기술 개발, 시스템 및 구조물 설계기술 등 핵심 기술 위주로 추진되고 있다. 가로림만, 천수만, 인천만을 포함한 한국의 연안역조력 에너지의 자원 분포와 적지 평가를 진행하고 있다. 조력발전구조물 설계기술도 개발하고 있다.

시화 조력발전소는 2000년부터 해양 조사 및 조력 발전 최적화 기법을 개발하였고, 2003년부터 상용발전소 기본 설계를 진행했으며, 2004년부터 상용발전소의 실시 설계 및 건설을 진행하여 가동하고 있다. 2030년까지는 2,040 MW로 증가할 전망이다.

7.7 바이오 에너지(Bio Energy)

바이오 에너지는 식물을 활용한 새로운 에너지원으로 식물의 지방 성분을 이용하거나 당 성분을 이용한다. 석유 엔진을 개조하여 폐식용유 등의 식물성 기름을 연료로 사용하거나, 식물의 섬유소를 당으로 만들어 여기서 에탄올을 뽑아내어 연료로 활용한다. 문제는 생산비용이 높다는 것이다. 만약 곡물의 줄기나 잎 등 버려지는 부분까지 활용할 수 있는 기술 개발을 통하여 보다 적은 비용으로 많은 양의 바이오매스 연료를 생산하는 것이 가능해진다면, 현재의 석유 자원을 대체하기에 충분할 것이다. 대장균을 비롯한 세균들을 이용하여 에너지를 만드는 방법도 있다.

바이오매스 자원은 곡물과 감자류 등의 전분질계의 자원과 볏짚과 왕겨 등의 농수산물을 포함하는 셀룰로오스계의 자원, 사탕수수와 사탕무 등의 당질계의 자원, 가축의 분뇨와 미생물의 균체를 포함하는 단백질계의 자원까지를 포함한다.

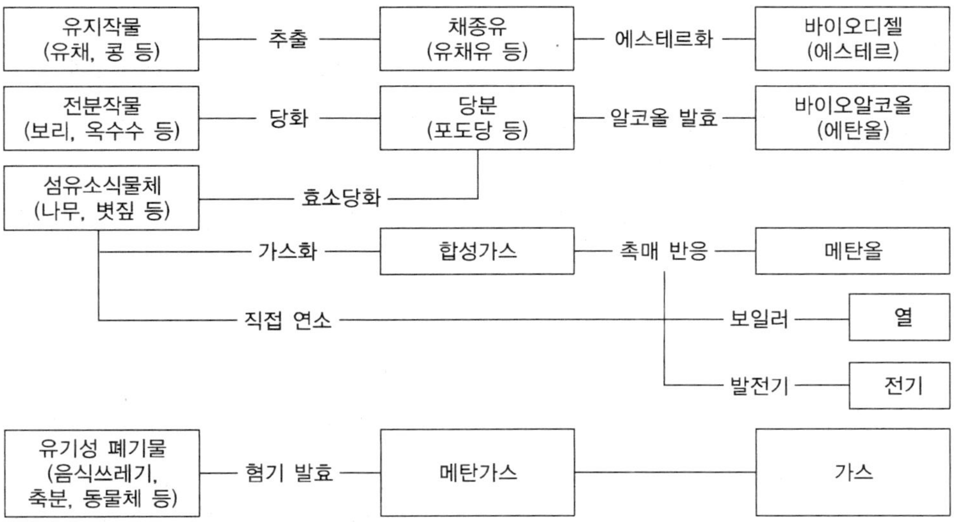

자료원 : 한국그린전략경영협회

그림 7-2 바이오 에너지 변환 시스템

7.7.1 원리

바이오 에너지 이용기술이란 바이오매스(Biomass, 유기성 생물체를 총칭)를 직접 또는 생화학적 · 물리적 변환 과정을 통해 액체, 가스, 고체 연료나 전기, 열에너지 형태로 이용하는 기술을 의미한다. 바이오매스란 태양 에너지를 받은 식물과 미생물의 광합성에 의해 생성되는 식물체 · 균체와 이를 먹고 살아가는 동물체를 포함하는 생물 유기체이다. 석탄이나 석유가 오랜 시간에 걸쳐 침전이나 압력 등의 지각 작용에 의해 생성되었다는 점에서 화석연료와 생성 원리는 비교적 비슷하다. 바이오 에너지가 각광을 받고 있는 이유는 생체 내에 저장된 화학 에너지를 에너지원으로 이용하기 때문에 석유, 석탄, 천연가스 등의 화학 에너지와 동일한 형태로 이용이 가능하다는 점이다.

바이오디젤의 경우, 석유 수준의 열효율과 액체라는 점에서 다른 신재생에너지보다 유리한 면이 있다. 또한 바이오디젤의 열효율은 일반 디젤과 동일하지만 가격은 일반 디젤보다 저렴하다. 수소 에너지나 연료전지와 같은 기체 에너지들과는 달리 기존의 주유 시설이나, 액체 에너지를 중심으로 한 설계 구조를 그대로 유지할 수 있다는 장점도 있다. 일단 사용하면 화석연료는 재생이 불가능하지만 바이오매스는 재생성을 가지므로 자원의 고갈 문제가 없으며, 바이오 에너지를 사용할 때 발생하는 이산화탄소는 원료인 바이오매스가 자라는 과정에서 다시 흡수된다.

에너지를 생산하기 위해 식량 부족 문제가 발생할 수 있다는 문제와 과도하게 이용하면 오히려 환경을 파괴할 수 있다는 문제도 제기되고 있다. 또한 대규모의 플랜테이션 방식으로 원료 작물을 생산하게 되면 단작으로 인한 생물 종의 다양성 훼손과 토양 침식, 대규모 용수 공급으로 인한 수자원의 고갈도 문제가 될 수 있다. 바이오 에너지 기술은 표 8-2와 같이 분류한다.

최근의 기술은 진화하고 있다. 재래식 기술은 석유자원을 이용한 화학적 합성공정에 의존하여 바이오 매스자원으로부터 바이오 연료나 화학연료를 생산하였으나, 환경 문제 및 자원 고갈 등의 문제가 대두되었다. 현재는 바이오 에너지 생산 공정을 대부분 생물공학적 발효공정으로 대체하여 탈공해 및 저공해의 청정생물공학기술을 이룩하려는 연구가 활발히 진행되고 있다. 생물유기체를 구성하는 탄수화물은 석유를 구성하는 탄화수소와 마찬가지로 이론적으로는 화학, 생물공학기술을 응용하여 우리 일상생활에 쓰이는 거의 모든 화학제품을 만들 수 있다.

| 표 7-3 | 바이오 에너지 기술

대분류	중분류	소분류
바이오 액체 연료 생산기술	연료용 바이오에탄올 생산기술	당질계, 전분질계, 목질계
	바이오디젤 생산기술	바이오디젤 전환 및 엔진 적용기술
	바이오매스 액화기술	바이오매스 액화, 연소, 엔진 이용기술
바이오매스 가스화 기술	혐기소화에 의한 메탄가스화 기술	유기성 폐수의 메탄가스화 기술 및 매립지 가스 이용기술(LFG)
	바이오매스 가스화 기술(열적 전환)	바이오매스 열분해, 가스화, 가스화 발전기술
	바이오 수소 생산기술	생물학적 바이오 수소 생산기술
바이오매스 생산 가공기술	에너지 작물 기술	에너지 작물 재배, 육종, 수집, 운반, 가공기술
	생물학적 CO_2 고정화 기술	바이오매스 재배, 산림녹화, 미세조류 배양기술
	바이오 고형 연료 생산, 이용기술	바이오 고형 연료 생산 및 이용기술 [왕겨탄, 칩, RDF(폐기물 연료) 등]

자료원 : 한국그린전략경영협회

7.7.2 장점

- 바이오디젤의 물성은 경유와 유사하여 보급이 용이하며, 부산물인 글리세린의 활용이 가능하다.
- 경유에 비하여 우수한 윤활성을 나타내며, 높은 생분해성에 의하여 연료 품질이 좋고 황이 존재하지 않는다.
- 폐식용유의 활용이 가능하다.
- 바이오알코올인 에탄올과 부탄올은 높은 옥탄가로 연소 특성이 좋으며, 공해물질 배출이 적다.
- 가솔린과 혼합하여 사용할 수 있으며, 당질계와 전분질계 에탄올은 경작기술이 확립되어 있다.
- 셀룰로오스계 에탄올은 원료비가 저렴하며 식량시장과 무관하다.
- 지구 온난화 진행 억제에 기여한다.
- 잠재적 에너지의 가치가 높다.
- 풍부한 자원과 큰 파급효과가 있다.
- 환경 친화적 생산 시스템이 가능하다.
- 연료, 전력, 천연화합물 등 생성 에너지의 형태가 다양하다.

7.7.3 단점

- 바이오디젤은 저장안정성이 낮으며, 경제성 확보를 위해서는 높은 식물유 생산성과 글리세린 활용이 필요하다. 또한 고함량 적용 시 차량 개조가 필요하다.
- 바이오알코올은 에탄올의 높은 증기압과 혼합 연료 사용 시의 VOC 배출량이 증가한다.
- 당질계, 전분질계 에탄올은 국내에 원료가 없으므로 원료비용이 높다.
- 셀룰로오스계 에탄올은 높은 생산비용과 에너지 투입량이 높다. 따라서 시설투자비와 생산비가 높다.
- 산림 고갈의 우려가 있다.
- 생물학적 공정이 복잡하다.
- 자원의 산재되어 있어서 수집과 수송이 불편하다.

- 다양한 자원에 따른 이용 기술의 다양성과 개발의 어려움이 있다.
- 단위 공정의 대규모 설비투자가 필요하다.

7.7.4 외국의 현황

1980년대 미국 및 EU는 폐기물의 단순 처리 목적으로 소규모 매립장을 다수 설치하였으나 메탄 방출에 의한 지구 온난화 등 환경 문제가 심각하게 나타났다. 따라서 1990년대에는 매립장에서 발생하는 메탄(LFG ; Land Fill Gas)을 회수하여 에너지원으로 활용하는 공정을 상용화하고 대규모 매립장을 대상으로 전기를 생산하고 있다.

미국은 정부 주도의 상용화 기술 개발을 추진하고 있으며 연료용 알코올, 바이오디젤을 보급하고 있다. 2017년까지 바이오 연료를 전체 수송용 에너지의 15%까지 끌어올린다는 목표를 설정하고 있다.

유럽은 EU 차원의 기술 개발로 발전사업자 등을 중심으로 보급이 확대되고 있다. EU는 바이오디젤 보급이 활발하며, 메탄가스 발전시설로 총 대체 에너지의 70% 이상을 공급하는 목표를 갖고 있다. 또한 나무를 이용한 지역 열병합 발전, 쓰레기 소각열 발전을 시행하고 있다. 폐수의 메탄가스화는 기존의 기술이지만 고농도 유기성 폐기물인 축산 분뇨, 하수 슬러지, 음식 쓰레기 등의 메탄가스화 기술이 새롭게 개발되어 전력 및 열을 공급하고 있다.

스웨덴에서는 2005년에 세계 최초로 바이오가스 열차를 운행하였다. 바이오가스는 늪이나 습지에서 유기물이 마이크로박테리아(micro-bacteria)에 의해서 분해되어 생성된다. 생산량은 영국이 제일 많고, 다음이 독일이며 프랑스가 뒤를 잇고 있다. 하수처리시설에서는 열 생산, 쓰레기처리시설에서는 발전을 주로 진행하고 있으며, 프랑스, 스웨덴에서는 차량에 이용되고, 네덜란드에서는 천연가스 공급망에 이용되고 있다. 바이오디젤의 보급이 가장 활성화된 독일은 바이오디젤 전용차량의 개발 및 세금감면정책을 시행하고 있다.

7.7.5 한국의 현황

한국은 1970년대 초부터 연구를 시작하여 1988년부터 대체에너지개발촉진법에 의해 정부 차원에서 기술을 개발하였다. 1999년까지는 바이오에탄올, 메탄가스화기술 개발 위주로 추진되었으며 1990년대 이후 바이오 수소 생산기술 개발 등이 추가로 진행되었다.

바이오에탄올은 관련 기반기술이 확보되어 있고 고효율 생산 균주도 개발되어 있다. 바이오디젤은 국내 품질 기준안이 제정되어 있고 차량연료 실증평가가 완료되었다. 생산 모듈화 공정개발이 이루어졌고 폐식용류에서 바이오디젤이 생산될 수 있다. 2002년부터는 수도권과 전라북도에서 바이오디젤 혼합 연료가 시험 보급되었으며 2006년 7월부터는 전국에 보급되고 있다.

2008년부터 바이오디젤의 경제성 향상을 위한 개발에 초점을 두고 있다. 2013년부터 2020년까지는 신연료를 활용한 유지성분 추출과 고함량 바이오연료 적용을 목표로 하고 있다. 이는 미세조류들을 이용한 유지의 대량생산기술의 상용화 등을 의미한다. 바이오에탄올은 농작물을 이용한 생산과 거의 동일한 목질계 에탄올 생산단가를 확보하여 상용화할 계획이다. 바이오부탄올의 전분질계를 통한 상용화 플랜트 설치 및 바이오매스를 이용한 생산 공정의 상용화를 추진하고 있다. 2021년부터 2030년까지는 목질계 바이오매스를 열분해하여 이 중에서 수소를 뽑아낼 수 있도록 계질화하는 연구를 추진하고 있다. 에너지 측면에서는 바이오연료 생산기술과 저가의 수송용 바이오연료를 얻을 수 있도록 연구가 진행되고 있다.

7.8 소수력 에너지(Small-scale Hydro Energy)

7.8.1 원리

수력 발전은 높은 위치에 있는 하천이나 저수지 물의 위치 에너지인 낙차를 이용하여 수차에 회전력을 발생시키고 수차와 직결되어 있는 발전기에 의해서 전기 에너지로 변화시키는 것이다. 2005년 이전에는 설비용량 1만 KW 이하를 소수력으로 규정하였으나, 신에너지 및재생에너지개발이용보급촉진법에서는 소수력을 포함한 수력 전체를 신재생에너지로 정의하고 있다. 신재생에너지 연구 개발 및 보급은 주로 소수력 발전을 대상으로 한다. 소수력의 가장 중요한 설비는 수차(turbine)이며, 설비별 특징은 표 7-4와 같다.

소수력 발전은 설비용량이 1만 5,000 KW 미만의 소규모 수력 발전을 의미하나, 국내에서는 보통 3,000 KW 미만을 소수력 발전으로 부르고 있다. 소수력 발전은 일반적인 대규모 수

| 표 7-4 | 수차의 종류 및 특징

<table>
<tr><th></th><th colspan="3">수차의 종류</th><th>특 징</th></tr>
<tr><td rowspan="3">수차</td><td>충동 수차</td><td colspan="2">펠톤 수차
튜고 수차
오스버그 수차</td><td>수차가 물에 완전히 잠기지 않는다.
물은 수차의 일부 방향에서만 공급되며, 운동 에너지만을 전환한다.</td></tr>
<tr><td rowspan="2">반동 수차</td><td colspan="2">프란시스수차 수차</td><td>수차가 물에 완전히 잠긴다.</td></tr>
<tr><td>프로펠러 수차</td><td>카플란 수차
튜브라 수차
벌브 수차
림 수차</td><td>차의 원주 방향에서 물이 공급된다.
동압 및 정압이 전환된다.</td></tr>
</table>

력 발전과 원리 면에서는 차이가 없으나 대규모 수력 발전이 환경에 부정적 영향을 미치는 점을 생각한다면 국지적인 지역 조건과 조화를 이루는, 규모가 작고 기술적으로 단순한 수력 발전이라고 할 수 있다.

소수력 발전은 공해가 없는 청정에너지로서 국내에도 15 MW 정도의 부존량이 확인되었으며, 다른 재생 가능한 에너지원에 비해 높은 에너지 밀도를 가지고 있기 때문에 개발 가치가 큰 부존자원으로 평가되고 있다.

소수력발전소는 전력 생산 외에도 극기 훈련의 래프팅, 수상스키, 카누, 카약, 조정, 모터보트, 아쿠아크로스, 빙판트래킹, 스노클링 등 수상레포츠의 개발이 가능하며, 지역 여건에 따라 번지점프장, 빙벽 타기, 암반 타기, 낚시터, 휴게소, 콘도, 실버타운 등 연계 개발을 모색할 수 있다.

7.8.2 장점

- 대수력 발전에 비해 친환경적이다.
- 유지 관리가 용이하다.
- 비교적 발전설비가 간단하고, 설계 및 시공 기간이 짧다.
- 주위의 인력이나 자재를 이용하기가 쉽다.
- 민간 주도의 반영구적 공익사업으로서, 지역 개발의 촉진과 이로 인한 경제적 파급효과를 극대화시킬 수 있다.

- 주변생태계에 미치는 영향이 적은, 환경조화형 에너지다.
- 이산화탄소를 발생하지 않는 청정에너지다.
- 에너지 밀도가 크다.

7.8.3 단점

- 초기 투자비용이 많다.
- 자연낙차가 큰 소수력 발전 입지는 매우 제한되어 있다.

7.8.4 외국의 현황

중국은 일찍부터 소수력 개발의 경제적 중요성을 인식하고 수문학적 자료를 비롯한 기초 통계 자료의 확보와 기술 개발 및 보급에 힘을 기울여 에너지원으로서뿐 아니라 주요 산업으로 자리를 잡아가고 있다.

소수력 자원은 다른 대안 에너지에 비해 에너지 밀도가 매우 크기 때문에 개발할 가치가 큰 부존자원으로 평가되고 있다. 따라서 소수력 개발을 위한 자원의 타당성 평가기법, 발전소의 최적 설계기법, 수차 발전 시스템의 표준화, 자동제어 시스템의 개발, 토목 재료의 개발 및 최적 운용기법 개발 등으로 소수력발전소의 경제성 향상을 도모하고 있다.

국가 차원에서는 시범 소수력발전소 운영으로 현재 많은 소수력발전소가 가동 중에 있다. 중국이 58,000개소, 일본이 600개소로 가장 많이 운영되고 있으며, 유럽의 경우 프랑스 1,479개소, 독일 5,882개소, 이탈리아 1,420개소, 노르웨이 227개소, 스페인 1,102개소, 스웨덴 1,346개소 등으로, 한국 17개소에 비해 월등하게 많은 소수력발전소가 운영되고 있다. 북한에서도 800여 개소가 운영되고 있으며, 오스트리아의 경우는 1,200여 개의 소수력 발전만으로 국가 에너지원을 충당하고 있다.

미국은 1980년대에 수력 발전의 잠재 지역을 조사하였으며, 1990년대에는 수차의 표준화와 개도국에 대한 기술 지원을 하고 있다. 일본은 1980년대에 수차의 개발과 수력 발전 시스템 자동화 연구를 수행하였으며, 1990년대에는 수차의 표준화 개발을 완료하였다. 독일은 부존 에너지를 최대한 활용하도록 정부가 발전소 건설과 운영을 지원하고 있다.

7.8.5 한국의 현황

한국은 1999년도에 국내 소수력 자원 조사 및 개발 활성화 방안에 대한 연구를 수행하고, 2002년도에는 국내에 산재되어 있는 농업용 저수지 및 다목적댐을 이용하기 위한 중·저낙차용 프란시스 수차기술 개발을 착수하여 완료하였다. 수력 시스템의 최적화된 운영을 위해 무인화 설비 및 계통병입 안전장치를 개발하였으며, 수력 분야의 설비 국산화율은 75% 수준이다. 자연낙차가 큰 소수력 발전 입지는 매우 제한되어 있어 낙차가 작은 저낙차 소수력발전소의 건설에 주력해야 한다. 국내에서 가동되고 있는 소수력발전소의 평균 설비용량은 약 2,000 KW 정도이고 대부분이 낙차가 큰 곳에 위치해 있다. 그러나 낙차가 큰 입지가 감소하고 있어, 저낙차 소수력 자원을 개발할 수 있는 기술개발이 필요하다.

2008년부터 기존 자원 조사를 재평가하여 소수력 자원 조사를 통계화하고 활용할 수 있는 기반을 마련하고 있다. 설비의 표준화 및 간소함을 위하여 투자비용의 절감을 통한 활성화를 도모한다. 가변속발전기를 국산화하고 상시 감시 진단기술을 실용화할 계획이다. 성능평가센터 구축을 통한 기기 성능을 인증한다.

2013년부터 2020년까지는 폐광용철수 등 기존 시설물을 이용한 소수력 개발을 시행하며 친환경적인 설계기법을 개발하고 표준화를 시행할 예정이다. 온라인 상시통합 감시진단 시스템을 개발하고 터빈 및 어도 설계기법을 개발하며 수명 관리 및 예측 기술을 개발한다. 2021년부터 2030년까지는 소수력 자원의 활용과 풍력, 태양광 발전, 연료전지 발전 등과 연계한 통합적 에너지 공급 시스템을 구축한다. 차세대 통합 운용기술을 확보하고 장비의 현대화 기술을 확보하기 위한 연구가 진행되고 있다.

7.9 수소 · 연료전지(Hydrogen · Fuel Cell)

7.9.1 원리

수소 에너지를 이용하기 위해서는 수소 생산, 저장, 이용 관련 기술의 확보가 중요하며 현재 수소 이용의 대표적 기술인 연료전지 연구가 활발히 진행되고 있다. 화력 발전이 38%의 효율을 보이는 반면, 연료전지는 전기와 열을 동시에 얻을 수 있으므로 80% 이상의 효율을 나타낼 수 있다. 또한 연료전지는 대용량 발전소, 소규모 분산전원 및 자동차 엔진 대용, 휴대용 전원 등 용도가 매우 넓다. 이와 같이 광범위하게 수소 에너지 이용이 본격화되면, 화석연료 중심의 탄소 경제사회에서 수소 경제 사회로 변화하게 된다.

기존 발전기의 경우, LNG, 석탄, 석유 등의 연료와 공기를 연소시켜 고온 · 고압의 가스를 만들고 이 가스를 이용해 터빈을 돌린 후 터빈에 연계된 발전기에서 전기가 유도되어 전기를 생산하였다. 화학 에너지 → 열에너지 → 기계 에너지 → 전기에너지의 여러 단계의 에너지 변환 과정을 거친 것이다. 하지만 연료전지는 수소와 산소를 직접 전기화학 반응시킴으로써 바로 전기를 생산할 수 있다. 이런 특징으로 인해 매우 높은 전기전환효율을 갖는다. 연료전지의 궁극적인 목표는 수소를 직접 사용하는 것이지만, 현재 기술 단계에서는 LNG나 바이오가스에 포함되어 있는 수소를 개질 반응에 의해 추출해 사용하고 있다. 천연가스, 석유 화석연료에서 수소를 얻는다는 점에서 아직은 진정한 의미의 신재생에너지는 아니다.

연료전지는 화석 연료, 액체 연료, 기체 연료 등 다양한 형태나 연료를 사용할 수 있으며, 작동 온도에 따라 저온형(작동 온도가 300℃ 정도 이하)과 고온형(300℃ 이상)으로 나눌 수 있다. 연료전지는 수소와 공기가 촉매하에 전기화학적으로 반응하면 전기와 물이 생성되는 원리를 이용하는데, 이 과정에서 기존의 연료는 배기가스가 발생되는 데 반해, 연료전지는 물이 발생하여 공해를 일으키지 않고, 연료를 전기 에너지로 변환하는 효율이 50% 이상, 종합 효율이 70~80% 정도에 이르러 높은 에너지 효율을 보이고 있다.

수소연료전지는 수송용 연료전지와 가정과 상업용 연료전지, 발전용 연료전지(MCFC), 휴대용 연료전지, 고체산화물 연료전지(SOFC ; Solid Oxide Fuel Cell)로 나눌 수 있다. 수송용 연료전지는 운전 온도가 저온이며 출력 밀도 및 시동 특성이 우수한 고분자 전해질 연료가 사용되며 연료전지에서 생성되는 전기로 모터를 구동시킨다.

수소연료전지 차는 연료전지스택, 수소저장탱크, 스택에 공기와 수소를 공급하는 운전장치, 전력변환기, 모터 및 감속기, 스택의 운전을 보조해주는 보조전원으로 구성된다. 보조전원으로는 전지와 같은 보조 에너지 저장장치가 사용되며 스택의 운전을 도와 차량의 성능을 높이기 위하여 사용된다. 연료전지 승용차와 연료전지버스가 있으며, 시장이 급격히 성장할 것으로 예상된다.

가정과 상업용 연료전지는 연료전지에 의하여 생산되는 전기를 이용하며 동시에 발생되는 열을 이용한다. 따라서 온수와 난방을 고효율 청정에너지 시스템으로 사용 가능하다. 고효율 열병합 발전으로 에너지 절감에 유리하고 시스템의 소음 및 환경오염 배출이 적다.

발전용 연료전지는 기존의 발전 설비를 대체할 수 있는 기능을 갖는다. 인산형 연료전지, 용융탄산염 연료전지, 고체산화물 연료전지가 있다. 인산형 연료전지는 높은 가격이 문제이며 고체산화물 연료전지는 아직 연구개발 단계다. 용융탄산염 연료전지는 가장 상업화에 근접해 있으며 내부 개질형과 외부 개질형으로 구분한다. 내부 개질형은 천연가스, 메탄가스 등의 연료를 수증기와 함께 직접 스택으로 도입한 후 내부의 개질촉매를 이용하여 연료전지 발전에 사용한다. 외부 개질형은 사용 연료를 스택 외부에 설치된 별도의 연료개질기에서 개질한 후 내부로 도입하여 연료전지를 가동하는 방식이다.

휴대용 연료전지는 출력 밀도가 비교적 낮지만 휴대의 간편성, 작동의 편리성, 연료 교체의 용이성을 특징으로 한다. 따라서 소형 전자기기용 전원 시스템 및 휴대용 충전 시스템에 적용하게 된다. 휴대폰, DMB폰 PDA, 캠코더, 노트 PC 등에 적용된다.

고체산화물 연료전지는 고체상의 세라믹을 전해질로 사용하여 고온에서 운전되는 연료전지이다. 고온에서 운전되므로 발전효율이 높다. 고온 작동으로 값비싼 촉매를 사용하지 않고도 반응을 가속화시킬 수 있다. 전해질과 전극이 고체 상태이기 때문에 여러 가지 형태로 제조할 수 있다.

7.9.2 장점

- 공기 중에서 연소 시 공해물질이 생성되지 않으며 높은 에너지 효율을 나타낸다.
- 가스나 액체 형태로 수송 및 저장이 가능하다.
- 무한정인 물로 제조 가능하며, 사용 후에는 물로 재순환이 이루어진다.
- 소음 및 환경오염 배출이 적다.
- 활용 가능성이 다양하다.
- 연료전지는 화석 연료, 액체 연료, 기체 연료 등 다양한 연료를 사용할 수 있다.
- 사용이 간편하다.
- 석유수입 축소를 통해 국가 안전권을 보장할 수 있다.

7.9.3 단점

- 수소의 생산시설, 저장시설, 연료전지의 경제성이 없다.
- 내구성 향상이 필요하다.
- 수소를 추출하는 기술의 효율성이 낮다.
- 폭발 위험성이 있다.
- 수소의 공급체계가 형성되어 있지 않으므로, 비용이 많이 든다.

7.9.4 외국의 현황

외국에서는 수소 경제 조기 이행을 위한 수소 인프라 구축과 연료전지 기술 개발 경쟁이 치열하게 이루어지고 있다. 미국은 수소 에너지 기술과 연료전지 자동차 개발 프로그램에 적극적으로 투자하고 있으며, 일본도 정부 차원에서 연료전지 산업화를 추진하여 수송용과 가정용 연료전지의 기술 개발을 추진하고 있다.

수송용 연료전지는, 미국에서 집중적으로 연구하고 있으며 시스템보다 부품과 소재 개발에 집중하고 있다. 캐나다는 연료전지 생산능력이 발전되어 있으며 모듈화 기술 개발에서 우위를 확보하고 있다. 일본은 혼다 등 자동차업체 등에서 독자적으로 연료전기스택을 개발하고 있다. 중국은 차량용 연료전지 개발이 중점적으로 연구되고 있으며 정부 투자가 적극적으로 지원되고 있다. 독일은 유럽국가 중에서 가장 적극적으로 연료전기 기술을 개발하고 있으며, 원천기술을 확보하고 있는 중소기업들을 중심으로 부품이 개발되고 있다.

가정과 상업용 전지는, 미국의 경우 2000년경에 최초 상용화하였다. 캐나다는 일본에 스택을 제공하고 있으며 덴마크에도 스택을 공급하고 있다. 일본은 가정용 전지 시스템을 핵심기술로 선정하여 기술 개발과 보급에 많은 지원을 하고 있다. 독일은 유럽연합이 지원하는 연료전지 플랜트 프로젝트를 진행하고 있으며 자동차 보조전원용 시스템을 개발 중이다.

발전용 전지는 미국의 경우 상업화를 추진하고 있으며, 직접 내부 개질과 간접내부 개질을 동시에 채택하여 높은 발전효율을 구축하고 있다. 일본은 분산전원용시스템 개발에 집중하고 있으며 독자 개발한 외부연료개질기가 스택과 별도로 설치되어 있다. 스택의 온도 구배는 공냉운전방식으로 해결하였고 외부 연료개질기 사용으로 인한 시스템 효율 저하는 고온 · 고압의 배기가스를 이용한 마이크로터빈 발전기를 병합하여 해결하였다. 독일은 내부 개질 기반의 독자 시스템을 개발하여 유럽을 중심으로 보급을 하고 있다. 덴마크와 연구개발 컨소시엄을 조직하였으며 시스템 개발과 독자적인 스택 개발을 병행하고 있다.

휴대용 전지의 경우, 미국은 시스템 개발을 중심으로 휴대용 전자기기용과 연료전자 충전기로 응용하고 있다. 또한 군사용으로 설계한 신형 휴대용 알칼리 연료전지 시스템을 개발하였다. 연료전지 출력 향상을 위한 단일벽 카본 나노튜브의 설계기술을 개발하고 있다. 촉매, 전해질막, 분리판 등이 생산 가능하고 전 세계에 공급하고 있다. 캐나다는 마이크로 수소연료전지 손전등을 개발하였는데, 이는 수송연료와 공기를 사용하여 수소 1회 충전으로 24시간 연속 작동이 가능하다. 일본은 1990년대 후반부터 휴대 전자기기용 전원을 본격적으로 개발하여 제품화하고 있다. 휴대용 소형 고출력 연료전지는 메탄올을 개질하여 얻은 수소를 연료로 사용하는 것이다.

고체산화물 연료전지의 경우, 미국은 민관 협력 파트너십으로 가정용, 발전용, 보조전원용 연료전지를 실용화하고 있다. 일본은 평판형, 원통형, 일체형 모듈을 개발하고 있으며 시장이 확대될 것으로 예상하고 있다. 유럽은 하이브리드 시스템을 시장에 내놓기 위해 연료전지 시스템을 연구하고 있다.

7.9.5 한국의 현황

연료전지는 크게 세 가지 사업으로 구분할 수 있다. 우선 가정용 연료전지 시스템이다. 기존에는 대규모 발전에서 전기를 발생시키고, 가정에서 보유한 보일러로 온수를 받는 방식인데, 가정용 연료전지 시스템은 가정에서 직접 전기와 열을 생산하는 것이 특징이다. 현재는 한국가스공사에서 2007년부터 '가정용 연료전지 모니터링 사업'을 하고 있는 단계이다. 그러나 현재는 한 대당 가격이 비싸 아직 상용화되기는 어렵다. 연료전지는 여러 개의 부품이 조합된 부품 산업이며 가장 핵심 부품인 스택과 연료처리장치, 인버터, 기타 부품으로 구성된다. 현재는 연료전지 부품 전체를 국산화하지 못하고 있으며, 핵심 부품인 스택은 생산가능하다.

두 번째는 발전용 연료전지 시스템이다. 발전용 연료전지는 크게 PAFC (Phosphoric Acid Fuel Cell, 인산형 연료전지), MCFC (Molten Carbonate Fuel Cell, 용융탄산염 연료전지), SOFC (Solid Oxide Fuel Cell, 고체산화물 연료전지)로 분류된다. 이는 연료전지를 구성하는 전해질의 차이에 의해 구분되는데, 국내에선 아직 발전용 연료전지를 개발한 업체가 없다.

국내에서는 포스코파워와 삼성에버랜드가 시스템을 운영 중이다.

세 번째는 수송용 연료전지이다. 동작 원리는 가정용·발전용과 같고, 미국과 일본이 앞서 나가고 있다. 국내에서는 현대·기아 차가 소량 생산하고 있다.

연료전지 개발에 있어 대부분의 투자는 스택 개발에 집중되어왔다. 하지만 연료처리장치, 인버터, 기타 전력변환장치 등 부품에 대한 개발도 시급하다. 연료전지는 부피를 줄이고, 부품의 국산화를 이루는 것이 관건이다. 또 스택이나 시스템에 대한 품질인증제도 등 제도적인 뒷받침도 필요한 상태다.

이와 함께 보급 사업 확대도 시급하다. 가정용 연료전지의 경우 현재는 모니터링 단계여서 정부로부터 보조금을 받고 있지만, 앞으로 민간에 더 많이 보급될 경우 가격 인하가 절실하다. 연료전지는 시스템 산업이지만 결국 부품 산업이다. 가정용, 발전용, 수송용 모두 해외에서 핵심 부품을 수입하고 있는 실정이지만, 청정·고효율 발전장치라는 점에서 기술 개발과 함께 보급이 중요하다.

7.10 석탄 이용

7.10.1 원리

석탄 이용은 석탄가스화 복합발전(IGCC ; Integrated Gasification Combined Cycle)과 석탄액화(CTL ; Coal to Liquid) 기술로 대별된다.

석탄가스화 복합발전은 석탄을 가스화하여 정제한 가스 연료로 가스터빈을 구동하고 그 배열을 이용하여 증기터빈에서 다시 발전하는 복합발전 시스템으로 석탄전 처리 설비, 석탄가스화 설비, 가스정제 설비(탈황, 탈진), 복합발전 설비(가스터빈, 배열회수 설비, 증기터빈 등)가 주된 구성설비이다. 석탄가스화 복합발전은 석탄이나 중질잔사유 등의 저급연료를 가스화시켜 CO, H_2가 주성분인 가스를 제조하고 정제한 후, 가스터빈 및 증기터빈을 구동하는 차세대 발전기술이다. IGCC의 상용설비(600 MW급)는 송전단 열효율이 46~48% 범위로 높게 예측되고 있으며, 황산화물, 질소산화물, 분진 등의 대기오염물질 저감으로 환경보전성이 우수한 발전기술이다. 동일한 석탄을 사용하면서도 발전효율이 일반 화력 발전보다 높고 환경오염물 배출이 낮아 차세대 석탄 발전 방식으로 부각되고 있으나, 건설비가 상대적으로 높고 설계・제어기술 확보가 어렵다.

석탄액화기술은 직접 액화와 간접 액화로 대별된다. 직접 액화는 H/C 원자 비율이 0.6~1.0인 석탄을 열분해하여 생성된 자유기에 수소첨가반응 또는 탄소제거반응에 의하여 H/C 비를 1.2~2.0으로 높여 액체 연료를 만드는 기술이다. 간접 액화는 석탄을 물, 산소와 반응시켜 H_2와 CO의 혼합 기체인 합성가스로 전환시킨 후 합성가스를 코발트계 또는 철계 촉매 하에서 F-T 반응(Fischer-Tropsch reaction)에 의해 액체 탄화수소를 만드는 기술이다.

7.10.2 장점

- 열효율이 높다.
- 간접 액화는 전기와 액화유를 동시에 생산할 수 있다.
- 황산화물, 질소산화물, 분진 등의 대기오염물질이 적게 발생된다.
- 고효율에 의하여 이산화탄소 배출량이 감소한다.
- 경제성이 있다.
- 석탄, 중질잔사유 등 저급연료로 전기 생산이 가능하다.

7.10.3 단점

- 설계・제어기술 확보가 어렵다.
- 소요 면적이 넓은 대형장치산업으로, 시스템 비용이 고가이므로 초기 투자비용이 높다.

7.10.4 외국의 현황

석탄가스화 기술은 1930년대 이후 유럽에서 석탄 간접액화를 위한 방법으로 많이 개발되었으나, 낮은 원유 가격으로 인하여 기술이 사장되었다가 제1차 오일쇼크 이후에 미국과 유럽의 회사들이 전력 생산을 위한 석탄가스화 기술을 개발하기 시작하였다.

IGCC의 경우 가스화 기술이 가장 핵심이 되며 미국과 네덜란드에서 기술이 개발되었다. 미국 등의 선진국은 장기간에 걸쳐 많은 정부 지원을 바탕으로 차세대 석탄 발전기술로써 실증 플랜트를 설계・건설하여 현재 미국 2기(GE Energy, Conoco Phillips), 네덜란드 1기(Shell), 스페인 1기(Prenflo), 일본의 300 MW급 규모의 실증 플랜트 등이 운전 중이다.

CTL의 경우는 상용급으로는 남아프리카공화국의 Sasol 사가 석탄간접액화 방식으로 1955년 7,000배럴/일 규모의 석탄간접화 Sasol 1 공장을 가동하였고, 1982년 총 15만 배럴/일 규모의 Sasol 2 및 Sasol 3이 준공되어 가동 중에 있다. Sasol 사는 지속적으로 연구 개발을 통해 신형 액화반응기를 개발하고 있다. 2004년 이후에는 아프리카와 중동지역에서 석탄 가스화 플랜트 건설이 증가하고 있으며, 아시아 지역에서는 중국, 일본의 석탄 가스화 플랜트 건설로 인해 지속적인 증가로 나타나고 있다. 석탄을 통해 생성되는 합성가스는 전기와 화학연료 및 액화연료 생산에 대부분 활용되고 있으며, 2010년까지 이들 시장이 차지하는 비중은 점점 더 커질 것으로 예상되고 있다. CTL 기술의 경제성은 석탄의 가격 및 초기 투자비, 유가에 의해서 크게 좌우되는데, 간접 액화의 경우 저가 석탄이 공급되면 경제성이 확보된다.

7.10.5 한국의 현황

석탄가스화 복합 발전은 1980년대 후반부터 연구되었으나, 투자 환경의 열세와 산업체 참여 부진으로 적극적인 개발이 이루어지지 못하였다. 2006년 하반기부터는 본격적인 기술 개발 사업이 착수되어 시스템 운전기술을 중심으로 개발되고 있다. 한국은 여러 가지 기술 중 가스화 기술 분야가 중점적으로 개발되고, 정제기술분야와 시스템 분야가 연구되고 있으며 한국에너지기술연구원, 한국전력 등을 중심으로 개발이 이루어지고 있다. IGCC는 플랜트 대형 산업으로 시장성 및 산업적 파급효과가 매우 크므로 국내 중공업 및 건설회사의 기술 확보가 필요하다. 석탄가스화 플랜트 건설에 사용되는 전체 설비를 중공업와 건설회사에서 생산할 수 있는 기술적 기반이 구축되면 큰 규모의 플랜트 산업시장이 형성될 수 있다.

석탄액화기술은 2차 석유파동 이후 합성석유 생산기술에 대한 관심이 증대되었으나 유가 안정화에 따라 기술 개발이 축소되었다. CTL 분야는 IGCC 분야에 비해 기술 수준이 더 낮고, 기술 개발 환경도 열악하였으나, 최근 장기화되는 고유가와 함께 개발 필요성이 증대되고 있다.

석탄액화는 1990년대에 반응기 규모 1배럴/일 이하의 소규모로 일부 수행되었으나, 상용 플랜트의 수만 배럴/일 규모에 비하면 매우 낮은 수준이다. 최근 중국의 석탄직접액화 상용급 플랜트 건설 영향으로 국내에서도 이에 대한 관심이 높아져 국내 에너지 전문기업이 2007년 인도네시아와 양해각서를 체결하여 협력사업에 대한 협의를 시작하였다. 간접 액화는 전기와 액화유를 동시에 생산할 수 있어, 전기만을 생산하는 IGCC에 비해 경쟁력이 더 높을 것으로 예상된다. 따라서 가스화를 기반으로 간접 액화 발전의 복합 공장을 고려해야 한다.

살생물제와 GMO

8
CHAPTER

8.1 살생물제의 정의

Pest(인간의 입장에서 해로운 생물체)란 인간의 활동을 직·간접적으로 방해하는, 원치 않는 생물체라고 정의된다. 1945년(제2세대 살생물제가 다양하게 개발되기 시작한 시점) 이후, 대단위의 단일 작물 경작지 및 가정 내 정원, 잔디밭 및 실내공간 등은 소위 살생물제[1])로 불리는 다양한 종류의 화학물질로 뒤덮이게 되었다. **살생물제(pesticides)**란 인간이 바람직스럽지 않다고 생각하는 생물체(식물, 동물, 미생물)를 죽일 수 있는 물질을 말한다.

따라서 살생물제에는 원치 않는 곤충(insects)을 죽일 수 있는 살충제(殺蟲劑, insecticide), 원치 않는 잡초 등을 죽일 수 있는 제초제(除草劑, herbicide), 생쥐(mouse), 쥐(rat), 다람쥐, 토끼 등의 설치류(齧齒類, rodents)를 죽일 수 있는 살서제(殺鼠劑, rodenticide), 곰팡이(眞菌, fungi)를 죽일 수 있는 살진균제(殺眞菌劑, fungicide), 세균(細菌, bacteria)을 죽일 수 있는 살세균제(bacteriocide, ※ antibiotics ; 항생제), 조류(藻類, algae) 등을 죽일 수 있는 살조제(殺藻劑, algicide) 등을 들 수 있다.

한편, 숲속에서 발생되는 **피톤치드(phytoncide)**는 식물을 의미하는 피톤(phyton)과 '죽이다'라는 의미의 치드(cide)의 합성어로서 식물이 외부의 해충과 병균 등으로부터 스스로를 보호하기 위해 내뿜는 천연 항균물질이며, 새집증후군 등에 의한 아토피 환자의 경우 산림욕 등에 의해 개선 효과를 볼 수 있다(forest therapy).

살생물제는 농작물의 수확량을 향상시키고, 질병을 일으키는 생물체의 개체군의 크기를 제어하는 등 인류에 도움을 주어왔으나, 반대로 살생물제의 광범위한 사용은 야생생물, 생태계의 구조와 기능 및 인간의 건강에도 유해한 영향을 미칠 수 있다. 또한 이들의 과다사용은 오히려 작물의 수확량을 감소시키고(受粉, pollination의 부족), 제어해야 할 해충의 광범위한 번창을 초래할 수도 있다(천적의 소멸, 내성의 증가).

1962년 Rachel Carson 여사의 소설 **'침묵의 봄(Silent Spring)'**은 이러한 살생물제의 야생생물과 인간에 대한 잠재적 위험성을 경고하였고, 환경론자와 살생물제 산업 관련자들과의 논쟁을 유발시켰으며, 그 논쟁은 지금도 계속되고 있다[농약을 **경제적 독약**(economic poison)이라고도 함].

---

1) 殺生物劑 : biocides 또는 pesticides, 관례적으로 pesticides를 殺蟲劑 또는 農藥으로 번역사용하고 있으나 이는 정확한 표현은 아님.

8.2 살생물제의 종류와 사용

8.2.1 생태계 내 해로운 생물체의 자연적 제어

현재까지 알려진 곤충(약 1백만 종) 중에서 약 100가지 종(전체의 1만분의 1)이 농작물에 피해를 일으키는 전체 종의 90%를 차지하는 것으로 밝혀졌다. 따라서 나머지 대다수의 곤충, 곰팡이, 설치류 및 토양미생물들은 생태계 내 원소의 순환에 도움을 주고, 식물의 수분(受粉, pollination)에 도움을 주며, 각종 pest의 숫자가 위험수위에 도달되는 것을 막아주기도 한다. 또한 생태계 내의 많은 식물과 곤충들은 자연선택을 통하여 포식자나 기생자 및 질병으로부터 자신들을 돌볼 수 있는 생화학적 물질을 생산, 방출할 수 있다.

8.2.2 해로운 생물체에 대한 인위적 제어의 필요성

수많은 메뚜기 떼는 사람들이 먹어야 하는 농작물이나 야생식물을 파괴시켜 왔듯이[과거 중국의 三災 ; 水災(홍수), 旱災(가뭄), 蝗災(메뚜기)], 증가하는 해로운 생물체(pests)는 지난 200년 동안 급격하게 증가된 세계 인구를 부양시킬 수 있는 농작물에 대해 심각한 위협이 되어왔다.

또한 기존에는 작은 크기의 개체군으로 수많은 종이 존재하는 다양한 형태의 생태계가 존재했으나 식량의 대량생산을 위해 대단위 농경지와 같은 매우 단순한 농업적 생태계로 대체되었고(벼, 밀, 콩 등 몇 가지 종만이 존재함), 이렇게 단순한 생태계 내에서는 특정한 생물종이 pest 수준에 도달할 정도로 엄청난 숫자로 번창하기가 쉽다(**자연적이고 종 다양성이 보장된 생태계에서는 그 숫자가 포식-피식 관계에 의해서 pest 이하 수준으로 조절된다**).

결과적으로 인간은 이렇게 단순화된 생태계에 존재하는 pest를 제어하기 위해서 많은 시간과 에너지와 비용을 소비해야만 했다. 여러 가지 제어방법들 중 가장 많이 사용되어 왔던 접근방법이 바로 여러 가지 살생물제의 살포였다.

8.2.3 해로운 생물체에 대한 이상적인 제어방법

이상적인 살생물제는

① 단지 목표 pest만 죽여야 한다.
② 인간을 포함한 목표가 아닌 생물체에 대한 장·단기적 악영향이 없어야 한다.
③ 비교적 단기간 내에 무해한 화학물질로 분해될 수 있어야 한다.
④ 목표생물체에 있어서 유전적 내성(耐性, resistance)의 발달을 방지할 수 있어야 한다.
⑤ 이러한 살생물제의 사용이 그것을 사용치 않을 때보다 더 경제적이어야 한다(수확량의 증대 등).

그러나 불행하게도 아직까지 위의 모든 조건을 충족시키는 살생물제는 존재하지 않는다.

8.2.4 제1세대 살생물제

1940년 전까지만 해도 시판되는 살생물제는 그 종류가 많지 않았으며, 이들 **제1세대 살생물제**(first generation pesticides)는 대부분 자연 상태의 식물에서 발견되는, 곤충을 죽일 수 있는 독성물질의 추출로부터 얻어진 지속성이 없는(비교적 쉽게 분해되는) 유기화합물들이었다.

예를 들어, 국화류의 일종인 제충국(除蟲菊)의 꽃망울로부터 얻어진 **제충국제**(除蟲菊劑, pyrethrum)는 중국인들에 의해 2천 년 전부터 현재까지 사용되고 있으며, caffeine 또한 담배뿔벌레, 가루진드기, 당면벌레, 모기유충 등을 제거할 수 있는 훌륭한 살충제이다. 천연 식물로부터 유래된 기타 살충제로는 담배로부터 얻어진 nicotine sulfate, 열대지방의 derris 나무로부터 얻어지는 rotenone, 기타 **마늘유**, **레몬유** 등을 들 수 있는데, 이들은 벼룩이나 모기유충, 집파리와 기타 곤충들을 제어하는데 효과가 있다.

1940년 이전에 사용된 제1세대 살생물제의 또 다른 형태인 **무기화합물**은 **비소**(As ; 賜藥의 한 성분으로 사용됨), **납**(Pb) 및 **수은**(Hg) 등과 같은 **독성금속**으로부터 만들어졌는데, 이들 중 대부분은 사람과 동물에 대한 독성이 너무 강하고, 토양을 오염시켜 식물의 성장을 방해하는 등의 이유로 오늘날에는 거의 사용되지 않는다.

8.2.5 제2세대 살생물제

해충(害蟲↔益蟲)의 제어방법에 있어서 매우 커다란 변화가 1939년에 일어났는데, DDT (dichloro-diphenyl-trichloroethane, 최초 발견은 1874년)가 강력한 살충효과가 있다는 것이 밝혀진 것이다. 이어서 1945년 이후, 화학자들은 다양한 종류의 이러한 합성유기화합물들을 개발해냈는데 이들을 **제2세대 살생물제**(second generation pesticides)라 한다.

DDT 및 이와 관련된 많은 종류의 제2세대 살생물제들은 2가지 이유로 광범위하게 사용되어 왔다. 그 까닭은

① 이들을 생산하기가 매우 쉽고, 비용이 많이 들지 않는다.

② 환경에서 쉽게 분해되지 않고, 강우나 관개용수(灌漑用水)에 의해서 쉽게 녹지도 않고, 제거되지도 않기 때문에 오랜 기간 동안, 여러 종류의 해로운 생물들을 죽일 수 있다.

는 이유에서였다.

우리는 살생물제하면 농경지를 먼저 떠올리지만 EPA의 연구에 의하면, 가정 내에서 곤충, 잡초, 곰팡이, 설치류 등을 제어하기 위해 1가지 이상의 살생물제를 사용하는 가정이 전체 가정의 92%를 차지하는 것으로 나타났으며, **가정과 농경지를 비교했을 때 단위 면적당 사용되는 살생물제의 양은 가정이 오히려 더 많다**는 것이 밝혀졌다(따라서 pesticides를 농약이라 말하는 것은 부정확한 표현임).

이러한 사실은 살생물제로 인한 지표수오염, 매립지와 지하수오염, 토양오염 및 실내오염의 책임이 꼭 농업종사자들 뿐만 아니라 일반가정에게도 크다는 것을 의미한다(살충제의 과다사용 및 내용물이 잔류된 살충제 용기의 무단폐기 등)

8.2.6 살충제와 제초제의 주요 종류

1) 살충제

아래와 같은 4종류가 있으며, 이들 화학물질은 대부분 생물체의 신경계에 작용하여 목표생물 뿐만 아니라 비목표 생물까지 죽이게 된다. 그 지속성(잔류성)은 종류에 따라 다양하다.

(1) 유기염소제(Chlorinated hydrocarbon)

예로써 DDT (dichloro-diphenyl-trichloroethane), DDD (dichloro-diphenyl-dichloroethane), DDE (dichloro-diphenyldichloro-ethylene), aldrin, dieldrin, endrin 등이 있으며, 지속성이 2~15년으로 매우 긴 편이다. 따라서 선진국에서는 유기염소제 중 사용이 금지되거나 제한된 품목이 많다.

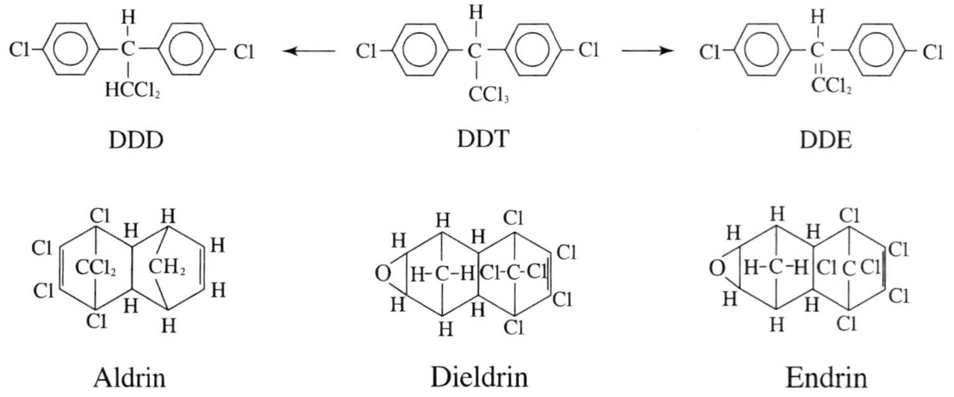

그림 8-1 유기염소계 살충제의 구조식

(2) 유기인제(organophosphate)

예로써 malathion, parathion, diazinon, TEPP (tetra-ethyl-pyro-phosphate), DDVP (dimethyl

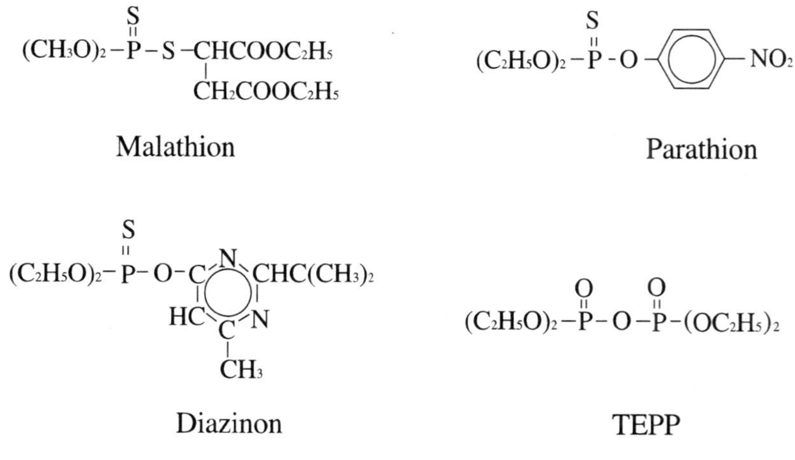

그림 8-2 유기인계 살충제의 구조식

-dichloro-vinyl-phosphate) 등이 있으며, 지속성은 유기염소제에 비해 1~12주로 비교적 짧으나 유기염소제에 비해 물에 더 잘 녹아서 지하수오염을 시킬 수 있으며 새, 인간 및 다른 포유류에 더 큰 독성을 나타낸다. 지속성이 짧아서 더욱 자주 살포함으로써 환경오염을 오히려 촉진시키는 경향이 있다.

(3) Carbamate제

예로서 carbaryl (sevin), zineb, maneb 등을 들 수 있으며, 그 지속성은 수일에서 수주로 매우 짧은 편이다.

(4) Pyrethroids제

자연산 제충국제나 화학적으로 변형시킨 제충국제를 사용하며, 지속성이 수일에서 수주로 짧고 적은 양으로도 목표생물에 큰 독성을 나타낸다. 포유류에게는 독성이 비교적 적으나 과다 사용 시 문제가 될 수 있다(모기 퇴치용 에어로졸이나 전기매트 등).

2) 제초제

제초제는 아래와 같이 크게 3종류가 있으며, 이들은 효과를 나타내는 기간이 비교적 짧고, 지속기간(잔류기간)도 비교적 짧은 편이다.

(1) 접촉성 제초제(Contact herbicides)

식물의 잎에 접촉하여, 광합성을 방해함으로써 잡초를 죽게 한다(triazine 등).

(2) 체계성 제초제(Systemic herbicides, 흡수성 제초제)

식물의 뿌리와 잎을 통한 이의 흡수로 말미암아 식물의 성장호르몬이 과대 분비되어, 결국 식물은 영양분의 조달이 과대성장에 미치지 못하여 죽게 된다.

여기에는 2,4-D (2,4-dichloro-phenoxy-acetic acid)와 2,4,5-T (2,4,5-trichloro-phenoxy-acetic acid) 등이 있으며, 특히 월남전 당시 **고엽제**(枯葉劑, jungle defoliant)로 사용된 'Agent Orange'는 2,4-D와 2,4,5-T의 1 : 1 혼합물이었는데, 이들의 합성과정에 TCDD (2,3,7,8-tetra-chloro-dibenzo-p-dioxin)가 소량 함유되어 종전 후 폭로된 지역의 민간인들과 퇴역군인들에게 여러 가지 피해를 일으켜 문제가 되고 있다(태아의 사산, 기형아 발생, 암 발병율 증가, 정신질환, 피부질환).

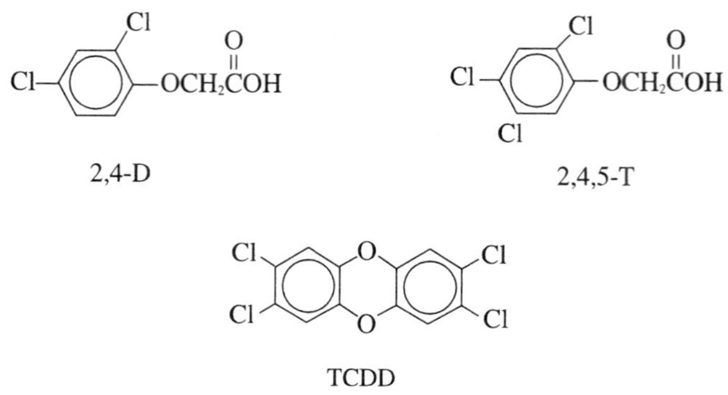

그림 8-3 제초제와 Dioxin의 구조식

(3) 토양 멸균제(Soil sterilants)

예로서 treflan, dymid, dowpon, sutan 등을 들 수 있는데, 이들은 식물의 성장에 필수적인 토양미생물(공생관계)을 죽임으로써 식물을 죽게 하는 제초제로서, 또한 흡수성 제초제와 같은 효과도 나타낸다.

8.3 살생물제 사용의 유익성과 유해성

8.3.1 살생물제 사용의 유익성

1) 질병의 퇴치

제2차 세계대전 중 발진티푸스(typhus)를 매개하는 벼룩(flea)과 이(lice)를 제어하기 위하여 군인 및 피난민들에게 직접적으로 DDT를 살포하였으며, 전 세계적으로 malaria(학질)의 매개체인 모기, 선(腺)페스트의 매개체인 쥐벼룩, 수면병을 매개하는 체체파리(tsetse fly) 및 샤가스 병(Chagas' disease)을 매개하는 kissing bug 등의 해충을 제어하기 위해서 DDT 및 이와 관련된 제2세대 살생물제들을 사용하여 왔다.

2) 식량의 증산

전 세계 식량 생산량의 45%가 해충 및 질병으로 손실되고 있는 것으로 파악되고 있다. 미국의 경우 살생물제의 살포에 드는 비용 30억 달러를 투자하여 110억 달러어치의 수확량 증산을 가져오는 것으로 알려졌으며, 미 농무성 보고에 의하면 이러한 광범위한 살생물제의 살포가 없다면 농산물 가격이 30~50% 가량 상승될 것으로 추산하였다.

8.3.2 살생물제 사용의 유해성

1) 인체 건강에 대한 위해성

여러 가지 살생물제는 궁극적으로 생물의 하나인 인간에게도 급성중독 및 만성중독을 일으킬 수 있다(장기 손상, 신경계 이상, 기형 유발, 발암성 등).

2) 유전적 내성의 증가

살생물제의 지속적인 사용 및 과다 사용은 궁극적으로 목표생물의 자연선택에 의한 내성을 갖는 품종이 우점종을 형성하게 되며, 다시 이들을 제어하려면 더 많은 양의 살생물제를 살포해야 하는 악순환이 계속된다.

3) 천적의 제거 및 새로운 유해생물체(pest)의 발현

자연 생태계의 먹이망 속에서 천적에 의해 일정 수 이하로 유지되어 인간의 입장에서 크게 문제가 되지 않던 생물이, 다른 목표생물을 죽이기 위해 살포된 살생물제에 의해 천적의 숫자가 크게 제한되면서, 역으로 이 생물이 크게 번창하여 결국 인간에게 새로운 해로운 생물체(pest)로 떠오르게 된다.

우리나라의 경우도 농촌지역에서 이제는 메뚜기를 찾아 볼 수가 없으며 개구리, 방아깨비 등 곤충들이 과거보다 많이 줄어들었다. **농약의 살포**가 그 원인인 것으로 알려지고 있다. 먹이사슬에 의한 생태계 파괴 문제는 이제 남의 나라의 먼 이야기만은 아닌 듯싶다.

최근, 보건복지부의 발표에 의하면 **패혈증**(敗血症, septicemia, blood-poisoning) 환자가 늘어나고 있다고 한다. 패혈증의 중간숙주는 들쥐라고 알려져 있는데, 농약의 과다 살포로 인한 메뚜기, 개구리의 감소가 먹이사슬에 의한 뱀의 감소를 초래하고, 결과적으로 뱀의 감소가 들쥐의 번식을 높인 것이다. 무엇이든 지나침이 문제이다. 농약, 비료도 모두 적정량을 사용하여야 할 것이다. **과유불급**(過猶不及 ; 지나침은 모자람과 같다. → 中庸之道)이라는 동양철학의 사상이 생태계 보전에도 적용될 수 있을 것이다.

4) 잔류성 살생물제의 이동 및 생물증폭

쉽게 분해되지 않고, 잔류성이 강하며, 독성이 있는 살생물제의 과다사용은 결국 생태계 내의 여러 가지 순환과정을 거치면서 대기, 수질, 토양환경 등을 오염시키고, 결국 먹이사슬을 통해 인간을 포함한 고등 동물의 체내에 고농도로 축적되어(**생물증폭**, biological amplification) 해를 끼칠 수 있다.

(1) DDT와 생물농축

DDT는 제2차 세계대전 중에 개발된 살충제로서 말라리아의 매개체인 모기의 박멸에 탁월하였다. 미국의 클리어 레이크라는 호수에 모기를 없애기 위해 1949년부터 1957년까지 3번 살포하였더니, 이 호수에 살고 있던 농병아리들이 떼죽음을 당하기 시작했다. 그 이유는 농병아리의 몸에 DDT가 농축되어 있었던 것이다.

DDT는 물에 잘 녹지 않고 분해도 되지 않는데, 생물체가 흡수하면 체내의 지방에 축적된다. DDT를 처음 플랑크톤이 흡착하면 상급생물로 전달되며 상급생물일수록 더 많은 양의 DDT를 몸속에 축적하게 된다. **생물농축**(bioconcentration) 때문이다. 이와 같은 먹이연쇄에 따라 DDT를 사용한 적이 없는 에스키모 인이나 남극의 펭귄까지도 DDT를 체내에 가지고 있다.

(2) DDT와 육식성 새의 감소

1950년대와 60년대 사이에, 미국에서는 **물고기를 잡아먹는 새**(물수리, 가마우지, 펠리컨, 흰머리 수리)와 토끼, 땅다람쥐, 기타 농작물을 해치는 작은 포유류 등의 개체군 수를 조절하는데 크게 기여하는 **포식성 새**(맹금류 ; 송골매, 새매, 바다제비) 등의 숫자가 크게 감소하였다. 연구조사 결과, 사체에서 과다하게 축적된 DDT와 이의 생체 내 전환물질인 DDE가 많이 검출되었는데, 이 DDE는 그들의 알에 칼슘이 침착되는 것을 방해하여 알이 쉽게 깨짐으로써 결국 그 숫자가 급격히 감소한 것으로 밝혀졌다. 미국에서 1972년 DDT의 사용을 금지시킨 이후로 이들 새들의 개체군 수는 지속적으로 증가하여 적정수준을 다시 되찾은 것으로 알려졌다.

(3) DDT와 쥐의 증가

생태계란 생물과 무생물간의 보이지 않는 연결고리에 의해 항상 유기적으로 물질이동이 이루어지고 변화하면서도, 탄소・질소・황 등 기본원소 전체는 순환할 뿐 총량은 변하지 않으며 일정한 균형을 유지한다. 이러한 생태계의 균형은 일정한 범위 내에서만 가능한 것이고, 엄청난 외부적 충격이 가해질 때는 깨지게 된다. 지구상에서는 부분적으로 우리 인간 활동에 의해 이러한 생태계의 균형이 깨어지기도 한다.

1940년대 인도네시아 보르네오 섬에서는 고양이가 전멸한 때가 있었다. 지금 우리나라도 많은 지역에서 바퀴벌레가 극성을 부리고 있는데, 당시 인도네시아에서는 **바퀴벌레**가 기승을 부리자 바퀴벌레 박멸을 위하여 보르네오 섬 전역에 DDT를 무제한 살포한 바 있다. 결과적으로 바퀴벌레를 박멸하는 데는 성공하였지만, 이로 인해 DDT에 중독된 바퀴벌레를 잡아먹은 **고양이가 치사(致死)**하였으며, 그 후 얼마 안 가서 보르네오 섬에는 **쥐가 극성**을 부리게 되었다. 이는 먹이사슬에 의한 고양이의 감소가 주된 원인이었던 것으로 알려지고 있다.

8.4 살생물제의 대안

1) 경작 순서의 변경

매년 같은 장소에 같은 작물을 경작하면, 그 농작물을 목표로 하는 해충이 상존하게 된다. 이를 막기 위해 매년 혹은 적당한 간격을 두고 새로운 작물로 대체하면서 경작할 필요가 있다.

2) 목표생물에 대한 생물학적 제어

농작물에 해를 끼치는 해충에 대한 천적이나, 해충에 대한 병원균을 육성, 방출함으로써 목표해충을 제어할 수 있다. 이 때 후자를 **미생물농약**(microbial pesticides) [2]이라 한다.

---

2) 세균인 *Bacillus thuringiensis* 는 여러 가지 해충 몸체에 감염되어 독소를 방출함으로써 결국 목표해충을 죽게 만들고, 사람에게는 해를 끼치지 아니한다.

3) 불임에 의한 유전적 제어

목표해충의 수컷을 실험실 내에서 대량으로 육성한 후, 유전적으로 조작하여 불임으로 만들어 자연계로 살포하면 자연계의 해충 암컷은(한 번 교미 후 두 번 다시 안함) 불임 수컷을 만날 확률이 커지고, 결국은 그들의 자손의 수가 줄어들게 된다.

4) 천연 호르몬이나 성 유인제를 이용한 화학적 제어

해충의 암컷이 짝짓기를 할 때 생산, 배출해내는 hormone이나 **성 유인제**(sex attractants, 즉 pheromone)를 실험실 내에서 대량 생산해서 자연계에 살포하여 해충 수컷들을 모아들여 제어망 등을 이용하여 제거하거나, 천적이 많은 곳에 살포하여 천적에게 피식되게 함으로써 제어할 수 있다.

5) 수확된 종자에 대한 방사선 조사 멸균

다음 해에 사용될 종자에 붙어 있는 해충이나 병원균, 곰팡이 등을 제거하기 위해 살생물제 대신 방사선을 조사함으로써 그 목적을 달성할 수 있다. 이 방법은 수확된 농작물의 보관, 수송, 판매과정에서도 적용될 수 있다(이의 **안전성에 대한 논란**도 존재함).

6) 유전자 조작에 의한 내성 농작물의 육종

이는 유전자 조작을 통하여 목표생물(해충, 병원성 세균, 곰팡이, 바이러스 등)에 내성을 갖는 농작물을 개발하는 방식으로, 현실적으로 많이 시행되고 있으나 이의 **안전성에 대한 논란**이 많다.

결론적으로, 앞에서 살펴본 살생물제들의 악영향을 막아내고 해로운 생물체(pest)를 제어할 수 있는 방안으로서, 또한 앞에서 기술한 여러 가지 대안들을 신중히 설계한 생태학적 접근방법으로서 **통합해충관리체계**(IPM-system ; Integrated Pest Management system)의 구축이 필요하다 하겠다.

8.5 유전자 재조합 생물체(GMO)

8.5.1 GMO의 정의

1) 유전자(Gene)

유전자는 자신의 고유한 형태, 색, 성질 등과 같은 특성에 대한 정보를 담아서 그 특성을 다음 세대에 전하는 물질로, 모든 생물에 들어있는 유전정보의 단위이다.

세포 속에 들어 있는 유전자는 생명현상의 가장 중요한 성분인 단백질을 만드는 데 필요한 유전정보 단위이며, DNA (deoxyribonucleic acid)로 불리는 화합물로 구성되어 있다.

2) 염색체(Chromosome)

모든 동・식물 세포에는 핵이 존재하는데 이 안에는 유전정보가 들어있는 DNA가 존재한다. 이 DNA는 평상시에는 이중나선이 스프링처럼 여러 번 꼬여있는 염색질이란 형태로 존재하나, 세포분열이 시작되면 굵은 실타래나 막대모양의 염색체를 형성한다.

3) 유전자 재조합(Genetic recombination)

한 생물체의 유용한 유전자를 빼내어, 그 유전자를 갖고 있지 않은 생물체에 삽입하여 유용한 성질이 나타나게끔 하는 기술이다.

4) GMO의 정의와 위험성

GMO (Genetically Modified Organisms)란 생산성 향상과 생산품의 품질 강화를 위해 생물체 본래의 유전자를 변형시켜 생산된 생물체를 말하며, 우리말로 '**유전자 재조합 생물체**'라고 한다. 그 종류에 따라 '유전자 재조합 농산물(GMO 농산물)', '유전자 재조합 동물(GMO 동물)', '유전자 재조합 미생물(GMO 미생물)'로 분류된다. 이 중 'GMO 농산물'을 원료로 제조 가공한 식품 또는 식품첨가물을 'GMO 식품' 혹은 '유전자 재조합 식품'이라고 부른다.

한편, LMO (Living Modified Organisms)는 '**살아있는 유전자 재조합 생물체**'의 의미로 사용되고 있다.

GMO는 질병에 강하고, 소출량이 많아 식량난을 해결할 수 있다는 장점이 있으나, GMO 식품을 장기간 섭취할 경우에도 인간에게 무해하다는 점(**안전성**, Safety)이 분명하게 검증된 바가 없으며, GMO 품종으로 인해 생태계가 교란 되는 등 환경재앙이 발생할 수도 있다는 위험성을 안고 있다.

GMO 식품을 보는 시각은 미국과 유럽 간에 크게 다르다. GMO의 개발 종주국으로서 GMO 농산물의 생산량이 많은 미국의 경우, 슈퍼마켓에서 팔리는 식품의 많은 경우가 GMO 농산물을 함유하고 있으며, 미국 국민들의 절대다수가 GMO 식품이 안전하다고 신뢰한다. 그러나 유럽의 환경단체들은 GMO 곡물을 '**프랑켄슈타인 식물**'이라고 부르며, 일반 대중도 이를 기피하고 있다.

8.5.2 GMO의 개발 목적

과거의 종자 개량은 밥맛은 좋지만 병충해에 약한 벼, 병충해에는 강하지만 쌀 수확량은 떨어지는 벼, 수확량은 높지만 품질이 떨어지는 벼 등을 밥맛이 좋고, 병충해에 강하며, 수확량도 많은 벼가 나올 때까지 몇 년이고 교배를 반복하는 방식이었다. 드물게 한두 해 만에 뛰어난 신품종이 나오기도 했지만 십 년이 넘도록 좋은 결과가 나오지 않는 경우가 많았다. 밥맛이 좋게 하는 유전자, 병충해에 강한 유전자, 수확량이 높아지는 유전자가 모두 한꺼번에 모여야 하며, 결정적으로 중요한 것은 세대가 반복되어도 유용한 형질을 잃으면 안 되기 때문이다.

유전자 재조합 기술은 이러한 단점을 극복하기 위해 개발된 품종개량 기술의 하나로서, 현대 유전공학의 힘을 이용하여 우연에 의존하던 품종 개량을 의도적으로 이끌어낸 것이다. 단시간 내에 의도적인 개량이 가능하고, 변화를 신속하게 관찰할 수 있는 장점이 있기에 종자 개량 기술의 흐름은 GMO 개발로 빠르게 넘어가고 있다.

8.5.3 GMO 작물을 만드는 과정

1) 아그로박테리움(*Agrobacterium tumefaciens*) 이용법

아그로박테리움은 식물에 근두암종병(Crown gall)을 일으키는 토양세균으로서, 가지고 있는 플라스미드(plasmid)의 유전자를 식물 염색체에 전달하여 근두암종병이라고 하는 암종세포 덩어리를 만드는 병원균이다.

플라스미드를 구성하고 있는 유전자 중 식물에 종양을 일으키는 유전자는 제거하고 이용하고자 하는 유용한 유전자를 연결시켜 아그로박테리움에 넣은 후, 이 아그로박테리움을 식물세포에 접촉, 감염시키면 유용한 유전자가 식물세포 내로 들어갈 수 있다.

2) 유전자 총(Particle bombardment) 이용법

금 또는 텅스텐 등 금속미립자에 유용한 유전자를 코팅한 후, 고압가스의 힘으로 식물의 잎 절편 또는 세포 덩어리에 투입하여 유용 유전자가 물리적으로 식물세포의 염색체에 접촉하도록 함으로써 직접 식물세포 내로 도입하는 방법이다.

3) 원형질체 융합(Protoplast fusion)법

원형질체(Protoplast)는 일반적으로 세포벽이 제거된 상태의 세포를 말하며, 조직배양 시 단세포 유래식물체를 만들거나 유용한 유전자를 세포 내로 도입시킬 때 사용하는 방법이다.

8.5.4 GMO의 용도

1) 보건의료용 GMO

국민의 건강을 보호・증진하기 위한 용도로 사용되는 GMO이며, 식품용 GMO, 기타 보건의료용 GMO 등이 이에 해당한다.

2) 농업용 · 임업용 · 축산업용 GMO

농업용 · 임업용 · 축산업용으로 사용되는 GMO으로서, 환경방출로 사용되는 종자용 GMO, 원형상태의 사료용 또는 사료가공용 GMO, 기타 농업 · 임업 · 축산업용 GMO 등이 이에 해당한다.

3) 수산 · 해양용 GMO

바다 · 내수면에 서식하며 해양 또는 수산 분야에서 이용되는 GMO으로서, 환경방출로 사용되는 이식용(종자용) GMO, 낚시방류용 또는 관상용 GMO, 기타 해양용 또는 수산용 GMO 등이 이에 해당한다.

4) 환경정화용 GMO

환경오염물질을 감소 · 제거하거나 환경오염에 내성을 가지고 생장함으로써 환경을 복원시키기 위한 목적으로 시설물 또는 자연환경에 의도적으로 방출하는 GMO이다.

5) 산업용 GMO

농업용 GMO, 보건의료용 GMO, 환경정화용 GMO, 수산 · 해양용 GMO를 제외함 섬유 · 기계 · 화학 · 전자 · 에너지 · 자원 등의 산업분야에 이용되는 GMO이다.

8.5.5 GMO의 안전성 심사

생명공학기술이 발달함에 따라 이제 유전자재조합기술은 특정 실험실에서 특별한 연구자들에 의해서만 연구될 수 있는 것이 아닌, 보통의 생명공학연구자들이 수행할 수 있는 기술이 되었고, 현재 여러 제품들이 개발 중에 있어 제품이 시중에 유통되기 전, 사전 안전성 확보가 반드시 필요하다.

1980년대 들어 농업분야에서 품종개량에 유전자재조합 기술이 응용되고, 실제 품종이 개발됨에 따라 경제개발협력기구(OECD ; Organization for Economic Cooperation and Development)를 중심으로 선진각국의 식품규제 당국자 간에 이들 품종에서 유래하는 식품의 안전성에 대해 논의되기 시작하였다.

그 결과 이들 유전자재조합농작물 유래 식품의 안전성 기준을 지금까지 먹어온 일반 육종에 의한 농작물에서 유래하는 식품으로 하고, 이들 식품과의 차이점을 비교하여 차이점에 대한 위해성이 없으면 안전한 것으로 간주할 수 있다는 과학적 접근방법, 즉 **'실질적 동등성'** 개념에 근거한 평가 방법을 확립하게 되었다.

이 평가 개념에 따라 OECD 회원국을 중심으로 안전성 평가 제도가 정착되어 1994년 최초의 '무르지 않는 토마토'의 상업화를 위시하여 제초제내성 콩, 옥수수 및 해충 저항성 옥수수, 면화 등 다양한 작물 등이 상업화되기에 이르렀다.

한편, 이러한 이른바 유전자재조합식품이 확산됨에 따라 안전성 평가방법과 기술 및 제도의 보급을 위해 세계보건기구(WHO) / 국제연합식량농업기구(FAO) 산하의 국제식품규격위원회(Codex Alimentarius Commission)에서 국제적 기준을 마련하였다.

이러한 국제적 기준은 GMO의 개발종주국인 미국 뿐 아니라 EU, 일본, 우리나라 등을 포함한 안전성평가를 도입한 모든 나라에서 기본 기준으로 도입하고 있다.

8.5.6 GMO 표시제

1) 시행목적과 법적근거

유전자재조합생물체(GMO)임을 표시하는 제도로서, 우리나라에서 유통되고 있는 농산물, 가공식품 등에 GMO가 3% 이상 섞일 경우에는 반드시 표시해야 한다. 이의 시행목적은 소비자에게 올바른 정보를 제공하여 알고 선택할 권리를 보장하기 위함이다.

농산물은 농산물품질관리법에 따른 유전자변형농산물 표시요령(농림수산식품부 고시 제2007-43호)에 따르고, **가공식품은 식품위생법**에 따른 유전자재조합식품의 표시기준(식품의약품안전청 고시 제2007-76호)에 따른다.

2) 표시 대상

식약청이 승인한 모든 GMO 농산물과 GMO 농산물을 주요 원재료로 사용하여 제조·가공한 모든 식품에 표시를 해야 한다. 다만, 3% 미만은 **비의도적 혼입치**로 인정하여 표시하지 않아도 된다.

또한 GMO 농산물을 원료로 사용하였어도 GMO 농산물이 함량 5순위 내에 해당되지 않는 경우, 최종제품에 GMO 성분이 남아 있지 않은 경우[간장, 식용유, 당류, 주류(맥주, 위스키, 브랜디, 리큐르, 증류주, 기타 주류 등)] 등은 표시하지 않아도 되도록 되어있다.

그러나 예를 들어 GMO 콩으로 간장을 만든 경우, 콩은 남아 있지 않아서 GMO 표시제의 예외로 인정되지만, 그 간장 속에는 GMO 콩의 유전자가 남아 있을 수 있으므로 안전성에 대한 논란이 되고 있기도 하다.

3) 표시 의무자

식품제조·가공업, 즉석판매제조·가공업, 식품첨가물제조·가공업, 유통전문판매업, 식품 등 수입판매업 및 건강기능식품제조업, 건강기능식품수입업 또는 건강기능식품유통전문판매업 영업을 하는 자 등이다.

4) 표시내용과 방법 및 제재

표시내용은

① 제품 주 표시면에 '**유전자재조합식품**' 또는 '**유전자재조합 ○○포함식품**'을 표시

② 원재료명 바로 옆에 '**유전자재조합**' 또는 '**유전자재조합된 ○○**'을 표시

③ 유전자재조합여부를 확인할 수 없는 경우에는 '**유전자재조합 ○○ 포함가능성 있음**'으로 표시해야 한다.

표시방법은

① 용기·포장에 잉크, 각인, 소인 등으로 지워지지 않고 잘 알아볼 수 있게 바탕색과 구별되는 색상의 10포인트 이상 활자로 표시

- 국내식품 : 포장지에 인쇄
- 수입식품 : 스티커 처리 가능하나 떨어지지 않게 부착

② 용기나 포장 없이 판매하는 경우에는 별도 게시판을 이용하여 표시해야 한다.

제재규정으로서 미표시나 허위표시의 경우에는 일정기간 품목제조정지, 나아가 3년 이하 징역 또는 3천만 원 이하 벌금에 처할 수 있다는 규정이 있다.

5) GMO 표시제 관리현황

현재 우리나라를 포함하여 EU, 일본, 호주, 뉴질랜드 등 전 세계 20여 개국이 GMO 표시제를 시행하고 있으며, 과학적 검증과 사회적 검증을 병행하여 운영하고 있다.

과학적 검증이란 과학적 검사법을 이용하여 정성 및 정량검사 등을 통해 확인하는 것을 말한다.

사회적 검증은 농산물의 생산 및 유통 과정에서 GMO 농산물의 혼입 방지를 위해 종자의 구입・생산・보관・운반・선별・선적 등의 과정에서 구분하여 관리하였음을, 제출된 구분유통증명서 또는 이와 동등한 효력이 있음을 생산국 정부가 인정하는 증명서를 통해 확인하는 것을 말한다.

한편, 미국은 GMO 의무 표시제가 없으며, 우리나라의 비의도적 혼입치 인정 비율은 3% 미만인데 비하여, EU는 0.9% 미만이며 일본은 5% 미만이다.

9 CHAPTER

내분비계 장애물질

9.1 내분비계(환경호르몬)의 정의와 기능 및 종류

1990년대 후반기에 들어서 **내분비계 장애물질**(Endocrine Disruptors, **환경호르몬**)은 상태계 및 인간의 내분비계에 영향을 미쳐 전 세계적으로 생물종 다양성이 위험이 되고 있다는 점에서 오존층 파괴, 지구온난화와 함께 세계 3大 환경문제로 등장하였다. 이때 내분비계(호르몬계)란 생체의 항상성, 생식, 발생, 행동 등에 관여하는 각종 호르몬을 생산, 방출하는 기관으로서 선(腺, gland), 호르몬(hormones), 표적세포(target cell) 등 3가지 부분으로 나뉜다.

내분비선(內分泌腺)으로부터 생산된 화학적 신호인 호르몬은 마치 통신네트워크와 같이 혈액을 통해 체내를 순환하며 표적이 되는 각 세포, 조직에 정보 및 지령을 전달한다. 이러한 일련의 과정은 외부자극에 대한 반응과 같이 수초 이내에 이루어지기도 하며, 성장 및 발육, 암수분화 등과 같이 장시간에 걸쳐 이루어지기도 한다. 모든 척추동물(어류에서 포유류까지)은 같은 내분비계를 가지고 있으며, 이들은 각기 유사한 호르몬을 분비하고 있다.

내분비계의 활동은 신경계와의 협력을 통해 이루어지며, **내분비계의 기능**을 요약하면 다음과 같다.

① 체내의 항상성 유지(영양, 대사, 분비활동, 수분과 염의 균형유지)
② 외부 자극에 대한 반응
③ 성장, 발육, 생식에 대한 조절
④ 체내에너지 생산, 이용, 저장

한편, 내분비 기관에서 분비되는 호르몬의 종류와 기능, 그리고 주요 호르몬의 과분비와 결핍에 의하여 일어나는 질환 등이 각각 표 9-1과 표 9-2에 제시되어 있다.

| 표 9-1 | 내분비 기관에서 분비되는 호르몬의 종류와 기능

내분비선	호르몬	호르몬 구조	기 능
난소 (ovary)	에스트로겐	스테로이드	여성의 2차 성징 조절 월경, 난자 발육 및 배란
	프로게스테론	스테로이드	월경주기 조절, 임신유지
정소 (testis)	안드로겐	스테로이드	남성에서의 2차 성징 조절
췌장 (pancreas)	인슐린	폴리펩티드	혈당저하, 글리코겐 증가 유도
	글루카곤	폴리펩티드	혈당증가, 글리코겐 분해 촉진
	소마토스테인	펩티드	인슐린, 글루카곤 분비 억제
부신 (adrenal)	에피네프린	아미노산 유도체	평활근 수축, 심장박동, 혈압상승
	노르에피네프린	아미노산 유도체	심장근수축, 심장박동 증가, 대사속도 증가
부신 (adrenal)	글루코코르티코이드	스테로이드	혈당조절, 생장조절
	미네랄코르티코이드	스테로이드	염과 수분의 항상성 조절
흉선 (thymus)	흉선호르몬	펩티드	흉선의 T세포, B세포 생장촉진
갑상선 (thyroid)	타이록신	펩티드	산소소비, 발열반응, 대사촉진
	칼시토닌	펩티드	뼈 내 칼슘방출 억제, 혈액 내 칼슘농도 저하
부갑상선 (parathyroid)	부갑상선호르몬	펩티드	혈액 내 칼슘농도 증가, 혈액 내 인농도 감소
뇌하수체 전엽 (anterior pituitary gland)	성장호르몬	단백질	뼈·근육 성장 촉진, 단백질·지방 합성 촉진
	프로락틴	단백질	출산 후 모유 생산, 분비 촉진
	갑상선자극호르몬	당단백질	갑상선호르몬의 생산, 분비 촉진
	아드레노코르티코트로픽호르몬	폴리펩티드	부신피질자극
뇌하수체 후엽 (posterior pituitary gland)	항이뇨호르몬	펩티드	콩팥으로부터 수분흡수 증가, 혈압 상승
	옥시토신	펩티드	임신자궁의 수축 촉진, 모유 분비 촉진
시상하부 (hypothalamus)	방출호르몬	펩티드	뇌하수체에 작용하는 호르몬 방출

| 표 9–2 | 주요 호르몬의 과분비와 결핍에 의하여 일어나는 질환

호르몬명	부위	대표적인 질환	
		분비과잉	분비부족/수용체 이상
성장호르몬	뇌하수체	거인증, 말단비대증	소인증
갑상선호르몬	갑상선	갑상선기능항진증(바세도우씨병)	갑상선기능저하증
인슐린	췌장	저혈당증	고혈당증(당뇨병)
부신피질호르몬	부신	부신피질기능항진증(쿠싱증후군)	부신피질분비부전증(아디슨씨병)
에스트로겐 (여성호르몬)	난소	자궁내막증, 질암, 유방암, 부정출혈	여성기의 발육이상, 월경불순
안드로겐 (남성호르몬)	정소	2차 성징의 조기출현	남성기의 발육이상, 무정자증, 여성화증후군

9.2 내분비계 장애물질(환경호르몬)의 정의와 특성

미국 환경보호청(EPA)은 **내분비계 장애물질**(Endocrine Disruptors, **환경호르몬**)을 "항상성(homeostasis)의 유지와 발달과정의 조절을 담당하는 체내의 자연 호르몬의 생산, 방출, 이동, 대사, 결합, 작용, 혹은 제거를 방해하는 외인성 물질"로 폭넓게 **정의**하고 있다.

일반적으로 내분비계 장애물질이란 내분비계의 정상적인 기능을 방해하는 화학물질로서 환경 중 배출된 화학물질이 체내에 유입되어 마치 호르몬처럼 작용한다 하여 환경호르몬으로 불리기도 하며, 생태계 및 인간의 생식기능저하, 성장장애, 돌연변이, 암 등을 유발하는 물질로 확인 또는 추정되고 있는 물질이다(1998년 환경부 주관으로 "내분비계 장애물질"로 용어의 통일을 기하고 부처 간 대책 협의회가 구성됨).

내분비계 장애물질로 알려진 물질의 대부분은 산업용 화학물질이 차지하고 있으며, 그밖에 에스트로겐 기능약물, 식물에서 생산되는 식물성 에스트로겐 등이 포함된다.

생체 내에 합성되는 호르몬과 비교하여 내분비계 장애물질의 **특성**은 다음과 같다.

① 생체호르몬과는 달리 쉽게 분해되지 않고 안정하다.

② 환경 중 및 생체 내에 잔존하며 심지어 수년간 지속되기도 한다.

③ 인체 등 생물체의 지방 및 조직에 농축되는 성질이 있다.

9.3 내분비계 장애물질(환경호르몬)의 종류

현재 내분비계 장애를 일으킬 수 있다고 추정되는 물질로는

① 각종 산업용 화학물질(원료물질)
② 살충제 및 제초제 등의 농약류
③ 유기 중금속류
④ 소각장의 다이옥신류
⑤ 식물에 존재하는 식물성 에스트로겐(phytoestrogen) 등의 호르몬 유사물질
⑥ DES(diethylstilbestrol, 한 때 유산방지제로 사용됨)과 같은 의약품으로 사용되는 합성 에스트로겐류
⑦ 일부 식품, 식품첨가물

등을 들 수 있다.

현재 **세계생태보전기금**(WWF, World Wildlife Fund) 목록에는 67종의 화학물질이 등재되어 있으며, 우리나라도 이에 준하고 있다. 일본 후생성에서는 산업용화학물질, 의약품, 식품첨가물 등의 142종의 물질을 내분비계장애물질로 분류하고 있다(표 9-3).

| 표 9-3 | 내분비계 장애물질의 분류

세계생태보전기금(WWF)분류 (67종)	일본 후생성 분류 (142종)	내분비계 장애물질의 용출이 우려되는 생활용품
• 다이옥신류 등 유기염소물질 6종 • DDT 등 농약류 44종 • 펜타-노닐 페놀 • 비스페놀 A • 디에틸헥실프탈레이트 등 프탈레이트 8종 • 스티렌 다이머, 트리머 • 벤조피렌 • 수은, 납, 카드뮴 등 중금속 3종	• 프탈레이트류 등 가소제 9종 • 플라스틱에 존재하는 물질 17종 • 다이옥신 등 산업장 및 환경오염 물질 21종 • 농약류 75종 • 수은 등 중금속 3종 • DES 등 합성에스트로겐 8종 • 식품 및 식품첨가물 3종 • 식물에 존재하는 에스트로겐 유사호르몬 6종	• 플라스틱 가전제품, 용기, 화장품 : 프탈레이트류 • 플라스틱 용기, 음료 캔, 병마개, 수도관의 내장코팅제, 치과치료시 이용되는 코팅제 : 비스페놀 A • 합성세제 : 알킬페놀 • 컵라면 용기 : 스티렌 다이머, 트리머 • 폐건전지, 형광등 : 수은

내분비계장애와 관련해 연구결과나 그 사례가 보고된 대표적 물질로는

① 식품이나 음료수 캔의 코팅물질 등에 사용되는 비스페놀 A
② 과거에 각각 농약이나 변압기 절연유로 사용되었으나 현재는 사용이 금지된 DDT와 PCB
③ 소각장에서 주로 발생되는 다이옥신류
④ 합성세제원료인 알킬페놀
⑤ 플라스틱 가소제로 이용되는 프탈레이트 에스테르
⑥ 그밖에 스티로폼의 성분인 스티렌 다량체

등이 내분비계 장애물질로 의심을 받고 있다.

| 표 9-4 | 환경호르몬과 생활용품

종 류		함유물질 또는 발생장소
Dioxins	PCDDs, PCDFs	쓰레기 소각장 등 각종 연소시설
	PCBs	변압기의 절연유, 금속세정제 등
Alkyl Phenols		가정 · 산업용 각종 세제, 페인트, 제초제, 의류 등
Bisphenol A		식품 · 음료수 용기 내부, 병뚜껑 및 캔의 내부
Phthalates	DEHP	PVC제품(식품용기, 음료수병, 의료용품, 바닥재, 장판, 건축자재 등)
	DEP	화장품, 방향제 등
	DBP	화장품, 헤어스프레이, 모발염색제, 프린트잉크, 접착제 등
	DINP	장난감, 잉크, 접착제, 페인트 등
	PBDE	플라스틱이나 섬유를 원료로 한 각종 제품(TV, 컴퓨터 등 가전제품, 건축자재, 실내장식재 등), 난연제로 사용됨.
PFOS		반도체, 페인트, 접착제, 인화용지 등을 제조할 때 첨가
DEHA		PVC제품(식품용기, 음료수병, 의료용품, 바닥재, 장판, 건축자재 등)

범례 ▌ PCDDs ; poly-chlorinated-dibenzo-p-dioxins
PCDFs ; poly-chlorinated-dibenzo-furans
PCBs ; poly-chlorinated-biphenyls
DEHP ; di-ethyl-hexyl-phthalate
DEP ; di-ethyl-phthalate
DBP ; di-butyl-phthalate
DINP ; di-iso-nonyl-phthalate
PBDE ; poly-brominated-diphenyl-ethers
PET ; poly-ethylene-terephthalate
PFOS ; per-fluoro-octane-sulfonate
DEHA ; di-ethyl-hexyl-adipate

9.4 내분비계 장애물질(환경호르몬)의 영향과 관리

9.4.1 내분비계 장애의 기전

현재 내분비계 장애물질의 작용기전을 밝혀내기 위한 연구가 미국, 일본, 유럽 등 각국에서 수행되고 있는데, 지금까지 알려진 수용체 결합과정에서의 내분비계 장애물질의 작용은 호르몬 유사(mimics), 호르몬 봉쇄(blocking), 촉발(trigger)작용 등으로 나뉠 수 있다.

호르몬 유사작용이란 호르몬 수용체와 결합하여 내분비계 장애물질이 마치 정상호르몬과 유사하게 작용하는 것으로서 대표적인 예가 합성에스트로겐인 DES (diethylstilbestrol)이다. 이러한 유사물질은 정상호르몬보다 강하거나 약한 신호를 전달함으로써 내분비계의 교란작용을 유발할 수 있다.

호르몬 봉쇄작용이란 호르몬 수용체 결합부위를 봉쇄함으로써 정상호르몬이 수용체에 접근하는 것을 막아 내분비계가 기능을 발휘하지 못하도록 하는 것이다. 대표적인 예로서 DDE (DDT의 분해산물)의 경우 정소의 안드로겐호르몬의 기능을 봉쇄하는 것으로 보고되고 있다.

촉발작용은 내분비계 장애물질이 수용체와 반응함으로써 정상적인 호르몬작용에서는 나타나지 않는 생체 내에 해로운 엉뚱한 대사 작용을 유발하는 것이다. 이러한 영향으로는 암과 같은 비정상적 생장, 대사 작용의 이상, 불필요하거나 해로운 물질의 합성 등을 들 수 있다. 다이옥신 또는 다이옥신 유사물질 등은 이와 같은 작용기전으로 영향을 나타낼 수 있는 것으로 보고되고 있다.

인간을 포함한 생태계에 대해 나타낼 수 있는 내분비계 장애물질의 대표적인 영향은 다음과 같다.

① 호르몬 분비의 불균형
② 생식능 저하 및 생식기관 기형
③ 생장저해
④ 암 유발
⑤ 면역기능 저해 등

9.4.2 인간과 야생생물에 대한 영향

내분비계 장애물질의 차세대 영향을 나타내준 사건으로는 1970년대 합성에스트로겐인 DES(diethylstilbestrol)라는 유산방지제를 복용한 임산부의 2세들에게서 나타났다. 이 약을 복용한 임산부에서는 영향이 나타나진 않았으나 이들의 2세에게서 생식능이 감소되었고, 딸의 경우 자궁기형, 불임, 면역기능 이상이 증가하는 사례가 발생했다.

덴마크에서는 1992년에 과거 50년 동안 남성들의 정자수가 반감되었다는 보고가 있었으며, 일본에서 최근 Teikyo대학 의학부 조사에 따르면 20대 남성 34명의 정액을 조사한 결과, 정자의 농도와 운동성에서 WHO의 기준을 충족시킨 사람은 1명에 불과함이 발견되었다. 이와 같이 내분비계 장애물질은 정자수의 급격한 감소 이외에도 정소종양(고환암)이나 요도하열과 같은 기형의 증가를 유발시키며, 여성의 유방암의 증가도 이와 관련된 것으로 보인다.

최근 일본의 후생성과 오비히로 축산대학에서의 연구에 의하면, 쓰레기 처리 소각장에 가까울수록 그 지역 주변의 모유나 낙농장 젖소의 우유에서 다이옥신(Dioxin)이 고농도로 함유되어 있다는 사실이 발표되어 사회적으로 커다란 파문을 일으켰다.

내분비계 장애물질 가운데 기존 연구를 토대로 가장 많이 알려진 잠재적 인체영향을 살펴보면 다음과 같다.

① 여성의 경우

유방 및 생식기관의 암, 내분열증(endometriosis), 자궁섬유종(uterine fibroid), 유방의 섬유세포 질환, 골반염증성 질환(pelvic inflammatory disease) 등

② 남성의 경우

정자수 감소, 정액 감소, 정자운동성 감소, 기형정자 발생증가, 생식기 기형, 정소암, 전립선질환, 기타 생식에 관련된 조직의 이상 등

| 표 9-5 | 내분비계의 작용과정 및 내분비계 장애물질의 작용 예

호르몬 작용단계	내분비계 장애물질의 작용 예
1. 호르몬 합성단계 2. 내분비선으로부터의 호르몬 방출단계 3. 표적장기의 세포로 혈액을 통해 수송	• 스티렌 다이머, 트리머 – 뇌하수체에 작용하여 호르몬 합성을 저해
4. 호르몬 수용체의 인식, 결합 및 활성화	• 유사작용(mimics) – PCB, 노닐페놀, 비스페놀 A, 프탈레이트 에스테르 등 – 에스트로겐 유사체로 작용 • 봉쇄작용(blocking) – DDE, vinclozolin(농약의 일종) – 장애물질이 수용체와 결합하여 안드로겐호르몬의 작용 저해
5. DNA의 조절부위에 결합하여 유전적 발현 또는 세포분열을 조절하는 신호 발생	• 다이옥신류(촉발작용 – trigger) • 유기주석화합물(TBT)

| 표 9-6 | 내분비계 장애로 의심되는 야생생물에 대한 주요 보고사례

	생물	장소	영 향	추정 원인물질
패류	고둥	일본해안	웅성화, 개체수 감소	유기주석화합물(TBT)
어류	옥새송어 잉어 연어	영국하천 영국하천 미국오대호	자성화, 개체수 감소 자웅동체화 갑상선비대형성, 개체수 감소	노닐페놀 노닐페놀 불명
파충류	악어	미국플로리다 주 호수	음경왜소화, 알의 부화율 저하, 개체수 감소	호수에 유입된 DDT 등 유기염소계 농약
조류	갈매기 미국 가마우지	미국오대호 미국미시간호	자성화, 갑상선종양 알의 부화율 저하	DDT, PCBs DDT, PCBs
포유류	바다표범 흰돌고래 아케리카 표범 양	네덜란드 캐나다 미국 호주(1940년대)	개체수 감소, 면역기능 저하 개체수 감소, 면역기능 저하 정류정소, 정자수 감소 다발성 사산, 기형발생	PCBs PCBs 불명 클로버 유래의 식물성 에스트로겐

| 표 9-7 | 환경호르몬의 피해로 추정되는 국내 주요사례

• 모유에서 신종 환경호르몬(PBDE) 검출
• 서·남해안 수컷 숭어 10%가 암컷으로 성(性) 변화
• 붕어의 8%가 암수의 성(性)이 혼재하는 자웅동체
• 시중 유통 농산물의 11%에서 '환경호르몬 농약' 검출
• 남아 신생아, 성기 기형 7년 만에 두 배 증가
• 20대 남자 정자의 운동성 50% 이하로 비정상

9.4.3 생활환경 관리

1) 음식물 및 용기

- 육류보다는 섬유소나 vitamin 등이 많은, 농약이 배제된 곡류, 채소, 과일의 섭취
- 육류 조리시 지방질과 육류 및 생선의 내장의 제거(생물농축부위의 회피)
- 과일이나 야채는 물에 충분히 씻어서 섭취
- 전자레인지에 플라스틱 또는 랩으로 음식을 씌워 데우는 일 삼가
- 플라스틱 및 1회용 식품용기(플라스틱 주걱, 컵라면, 뜨거운 캔 음료수) 사용 자제
- Fast food (junk food)와 통조림 식품의 사용 자제와 유아(乳兒)에게 모유 먹이기
- 식품첨가물이 많은 식품(과자 등) 피하기

2) 일상생활 관리

- 금연, 개인위생철저(특히 **손의 청결유지** ; Clean hands, Save lives! **1일 8회 30초 이상, 질병의 60%를 예방**), 치아치료 시 아말감 사용의 억제
- 농경지에 과다한 농약 살포 자제(집안 해충 구제 시 살충제의 과다한 사용억제)
- 석유화학제품의 사용 자제(PVC 장난감 구매 자제 → 목재 또는 천연 소재로)
- 폐건전지, 폐수은온도계, 폐형광등과 같은 유해폐기물의 적절한 처리
- 세척력이 지나치게 강한 합성세제(노닐페놀에톡시레이트류) 및 표백제의 사용 자제
- 새 옷(특히 내의류)은 세탁 후 사용(dry-cleaning한 옷은 1~2일 바람을 쐰 후에 사용)

유해물질과 아토피

10 CHAPTER

10.1 유해물질별 오염원과 영향

10.2 유해물질과 발암요인

10.3 유해물질과 활성산소

10.4 환경오염과 아토피(Atopy)

10.1 유해물질별 오염원과 영향

1) 납(Pb)

일반인들은 납관이나 납땜한 급수관, 납 성분이 함유된 페인트 부스러기를 흡입하거나 납에 오염된 식품을 섭취할 때, 납 성분이 함유된 조리기구로 요리할 때, 신문지를 씹거나 태울 때 납이 체내로 들어올 수 있다. 납에 높은 농도로 오랫동안 노출되면 소화 장애, 빈혈, 신장 기능 저하, 면역계 이상, 뼈 발달에 영향을 줄 수 있다(혈 중 농도 측정).

한편, 유럽연합(EU)은 자동차와 전자제품에서 납땜 사용을 완전히 금지하기에 이르렀다.

2) 카드뮴(Cd)

일반인의 경우 대부분(80% 이상)은 음용수를 포함한 음식물을 통하여 주로 노출이 되며, 부식된 금속식기류, 오염된 식품을 섭취할 경우 카드뮴이 체내로 들어올 수 있다. 카드뮴에 높은 농도로 장기간 노출되면 두통, 근육통, 복부경련, 폐기종, 신장장애, 전립선 질환이 발생할 수 있다(뇨 중 농도 측정).

3) 수은(Hg)

일반 주민들의 체내 수은농도를 증가시킬 수 있는 요인으로는 수은에 노출된 해산물, 민물고기, 어패류, 수은에 오염된 식수, 식품이나 음식물과 수은에 오염된 토양, 대기환경 등을 들 수 있다. 수은은 단기간 높은 농도로 노출될 경우에 폐렴의 유발 및 신장과 중추신경계에 영향을 줄 수 있고, 장기간 노출될 경우 중추신경계 및 신장에도 영향을 줄 수 있다. 인식 및 언어장애 등이 발생할 수 있으며, 생식기관에 대해 독성이 나타날 수 있다(혈 중 또는 뇨 중 농도 측정).

4) 망간(Mn)

사람이 정상적인 건강상태를 유지하기 위해 반드시 필요한 미량원소로 세계보건기구(WHO)에서는 성인의 경우 망간을 하루에 2∼5 mg을 섭취할 것을 권장하고 있다. 그러나 망간이 함유된 농약(마넵 또는 만코젭), 용접, 오염된 지하수를 사용하는 경우에는 혈중에서 높은 농도로 나타날 수 있으며, 높은 농도로 오랫동안 노출되는 경우에는 중추신경계, 호흡기계에 나쁜 영향이 나타날 수 있다(혈 중 농도 측정).

5) 2-나프톨과 1-OHP

다환방향족탄화수소류(PAHs)에 노출된 정도를 확인하기 위하여 인체의 생체지표로 뇨(尿, urine) 중의 2-나프톨과 1-OHP를 측정할 수 있다. 일반사람들은 자동차 연료, 난방연료의 배기가스를 많이 맡거나 흡연 시에 담배연기를 통하여 높은 농도로 노출될 수 있다. 이 물질에 노출되면 호흡기계, 피부, 눈, 점막 등에 손상을 입을 수 있고, 알레르기 반응 등이 나타날 수 있다.

6) 코티닌

담배에 함유되어 있는 니코틴이 체내에서 코티닌으로 대사되기 때문에 뇨 중의 코티닌 수치는 직접흡연과 간접흡연에 의한 담배연기의 흡수 정도를 나타내는 중요한 생체지표로 사용되고 있다. 담배에 함유된 니코틴이 체내에 들어오면 폐, 간, 신장, 방광 등에 다양한 질환을 일으킨다.

7) 3-PBA

뇨 중의 3-PBA는 피레스로이드(pyrethroid)계 살충제의 인체내 대사산물로서, 직접적으로 말초신경에 작용하여 독성을 나타낸다. 이 농약에 중독되면 과민반응, 전율, 운동장애, 경련, 마비 등과 같은 신경독성이 발생하고 신경의 과흥분 등이 유발되지만, 중독 후 신경계에 해부학적인 변동은 관찰되지 않는다는 특징을 갖고 있다.

8) 비스페놀 A(Bisphenol A)

식품, 포장용기 등을 통하여 환경호르몬 물질인 비스페놀 A에 노출될 수 있다. 국가에서는 국민들이 안전한 식품을 섭취할 수 있도록 대책을 마련하기 위하여 비스페놀 A의 노출평가와 독성연구에 대한 인체노출모니터링사업을 수행하고 있다.

비스페놀 A는 1891년 러시아 화학자 디아닌(A. P. Dianin)이 처음 합성한 화학물질로서 플라스틱을 단단하게 해주는 역할을 한다. 특히 전기·전자부품과 캔 내부 코팅제, 젖병, 콤

팩트디스크 재료인 폴리카보네이트 플라스틱의 생산에 사용된다. 플라스틱 병에는 재질표시가 있는데, 비스페놀 A가 들어있는 폴리카보네이트 재질은 '7' 또는 'OTHER'(기타)로 표시되어 있다(뇨 중의 농도 측정).

동물실험 결과, 비스페놀 A가 "주의력 결핍 과잉행동장애(ADHD)" 성향을 일으키고 학습능력을 떨어뜨릴 가능성이 있으며, 생쥐의 경우 성 호르몬 분비에 영향을 주고, 사람의 경우 유아 때 많이 노출되면 조기에 사춘기가 오거나 생식기능 발달이 교란될 가능성이 있다. 이런 가운데 플라스틱 젖병에 대한 유해성 논란이 끊이지 않고 있다.

비스페놀 A는 폴리카보네이트(PC)에서 검출될 수 있는데, 현재 국내에서 유통되는 플라스틱 용기의 95%는 친환경 재료인 폴리프로필렌(PP)으로 만들어졌으며, 2%는 폴리카보네이트, 나머지는 다른 재료로 만들어지고 있다. 폴리프로필렌은 탄소와 수소의 단순결합으로 만들어진 재료로서 그 안전성이 어느 정도 입증되어 있다.

따라서, 보다 안전한 플라스틱 용기를 구입하려면 용기바닥에 '5' 또는 'PP'라고 쓰여 있는 제품을 선택하도록 하며, 폴리카보네이트(PC)로 만든 용기의 유해물질검출이 걱정된다면 음식을 담을 때 가능한 한 식혀서 담고 전자레인지에 가열하지 않도록 한다. 열을 가하면 비스페놀 A가 흘러나올 가능성이 높아지기 때문이다. 또한 흠집이 많이 난 용기는 사용하지 않도록 한다.

9) 프탈레이트

Polyvinyl chloride (PVC) 플라스틱 제품의 유연성을 증가시키기 위한 가소제(plasticizer)로 프탈레이트 에스터를 사용하고 있다. 이 물질을 칫솔, 고무젖꼭지, 어린아이들의 장난감 등에 사용하는 것을 금지하고 있으나 건축자재(마루, 바닥타일, 지붕도장, 벽지, 전선절연체, 튜브 또는 용기 등), 자동차 생산품(좌석, 외장, 바닥코팅, 비닐장식), 의류(신발, 우비), 음식물 포장재, 장난감 제품과 의료용품(혈액보관용기와 정맥주사튜브 등) 제작에 사용되고 있어 하루 평균 4~30μg/kg 정도 노출되는 것으로 알려져 있다(뇨 중의 농도 측정).

프탈레이트는 동물이나 사람의 몸속에 들어가서 호르몬의 작용을 방해하거나 혼란시키는 내분비계 교란물질(환경호르몬)로 의심받고 있고 간, 신장, 폐 등에 손상을 입힐 수도 있다.

10) 뮤콘산(벤젠의 뇨 중 대사체)

뇨 중 뮤콘산을 측정하여 벤젠의 노출여부를 파악할 수 있다. 벤젠은 대표적인 유기용제로서 다양하게 사용되었으나 그 독성이 알려지면서 그 사용이 줄어들고 있다. 벤젠은 증기상태로 흡입하거나 피부접촉으로 흡수되는데, 급성노출 시 중추신경을 억제하고 만성적으로 노출되면 조혈장기를 억제하며, 백혈병과 다발성 골수종 등의 혈액학적 질환을 유발하는 것이 밝혀져 있다.

11) 마뇨산(톨루엔의 뇨 중 대사체)

뇨중 마뇨산을 측정하여 톨루엔의 노출여부를 파악할 수 있다. 톨루엔은 잉크 및 희석제, 세척제에 함유되어 있고 상온, 상압에서 휘발성이 있는 물질이며 페인트, 잉크, 라카, 코팅염료, 고무, 살충제, 콜타르 등에 합성수지용제로 사용되고 있다. 고농도 톨루엔 증기를 흡입하면 중추신경을 억제시켜 마취작용이 나타날 수 있고, 낮은 농도를 반복흡입하면 피로감, 두통, 현기증, 불면, 정신불안정, 식용부진, 구역질 등의 증상이 나타날 수 있다.

12) 타르색소

석탄을 증류(열분해)해서 얻을 수 있는 콜타르(coal tar)에 들어있는 벤젠(benzene), 나프탈렌(naphthalene) 등으로부터 합성한 색소(인공색소)로서 원래는 섬유 등의 염색용으로 사용되었던 물질이다.

표 10-1 위해성 논란이 있는 주요 식품첨가물

분류	이름	특 징
타르계 색소	적색 2호	발암물질 가능성이 있어 미국은 1970년대부터 사용금지
	황색 4호	미국의 경우 엘러지 및 천식유발, 과민증, 체중감소, 설사 등을 이유로 사용상 주의를 요하고 있음.
표백제	아황산나트륨 (Na_2SO_4)	'합성보존료', '산화방지제' 등으로 표기 과다섭취시 두통, 복통, 메스꺼움, 순환기 장애 등의 부작용이 있음(도라지, 더덕을 희게 보이게 함).
방부제	안식향산나트륨 (벤조산나트륨)	비타민 함유 음료, 과일주스, 사이다 등에 주로 사용됨.
발색제	아질산나트륨 ($NaNO_2$)	햄·소시지 등 육가공품의 색(분홍색)을 유지하기 위하여 첨가되는 식품첨가물. 독일에서는 육가공품에 한해 1970년대부터 사용금지. 과다섭취 시 nitrosoamine(발암물질) 생성 가능성
조미료	MSG (L-글루타민산 나트륨)	미국 FDA에서는 신생아용 음식에는 첨가하지 못하도록 규정. 천식, 고혈압, 울혈성 심부전 환자, 엘러지 환자에게도 섭취 제한을 권고

국내 식품관련법에서는 타르색소들 중 황색 4호 등 15종의 제한된 종류만 식품에 사용하도록 허용되어 있으며, 타르색소들 중 하나인 적색 2호의 경우 발암 가능성에 대한 논란으로 2008년부터 식품에 사용이 금지되었다.

허용된 타르색소들은 음료, 캔디 등 과자류, 빵 등 식품에 첨가되어 사용되는데, 어린이의 학습·언어장애, 과잉행동유발 등 안전성 논란이 끊이지 않고 있다.

13) 기타

얼굴이 하얘진다는 **미백**(whitening)제품의 원리는 피부의 멜라닌색소 생성을 줄이는 것인데, 여기에 사용되는 **하이드로퀴논**(hydroquinone)은 동물실험에서 발암성이 나타나 EU에서는 사용이 금지되었고, 미국에서는 최고 2%까지 사용할 수 있다. 또 다른 미백물질 가운데 유해성이 인정된 **크롬**과 **수은** 등이 외국산 미백크림 등에서 여전히 검출되고 있다.

또한 로션, 오데콜롱, 방향제, 향수 등에서도 환경호르몬이자 정자의 DNA를 손상시켜 불임과 유산을 유발하는 **디에틸 프탈레이트**(DEP ; di-ethyl-phthalate)가 검출되기도 하였다.

한편, 또 다른 환경호르몬인 **디뷰틸 프탈레이트**(DBT ; di-butyl-phthalate)가 헤어컬러와 블리치, 헤어릴랙서, 매니큐어와 광택제, 손톱강화제, 화이트닝 제품 등에서 검출되기도 하였다.

10.2 유해물질과 발암요인

미국 암학회(ACS)와 국립직업안전보건연구소(NIOSH), 국립환경보건과학연구소(NEHS) 및 국립암연구소(NCI)는 2010년 공동보고서를 발표하고 발암 위험 요인으로 모두 20가지를 지정했는데, 이 리스트에는

① 납과 납 성분
② 인듐 포스피드
③ 텅스텐－카바이드－코발트
④ 이산화티타늄
⑤ 용접흄(welding fume)
⑥ 내화성 세라믹섬유
⑦ 디젤 배기가스
⑧ 카본블랙
⑨ 산화스티렌 7·8과 스티렌
⑩ 산화프로필렌

⑪ 포름알데히드
⑫ 아세트알데히드
⑬ 디클로로메탄(메틸렌 클로라이드, DCM)
⑭ 트리클로로에틸렌(TCE)
⑮ 클로로포름
⑯ 테트라클로로에틸렌
⑰ 폴리클로리네이티드 비페닐(PCBs)
⑱ 디에틸헥실 프탈레이트(DEHP)
⑲ 아트라진
⑳ 교대근무(shift work)

가 포함되어 있다.

연구기관이 직간접적으로 또 잠재적으로 발암물질과 암 요인으로 지목한 리스트에는 클로로포름, 포름알데히드 등 평소 낯익은 물질 외에도 평면TV의 화면에 쓰이는 인듐 포스피드 등도 포함되어 있다. 리스트에 포함된 20개 항목 중 산화스티렌, 디젤 배기가스 등은 흡연이나 드라이클리닝, 화장품과 페인트, 자동차를 사용하는 일상생활에서 흔히 접할 수 있는 것이어서 주의가 요망된다.

이 중 교대근무(shift work)는 유일하게 화학물질이 아니면서 암과 잠재적인 관련이 있는 것으로 지목되었다. 공장과 병원 등 직장이나 가정에서의 밤샘근무는 생체리듬을 파괴하는데, 이것이 암의 요인으로 작용할 수 있다는 것이다. 그동안 학자들 사이에도 교대근무가 암과 관련된 것으로 추정해 왔지만 과학적으로 입증하지는 못했다. 암 전문가들은 빛과 어둠의 노출 정도가 인체의 24시간 주기 생체리듬을 파괴하면서 암의 요인으로 작용할 수 있다고 주장해왔다.

10.3 유해물질과 활성산소

호흡을 통해 몸속에 들어온 산소는 혈관을 따라 몸 구석구석까지 퍼지며 생명을 유지하는데 필수요소로 작용한다. 그러나 산소가 우리 몸에 항상 이로운 존재로만 작용하는 것은 아니다. 산소는 체내 호흡 대사에 참여하는 과정에서 불안정한 상태, 즉 활성산소로 변한다. 이렇게 변한 산소는 세포막과 세포 내에 있는 유전자를 공격해 몸을 늙고 병들게 만들어 노화를 촉진하거나 암을 유발하는 중요한 원인이 된다. 우리가 마시는 산소의 약 1~2% 정도가 활성산소로 변한다. 어느 정도의 활성산소는 우리 몸이 스스로 해독할 수 있을 뿐만 아니라 세균이나 바이러스 감염을 막아내는 면역기능도 있다. 하지만 과잉 생산된 활성산소는 우리 몸속의 수많은 세포들을 산화시켜 노화는 물론 각종 질병 발생을 촉진하게 된다.

불안정한 상태의 활성산소는 스스로 안정성을 회복하기 위해 정상적인 세포막과 세포를 손상시킨다. 필요한 양 이상으로 만들어질 경우 피부를 구성하는 콜라겐을 산화시켜 노화를 촉진하고, DNA를 손상해 암을 유발한다. 또 산화작용을 통해 세포막의 불포화지방산을 다른 물질로 바꿔 동맥경화와 뇌졸중 등 질병을 부른다. 현대인의 질병 중 당뇨병과 간염, 위장염 등 많은 경우가 활성산소와 관련이 있다고 알려져 있다.

자동차와 공장의 배기가스 등 오염된 환경과 자외선이나 방사선, 농약이나 살충제 등의 화학물질 및 과도한 스트레스는 활성산소를 만드는 주범이다. 방부제나 색소 등의 각종 식품첨가제, 흡연과 음주 등도 활성산소를 만들고, 과식도 활성산소의 생성을 촉진한다. 많은 음식량을 소화시키기 위해서는 평소보다 훨씬 큰 에너지를 내야하고, 많은 산소의 양이 필요하기 때문이다. 과도한 운동 역시 체내 활성산소를 증가시킨다.

항산화제는 두 종류가 있다. 인체 내에서 자연적으로 생성되거나 외부에서 투여해주는 경우이다. 몸 안에서 자연적으로 생성되는 항산화 물질에는 SOD (superoxide dismutase), 글루타치온, 페록시다제, 빌리루빈, 멜라토닌 등이 있다. 특히 최근 주목받고 있는 SOD와 같은 항산화효소는 우리 몸 내부의 항산화 효소 활성을 촉진시켜 전반적인 항산화 방어기전을 강화해준다. 내부나 외부에서 오는 산화 스트레스로부터 DNA 손상을 막아주어 우리 몸을 보호하는 역할을 하게 되는 것이다. 따라서 항산화 물질이 충분히 만들어지는 동안에는 우리 몸은 건강하다. 그러나 잘못된 식습관이나 노화 진행에 따라 항산화 물질의 생성능력이 저하되는데, 40대에 이르러 성인병이 급증하는 것도 이런 이유에서다. SOD 분비량이 적으면 그만큼 질병발생의 위험이 높아져 수명을 단축시키게 된다. 이 SOD는 20대를 정점으로 서서히 감소하기 때문에 비타민이나 미네랄 등 항산화제를 섭취해야 할 필요가 있다.

환경오염과 스트레스에 둘러싸여 생활하는 현대인들은 적극적으로 몸속의 활성산소를 없애주는 노력을 게을리 해서는 안 된다. 먹을거리를 고를 때도 가능하면 식품첨가물이나 잔류 농약이 적은 농산물이나 제품을 선택하며, 실내공기오염을 방지하고, 적절한 운동도 필요하다.

10.4 환경오염과 아토피(Atopy)

아토피(atopy)란 면역반응(immune response)의 하나인 엘러지(allergy ; 어떤 외래성 물질과 접한 생체가 그 물질에 대하여 정상과는 다른 반응을 나타내는 현상) 반응의 일종으로, 심한 소양증(가려움)과 피부 건조증 등을 동반하는 게 특징이다.

아토피는 대개 5살 이하의 영유아한테 주로 발생해 아이가 자라면서 15살 이전에 대부분 사라지거나 완화되는 것이 보통이다. 그런데 성인임에도 불구하고 아토피 증세가 느닷없이 나타나 고생하는 사람들이 늘어나고 있다. 이런 현상에 대해 정확한 원인은 밝혀지지 않고 있으나, 유전적 소인만으로는 설명이 불가능해 **환경적 요소의 중요성**이 강조되고 있다.

아토피성 피부염의 유병률은 과거에는 1% 정도로 보고됐으나, 선진국에서는 1970~1980년대부터 15~20%로 급격히 높아졌고 우리나라도 최근 영유아 및 소아의 경우, 선진국과 비슷한 추세를 보이고 있다. 아토피도 유전질환의 하나이기는 하지만, 인간의 유전자가 어느 날 갑자기 바뀐 것도 아닌데, 유병률 1%에 불과했던 아토피가 급증하고 있는 현상을 이해하기 위해서는 주거환경, 사회생활, 공기오염 등 환경적 요소들을 감안할 수밖에 없다는 것이다.

아토피가 **유전질환**이라는 사실은 최근 외국의 여러 연구에서 입증되고 있다. 부모 중 한쪽이 아토피 피부염, 기관지 천식 또는 알레르기성 비염이 있을 경우에는 자녀의 40%에서 아토피 피부염이 나타나고, 부모 모두가 이들 질환을 가진 경우에는 자녀의 70%에서 아토피 피부염이 발생한다는 것이다.

그러나 아토피 발병에 관련된 유전자를 보유한 사람 모두가 아토피에 걸리는 것은 아니다. 아토피 유전자들이 발현되거나 그 반대이기 위해서는 뭔가 자극이 필요하다. 과거의 상황, 즉 세균, 곰팡이, 기생충 등 생물학적 병원체가 사람의 주위에 많이 존재하였던 때에는 적절히 제공된 그러한 자극들이 아토피의 발현을 억제하는 쪽으로 작용하였으나, 인공적이고 새로운 환경오염물질이 많은 현대문명사회에서는 이러한 자극들이 아토피를 발현시키는 쪽으로 작용하고 있다는 분석이 우세하다.

아토피를 일으키는 자극과 관련해서는 여러 가지 가설이 제기되고 있다. 자극(특히, 생물학적 자극)이 부족하거나 편향되어 아토피가 발생하고 있다는 견해를 보이는 쪽에서는 **위생가설**(hygiene hypothesis), **기생충가설** 등을 제기하고 있고, 자극의 존재 자체가 원인이기 때문에 중요하다는 쪽에서는 엘러지 **유발 음식**, **식품첨가물**, **환경유해물질**, **스트레스** 등 자극의 종류에 주목하고 있다.

위생가설은 아이들을 너무 깨끗한 환경에서 키우면 세균 등 미생물에 의한 자극이 없어서 면역체계(immune system)의 불균형을 초래해 오히려 아토피에 걸리기 쉽다는 것이다. 잡초처럼 자라거나 잔병치레를 많이 한 아이일수록 면역체계가 튼튼해져 아토피와는 거리가 멀 수밖에 없다는 논리다.

즉, 영・유아시기에 세균 감염에 대한 과보호로 엘러지 질환에 대한 면역력을 갖지 못하는 것이 아토피 발현의 중요한 이유라는 것이다. 열악한 환경에서 뛰노는 아이들은 세균이나 바이러스에 쉽게 노출되고 감염되기도 하는데, 이때 체내 면역세포들은 다양한 물질에 접하면서 인체에 이롭거나 해로운 물질을 구분하는 능력과 그에 대한 기억을 간직하게 된다. 이후 해로운 물질이 들어오면 면역체계는 적신호를 보내 이에 대응하는 균형감각을 갖는다.

그러나 이러한 균형감각을 갖추지 못하거나 훈련을 덜 받은 면역세포들은 무조건 외부 물질(엘러젠)에 대해 비상등을 켜고 이를 처치하는 데만 열중하게 된다. 즉, 특정 물질에 과민반응을 보이는데 이런 증상이 호흡기・피부・코 등에서 나타나 천식・아토피 피부염・엘러지성 비염 등의 엘러지 증상(아토피)이 발생하며, 따라서 잘못된 생활습관과 주변 환경은 개선하면서도, 어느 정도 자연과 친화하며 사는 법을 가르쳐 줘야 한다는 것이다.

기생충가설은 과거에는 몸속의 기생충이 면역체계의 균형을 이루는데 큰 역할을 했으나, 문명사회에서는 기생충을 거의 박멸해 인체 내 면역체계의 균형을 잡을 수 없어서 아토피가 많이 발생한다는 것이다.

아토피를 일으키는 자극으로는 음식물 그 자체, 가공식품의 식품첨가제와 방부제, 실내의 건축자재에서 나오는 각종 유해화학물질, 집 진드기, 애집개미, 꽃가루, 먼지 등이 많이 거론되고 있다(phytoncide와 forest therapy).

아토피 환자들 중에는 **엘러지(allergy)를 일으키는 물질(allergen)**, 즉 특정 음식을 회피하거나, 도시의 유해한 자극물을 피해 시골로 이주하거나, 자신이 성장한 나라를 떠나 외국으로 이주했음에도 불구하고 상태가 전혀 호전되지 않거나 오히려 나빠지는 경우도 있는데, 이의 대부분은 유전적 소인을 주된 원인으로 아토피가 유발된 것으로 볼 수 있다.

이밖에 무형의 자극이라고 할 수 있는 **스트레스(stress)**는 아토피 환자가 어디에 살건, 어떤 엘러젠(allergen)과 접촉하고 있건, 관계없이 영향을 미칠 수 있다는 점에서 관심을 모으고 있다. 스트레스는 인체 안에 신경펩타이드라는 단백질을 만들고 그것이 아토피 발생과 관련이 있다는 것이다.

아토피에 대해 이처럼 여러 가설들이 있음에도 불구하고, 아토피 전문가들은 물질문명이 발달할수록 아토피를 더 많이 일으키는 쪽으로 환경이 바뀌고 있다는 견해에 공감을 표시하고 있다. 후진국보다 선진국에서, 시골보다 도시에서, 사회경제적 지위가 높은 계층에서 아토피 환자가 더 많이 발생하고 있기 때문이다.

최근의 환경문제

11 CHAPTER

11.1 미세먼지와 초미세먼지

미세먼지(PM_{10} ; Particulate Matter 10)는 눈에 안 보이는 지름 10μm 이하(머리카락 굵기의 최대 7~8분의 1)의 작은 먼지로, 황산염, 질산염 등과 같은 독성물질이 들어 있다. 만성질환자, 고령자, 어린이는 미세먼지 농도가 30$\mu g/m^3$을 넘으면 기침, 안구 따가움, 피부 트러블 등의 증상이 나타난다. 건강한 성인은 미세먼지 농도가 120$\mu g/m^3$을 넘으면 폐・기도 세포 염증이 나타난다. 미세먼지보다 입자가 작은(지름 2.5μm 이하) **초미세먼지**($PM_{2.5}$; Particulate Matter 2.5)는 인체에 더 잘 침투하고, 건강에도 더 해롭다.

미세먼지는 호흡기를 통해 혈액까지 침투하며, 세포와 닿으면 산화 스트레스도 발생시키는데, 산화스트레스는 세포를 손상시키고, 세포 대사 이상을 유발한다. 이에 따라 세포 속에 칼슘이 과도하게 많아지는 등 칼슘 대사 장애가 발생, 부정맥(심장박동이 불규칙한 병)이 발생한다.

뇌는 미세먼지와 같은 유해물질이 침투하기 가장 어려운 곳으로 알려져 있다. 혈액이 뇌조직으로 들어갈 때 유해물질을 걸러내는 장벽(혈액-뇌장벽・BBB)이 있기 때문이다. 하지만 미세먼지가 이 장벽을 뚫고 뇌로 직접 침투할 수 있다는 사실이 최근 동물실험에서 밝혀졌다. 미세먼지가 뇌 속으로 들어가면 염증반응이 일어나고 혈전이 생겨 뇌졸중이 유발될 수 있으며, 미세먼지 농도가 높은 곳에 사는 사람일수록 뇌 인지기능 퇴화 속도가 빠르며, 노인의 경우 인지기능이 떨어지면 치매로 갈 위험도 높아지는 것으로 알려졌다.

임신부가 과도한 미세먼지를 흡입하면, 태반을 통한 혈액 공급이 잘 안되어 태아 성장이 저하되며, 태어난 아이의 지능도 낮은 것으로 밝혀졌다.

최근 환경부 국립환경과학원이 연중 초미세먼지($PM_{2.5}$) 농도를 측정한 결과, 전체 평균 28.1$\mu g/m^3$로, 2015년부터 적용되는 우리나라 대기환경 기준 25$\mu g/m^3$을 초과하는 것으로 나타났는데, 이는 보스턴 등 미국의 주요 6개 도시 평균 14$\mu g/m^3$보다 2배 이상 높은 수준이며, 초미세먼지는 미세먼지보다 입자가 작아 폐에 깊숙이 쌓이기 때문에 건강에 더욱 해로운데, $PM_{2.5}$의 발생에 가장 많이 기여하는 2차 에어로졸(노천소각, 석탄연소 등으로부터 발생)의 생성량을 줄이는 것이 급선무다.

한편, 중국의 경우에도 최근 '외출 자제' 경보를 발령할 정도로 중국 동・중부에 극심한 **스모그**(smog)가 발생했는데, 베이징, 톈진, 허베이 등에서 강력한 스모그가 자주 발생한 것으로 집계됐다. 중국과학원은 "대기 스모그 원인 규명과 대책"이라는 보고서에서 "베이징 스모그 발생 과정에서 자동차, 난방 설비, 음식 조리 등의 오염물 배출량 기여도가 50%를 웃돌았다"고 밝혔다. 이러한 중국의 대기오염물질은 편서풍을 타고 한국, 일본으로 유입되기도 하여 대책이 요구된다(한・중・일 3개국의 대기오염물질 공동연구 및 환경장관 회의 등)

11.2 가정용 살충제와 안전성

가정에서 흔히 뿌리는 분사형 모기약은 곤충을 죽이는 살충제 성분과 분사를 위한 분사제가 들어있다. 곤충을 죽이는 살충제 성분은 제품에 따라 달라질 수 있는데, 흔히 쓰이는 **피레스로이드**(pyrethroid) **화합물**은 국화에서 발견되는 **피레스린**(pyrethrin)과 유사하게 합성한 화합물로 프탈트린, 페메트린 등이 들어 있어서 이들이 곤충의 신경을 마비시키는 작용을 한다.

이런 살충제는 인간에게도 농도에 따라 여러 가지 독성을 나타낼 수 있는데, 점막을 자극하거나 두통, 메스꺼움, 현기증, 알레르기 등을 유발시킬 수 있다. 매우 높은 농도에 노출되면 혈압상승, 폐수종, 전신경련 등을 일으킬 수 있고 장시간 노출되면 돌연변이성이나 발암성 등도 있는 것으로 알려져 있다.

매트형/액체식 모기약은 매트에 함유된 액체 상태의 살충제를 전기로 가열하여 천천히 휘발시켜 해충을 죽이게 되는데 국내 제품들에 사용되는 살충제는 디-(시스, 트랜스) 알레트린이나 디-(시스, 트랜스) 프탈레트린 등으로, 이들도 피레스로이드 화합물인데, 이런 형태의 모기약은 장시간 사용이 가능하고 연기와 냄새가 거의 없고 자극적이지 않다는 장점이 있으나 이들의 유해성은 분사식 살충제와 크게 다를 바 없다. 따라서 냄새나 자극이 없다고 무해한 것으로 안심해서는 안 된다.

가정용 모기약은 주로 방 안 등 밀폐된 공간에서 사용하므로 농약으로 사용할 때보다도 더 높은 농도에 노출될 수 있습니다. 따라서 이들은 꼭 필요한 경우에만 사용하고 환기를 자주 시켜줘야 한다. 장시간의 지속적인 사용은 피하고 밀폐된 공간이나 어린아이가 있는 경우에는 특히 사용을 절제해야 한다.

한편 분사제인 액화석유가스도 용기내의 압력이 높아서 고온이 되거나, 인화성이 커서 불에 닿으면 폭발을 일으킬 수 있기 때문에 주의를 기울여야 한다.

최근에는 곤충을 죽이는 살충제와 달리 곤충을 쫓는 역할을 하는 **곤충 기피제**(insect repellents)를 많이 사용하고 있으며, 몸에 뿌리거나 바르기도 하고 기피제가 포함된 팔찌를 손목에 차기도 하는데, 이런 제품에 들어있는 주성분은 DEET(N,N-Diethy1-meta-toluamide)로 예전에는 사람의 땀에 들어있는 물질을 맡는 해충의 후각기관 기능을 차단하는 것으로 알려져 있으나, 최근에는 해충들이 이 물질의 냄새를 싫어해서 이 물질을 바른 사람으로 부터 멀리 도망가도록 하는 것으로 알려져 있다. 많은 제품이 최저 4%에서 다양한 농도까지 함유하고 있는데, 함유율에 따라 효과가 지속되는 시간이 길어진다.

DEET는 일반적으로 비교적 안전한 물질로 알려져 있으나, 과도하게 사용하면 불면증이나 감성적인 불안을 일으킬 수 있고, 최근에는 중추신경의 신경전달에 관련된 효소인 아셀틸콜린에 영향을 미칠 수 있어서, DEET가 30% 미만으로 함유된 제품만을 팔도록 하고 있다.

특히 2～12살의 어린이에게는 10% 이하가 함유된 제품만을 이용하도록 하고, 하루 3번 이상 바르지 않도록 하며, 2살 미만은 하루에 한 번만 바르도록 하고, 6개월 이하의 신생아에게는 사용하지 말 것을 권고하고 있다.

11.3 과불화화합물과 안전성

과불화화합물은 지난 50여 년간 계면활성제, 일회용 종이컵 등의 표면처리제, 등산복의 방수용 표면처리제, 프라이팬의 눌어붙음을 방지하기 위한 표면처리제, 식품 포장용 기름종이의 표면처리제, 반도체 세척작업 등 광범위하게 사용되어 왔다.

미국 환경보호청(EPA)은 과불화화합물 중 PFOA(Perfluoro-octanoic Acid)를 인체에 암을 일으킬 수 있는 가능성이 있는 물질(likely human carcinogen)로 분류하였고, 동물실험 결과 간, 태자의 성장, 면역계, 내분비계의 영향을 미치는 것으로 나타났으며, 어류인 송사리에 대한 만성 노출 실험 결과 F1세대의 갑상선 조직병변이 발생하였으며, 직업적 노출 시 혈청 중 반감기는 4년에서 8년 정도로 긴 것으로 나타났다.

이의 오염 경로나 인체 유해성 여부는 명확히 규명되지는 않았지만 학자들은 이 물질이 인체에 다량 축적되면 간암과 태아 기형을 일으킬 수 있다고 주장해왔으며, 쥐를 이용한 동물 실험에서 기형을 유발하고 간 독성을 나타내며 성적인 발달을 지연시키는 것으로 확인되었다.

11.4 불산 누출 사고

2012년 9월 27일 밤 경상북도 구미시 산동면 봉산리 구미 제4국가산업단지에 위치한 플루오린 화학 제품 생산 업체인 주식회사 휴브글로벌 구미 공장에서 탱크로리에 실린 **플루오린화 수소 가스(일명 불산가스)**를 공장 내 설비에 주입하던 중 근로자의 실수로 탱크로리의 밸브가 열리면서 가스가 유출되어, 공장 근로자 5명이 사망하고 18명이 부상을 당했다.

또한 플루오린화 수소 가스 누출 이후 신속한 조치가 이루어지지 않아 산업단지 인근 지역까지 가스가 퍼지면서 농작물이 죽고 가축이 가스 중독 증상을 보이는 등 피해가 속출하였다. 구미시는 이 사고로 병원 치료를 받은 사람이 398명이며, 산동면 봉산리를 중심으로 91.2 헥타르의 농작물 피해와 소 1000여 마리 등의 가축 피해가 접수됐다고 밝혔다.

가스 누출 사고로 인한 2차 피해가 진행되면서 치료받은 사람은 1,954명으로, 농작물 피해 135 ha, 구미 제4국가산업단지 내 40개 업체가 53억의 피해를 보는 등 전체적인 피해가 늘어났다. 경상북도는 가스 누출 피해지역인 구미시 산동면 봉산리, 임천리 주민과 인근 근로자 등 1200명을 대상으로 주민건강 역학조사를 벌였고, 정부는 2012년 10월 8일 기준으로 구미시를 '특별재난지역'으로 선포하였다.

불산 즉, **플루오르화 수소**(Hydrogen fluoride)는 색깔이 없고 투명한 액체로, 자극적인 냄새가 나는 물질로 연기가 잘 나며, 20℃에서 기화되며, 물에 잘 녹으며, 수용액인 플루오르화수소산은 약산성을 나타낸다. **플루오린(불소)**은 반응성이 높기 때문에 자연계에서는 다양한 원소와 결합하여 화합물로 존재하며, 원소의 형태로는 존재하지 않는다.

플루오르화 수소는 주로 **플론**(flon ; 플루오르화계 탄화수소를 말하는데, 일반적으로 불연성인 것이 많고, 독성이나 금속에 대한 부식성이 적으며, 전기 절연성도 좋고, 기름에 대한 용해성은 있으나 비교적 안전해 냉매로써 많이 사용됨)의 대체 원료나 불소수지의 원료로 사용되며, 금속 등을 잘 녹이므로, 유리의 표면을 가공하거나 골프클럽의 티탄 헤드나 냄비 등의 표면 처리 또는 반도체 제조 공정에서 반도체의 표면 처리제 등으로 사용된다.

적은 양의 플루오르화물은 충치를 예방할 수 있지만, 과도한 양의 플루오르화물에 노출되면 뼈가 더 허약해지거나 부서기지 쉬워져 골절의 위험성이 커질 수 있다. 1.4 mg/L 이상의 플루오린이 함유된 먹는물을 섭취하게 되면, 뼈에 불소 침착 발생율과 골절 위험성이 증가할 수 있다.

불산 용액이 피부에 묻으면 심한 화상을 일으킬 수 있으며, 또한 공기 중 불화수소에 노출되면 눈과 호흡기에 자극증상이 생기며, 심하면 상기도에 출혈성의 궤양과 폐수종을 일으키기도 한다. 고농도의 불화수소 기체를 과량으로 흡입 시에는 폐수종과 전해질 이상을 나타내어 부정맥을 일으켜 사망에 이를 수도 있다.

불소는 10년 이상 노출되었을 경우 골격계와 그 관련조직에 피해가 있을 수 있다. 1단계는 골불화증, 2단계에 걸쳐 3단계에서는 불구성 불화증이 오며, 이때 운동장애도 올 수 있다. 장기간 노출 시 간과 신장 기능에 장애가 올 수도 있다.

한편, 환경부는 (주)휴브글로벌 불화수소 누출사고, 웅진폴리실리콘(주) 염산누출사고, 글로벌디스플레이의 불산 누출사고 등 최근 화학사고가 빈번히 발생해 유독물 안전관리에 대한 국민들의 불안감이 날로 증가하고 있다며, 현재 등록·신고의무가 없는 사고대비물질에 대한 허가·신고제도를 신설하는 등 유해화학물질 안전관리 정책을 대폭 개선, 강화하기로 하였다.

11.5 가습기살균제 사건

우리나라에서 **가습기살균제**가 처음 사용된 것은 1994년으로 추정된다. 1994년 11월 16일 매일경제신문은 국내 회사가 처음으로 가습기살균제를 개발했다는 기사를 보도하며 '독성실험결과 인체에 전혀 해가 없다'는 개발회사의 광고를 소개했다. 다른 나라에서 생활제품으로써 가습기살균제를 사용한 예는 아직까지 보고되지 않았다.

2011년 5월 11일 "원인 미상의 폐질환으로 산모들이 잇달아 사망한다"는 내용이 보도되었다. 2011년 8월 31일 보건복지부 산하 질병관리본부는 서울시내 한 종합병원에 입원한 산모환자들을 대상으로 실시한 역학조사 결과, 가습기살균제를 사용하는 경우, 원인 미상의 폐손상의 발생 가능성이 47.3배 높다는 내용을 발표하였다. 질병관리본부는 시민들에게 가습기살균제를 사용하지 말 것과 제조판매회사들에게 판매를 자제할 것을 권고하였다.

환경보건시민센터와 가습기살균제피해자모임은 정부가 조사대상을 산모에 국한하여 영유아에 대한 피해조사를 하지 않았다고 지적하며 공개적으로 피해 사례를 접수하기 시작하였다. 이후 2012년 4월 13일까지 모두 52명의 사망과 총 171건의 피해사례가 접수되었다.

질병관리본부는 2011년 11월 11일 동물실험결과를 발표하고 "가습기살균제를 흡입시킨

결과, 해당물질이 세기관지 주변 폐 세포에 손상을 가하고, 이러한 영향이 누적되어 폐조직의 섬유화성 병변(**폐섬유화증**)이 나타났다"며 6개 제품에 대해 수거명령을 내렸다. 같은 해 12월 30일 보건복지부 산하 식품의약품안전청은 가습기살균제를 의약외품으로 지정하는 "의약외품 범위지정 고시 개정안"을 공포 및 시행하였다.

11.6 실내 발암물질로서의 라돈

라돈(Radon)은 토양이나 암석, 물속에서 라듐(Radium)이 핵분열 할 때 발생하는 무색·무취의 가스로, 높은 농도에 지속적으로 노출될 경우 폐암, 위암 등을 일으키는 것으로 알려져 있다.

토양이나 암석 등 자연계의 물질 중에 함유된 우라늄(Uranium) 또는 토륨Thorium)이 연속 붕괴하면 라듐이 되고 이 라듐이 붕괴할 때 생성되는 원소로서, 불활성 기체 형태의 무색, 무미, 무취의 방사성 가스가 라돈이다.

라듐은 토양이나 콘크리트, 석고보드, 석면슬레이트 등 건축자재 중에 존재한다. 라듐에서 나오는 라돈가스는 직접 방사되거나 지중에서 발생하여 실내로 침투하게 된다. 라돈은 지반뿐만 아니라 건축자재, 상수, 취사용 천연가스 등을 통해서도 실내로 들어오지만 약 85% 이상은 지각으로부터 방출된 것이다.

일반적으로 옥외환경에서보다 환기의 정도가 낮은 주택 및 건물 내에서 라돈의 축적으로 인해 라돈의 농도가 대개 수십 배, 많게는 수백 배 이상 높게 나타난다. 특히, 환기상태가 저조한 지하공간에서 라돈의 농도는 더욱 높으며 이로 인해 지하철 역사에서의 라돈문제가 제기되고 있다.

라돈은 가스이기 때문에 호흡을 통해 폐에 들어오고, 그 붕괴생성물은 기관지나 폐포에 침착하고, 알파선을 계속 방출하기 때문에, 세포 내 염색체에 돌연변이를 일으켜 폐암이 생기는 것으로 알려져 있다.

흡연에 이어 폐암 발병의 두 번째 주요 원인인 라돈이 전국 주택의 다섯 가구 중 한 집 꼴로 권고기준을 초과한 것으로 드러났다.

토양과 실내의 온도 차이가 크고 환기율이 낮은 겨울철에는 실내 라돈 농도가 더욱 높아지게 되는데, 이에 환경부와 국립환경과학원은 전국 7,800여 주택을 대상으로 2011년부터 2012년까지 2년 간 겨울철에 '전국 주택 라돈 조사'를 실시한 결과, 조사대상 주택 전체 중 22.2%(1,752가구)가 라돈에 관한 환경부의 다중이용시설 권고기준(148 Bq/m^3)을 초과한 것으로 확인되었으며, 주택 유형별로는 단독주택이 권고기준을 가장 많이 초과한 것으로 나타났다.

1급 발암물질인 라돈은 토양, 암석 등에 자연적으로 존재해 건물의 바닥이나 벽의 갈라진 틈을 통해 실내로 유입되므로, 바닥과 벽에 틈새가 많거나 라돈이 많이 방출되는 암석과 토양 위에 위치한 건물에서는 실내 라돈 농도가 높아질 수 있으므로, 날씨가 춥더라도 주기적으로 환기를 시켜준다면 실내 라돈 농도를 상당 부분 낮출 수 있다(**하루 세 번 30분씩 환기 → "1330 환기생기 캠페인"**).

11.7 사무실 복사기와 유해물질

복사기와 레이저프린터와 같이 고전압을 활용하는 사무기기는 **휘발성 유기화합물**과 **전하를 띤 에어로졸**, **오존** 등을 발생시키는데, 특히, 대표적인 유해물질인 오존은 호흡기계 질환, 천식 등을 유발하거나 악화시킨다. 복사기나 레이저프린터 등에서 생긴 **초미세먼지**($PM_{2.5}$)는 인체의 기도 내벽이나, 피부에 침착될 확률이 높아 건강에 악영향을 줄 수 있다.

미국 내 95개 도시를 대상으로 조사한 결과, 하루에 노출되는 오존 및 오존산화물의 농도가 10 ppb(10억분의 1) 증가할 때 마다 사망률이 1.87% 증가했으며, 또한 오존 발생량의 10~50%에 해당하는 오존이 실내에서 발생되며, 사람에게 노출되는 오존의 45~75%는 실내에서 발생되는 오존에 기인하는 것으로 파악되었다.

사무실 유해물질의 농도를 낮추기 위한 방법으로는

① 가능한 한 복사기 등은 직원들이 상주하는 사무실이 아닌 별도의 공간에 설치한다.
② 별도의 공간이 여의치 않다면 사람이 상주하지 않는 복도 한 쪽에 설치한다.
③ 사무실 내 책상 옆 등 직원 상주 공간에 복사기를 설치한 경우에는 환기를 자주 시켜준다.
④ 복사기 등을 다수 설치하여 전용공간으로 사용하는 경우에는 반드시 적절한 환기 시설을 갖춘다.

⑤ 복사기 등이 설치돼 있는 공간은 바닥 청소를 자주해 준다. 바닥에 굴러다니는 먼지들은 사람들이 오가는 과정에서 공기 중으로 다시 비산되어 호흡기로 유입될 수 있다. 또한 발생된 오존은 주변의 물질과 결합하여 유해한 오존산화물을 형성할 수 있기 때문에 이러한 가능성을 미연에 방지하는 것이 바람직하다.

⑥ 복사기는 정기적으로 점검 받는다.

11.8 식품첨가물과 안전성

가공식품에는 보존제, 착색제 같은 다양한 **식품첨가물**(food additives)이 들어있다. 식품의약품안전청이 식품마다 넣을 수 있는 양을 엄격히 규제하고 있지만, 식사를 할 때는 여러 가지 음식을 먹기 때문에 안심할 수 없다. 식품첨가물을 다량으로 섭취하면 암, 생식기능 장애, 아토피, 호흡곤란 등이 생길 수 있어서, 되도록 덜 먹는 게 좋다. 하지만 식품첨가물이 아예 들어가지 않은 음식을 찾아 먹기란 쉽지 않다. 따라서 조리 과정에서 최대한 줄이는 것이 중요하다.

소시지 등 각종 첨가물이 든 식품을 데치거나 물에 헹구면 어느 정도 식품첨가물을 제거할 수 있다. 가장 쉬운 방법은 끓는 물에 음식을 살짝 데치는 것이다. 기본적으로 식품첨가물은 높은 온도의 물에 잘 녹아나기 때문에 끓는 물에 데치면 어느 정도 제거할 수 있다. 데친 물에는 식품첨가물이 녹아 있을 수 있기 때문에 조리를 할 때는 새 물을 사용해야 한다.

단무지, 맛살, 두부 등에도 식품첨가물이 들어 있는데, 흐르는 수돗물에 헹구기만 해도 사카린나트륨, 착색제, 산도조절제, 산화방지제, 살균제, 응고제 등을 어느 정도 제거할 수 있다.

햄과 같은 통조림 육류에는 아질산나트륨, MSG, 타르색소 등이 함유돼 있는데, 이 같은 식품첨가물이 대부분 기름 속에 녹아 있기 때문에, 통 속에 고여 있는 기름을 버리고, 키친타올로 식품을 한 번 닦아내거나, 끓는 물에 살짝 담가서 제거할 수 있다.

11.9 전자파와 생활용품

세계보건기구(WHO) 산하 국제암연구소에서는 가전제품이 방출하는 3~4 mG (mili-Gauss)의 **전자파**에 장기간(10년 이상) 지속적으로 노출되면 소아백혈병 발병률이 2배 높아진다고 경고한 바 있으며, 이에 특히 임신부나 면역력이 약한 어린이는 전자파 노출에 대한 주의가 요구된다.

전기장판 등과 같은 가전제품에서 방출되는 전자파는 낮은 수준이라 하더라도 지속적으로 노출되면 인체에 영향을 미쳐 해로울 수 있다.

전기장판에 대한 전자파 방출현황 조사 결과, 전기장판 사용 시 조절기 온도를 낮추면 전자파 발생이 절반으로 줄어드는 것으로 나타났으며, 또한, 전기장판 표면에서 떨어질수록 전자파가 감소하는 것으로 나타났는데, 표면으로부터 10 cm 떨어지면 전자파가 최대 90%까지 감소해 전기장판 사용 시 위에 두꺼운 이불을 깔면 전자파 노출을 줄이는데 효과가 있는 것으로 나타났다.

또한 전기장판의 온도를 빠르게 올리는 '파워' 기능을 사용할 때는 전자파가 일반적인 사용 상태에서 발생하는 전자파보다 1.5~3배가량 높게 나타나, 파워 기능을 가진 전기장판을 사용할 때는 급격하게 올라가는 전자파를 주의해야 한다.

한편, 엘리베이터 내에서 **휴대전화**로 통화할 경우 전자파 강도가 0.15~5.01 V/m (Volt/meter, 전자파 세기를 나타내는 단위)로 측정되어, 개방된 공간(0.08~0.86 V/m)보다 평균 7.5배 증가한 것으로 측정됐으며, 시속 50~70 km 속도로 달리는 지하철에서 통화할 때(0.1~1.06 V/m)는 정차 상태(0.05~0.16 V/m)보다 전자파 강도가 평균 5.3배, 최대 7.3배 커졌다. 특히 신호음이 울리는 '통화 연결 중' 상태가 '통화 중'이나 '대기 중' 상태보다 전자파 강도가 더 증가하는 것으로 나타났다.

이는 밀폐된 곳은 개방 장소보다 기지국에서 송출되는 전파를 수신하기 어렵기 때문에 휴대전화 기기의 출력이 증가하게 되고, 이동하면서 통화하면 가장 가까운 기지국을 수시로 검색하기 때문에 전자파 강도가 세지기 때문이다.

세계보건기구(WHO) 산하 국제암연구소(IARC)는 2011년 휴대전화를 비롯한 무선통신기기에서 발생하는 전자파를 '발암(發癌) 유발 가능물질(2B 등급)'로 분류했다. 당시 IARC는 "매일 30분씩 10년 이상 휴대전화를 사용하면 뇌종양이나 청신경종(청각신경에서 종양이 자라 청각 손실 등을 일으키는 질병) 발생 가능성이 일반인보다 40%가량 높을 수 있다"고 발표했다.

휴대전화 전자파 피해 줄이려면,

① 장시간 통화는 자제, 부득이할 경우 양쪽 귀로 번갈아 통화하기
② 상대방이 전화를 받기 전까지 휴대전화를 귀에서 멀리 떨어뜨리기
③ 빠른 속도로 이동 중인 지하철 · 버스 안에서는 사용 자제
④ 엘리베이터 등 밀폐 장소에서도 사용 자제
⑤ 잘 때는 인체로부터 되도록 멀리 떨어뜨려 두기
⑥ 임신부는 휴대전화를 되도록 복부에서 멀리 떨어뜨려 두기
⑦ 특히 어린이 · 청소년은 성인보다 전자파에 더 민감하기 때문에 장시간 사용은 금물이다.

11.10 탄 음식과 유해물질

탄 음식을 피해야 하는 이유는 불을 이용한 음식조리 과정에서 **다환 방향족 탄화수소**(Polycyclic Aromatic Hydrocarbons, PAHs)라는 유해물질이 만들어지기 때문이다. 이 중, 특히 위암을 일으키는 것으로 알려진 **벤조피렌**(Benzopyrene)이 문제인데, 이미 오래 전부터 국내뿐만 아니라 여러 나라에서 식용 유지나 훈제 어육 등 음식물 중 벤조피렌의 잔류허용치를 법으로 정해서 규제하고 있는데, 국내 · 외를 막론하고 일반적으로 PAHs는 음식물 섭취를 통해서 노출되는 것으로 알려져 있다.

우리나라 식품의약품안전청의 연구결과, 성인들이 한 번 먹을 경우 PAHs 인체 노출량이 많은 음식들로는 숯불쇠고기구이, 숯불삼겹살구이, 오븐닭고기구이, 고등어구이 등 육류와 생선의 직화구이요리 종류들이었다.

어린이들이 즐겨 먹는 음식들 중에서 벤조피렌의 농도를 보면, 햄버거(0.52μg/kg)가 가장 높았고, 햄구이(0.13μg/kg)와 베이컨구이(0.10μg/kg)에서도 오븐닭고기구이(0.28μg/kg)나 숯불삼겹살구이(0.10μg/kg)와 비슷한 수준으로 나타났다. 햄구이(40 g/meal)와 베이컨구이(20 g/meal)의 경우, 한 번 먹을 때의 섭취량이 상대적으로 적지만, 어린이들처럼 자주 먹게 되면 햄버거(180 g/meal)와 비슷하게 PAHs의 주요 노출원이 될 수 있다.

이때 주의해야 될 점은 어린이들에 대한 위험성이다. 대표적인 발암물질인 벤조피렌처럼 돌연변이성 발암물질의 경우, 미국 환경보호청(EPA)에서 제시하고 있는 기준을 적용하면 어

린 시절에 노출된 경우가 성인이 되어서 노출된 경우에 비해서 3배 정도 더 위험하다.

즉, 햄버거 고기의 벤조피렌을 예로 들면, 어린이 체중이 성인의 절반 정도인 점을 감안하면 어린 시절 햄버거를 한번 먹는 것은 성인이 약 6번 먹는 것과 같은 위험 수준에 노출될 수 있는 것으로 이해될 수 있다.

탄 음식에 의한 PAHs 노출을 줄여나가기 위해서는 성인들의 경우, 당연히 직화구이 음식을 먹을 때 눈에 보이는 탄 부분을 도려내고 먹어야겠지만, 같은 육류를 먹더라도 구워서 먹는 것보다는, 장수지역으로 알려진 오키나와에서 전해 오는 전통적인 식습관처럼 삶은 돼지고기를 먹는 것도 하나의 대안이 될 수 있을 것이며, 어린이들의 경우 즐겨 먹는 햄버거, 햄, 베이컨 등 패스트푸드의 경우에도, 가능하면 탄 부분을 잘라내고 먹어야겠지만, 가능한 한 패스트푸드의 섭취를 줄이는 것이 PAHs의 노출을 줄일 수 있는 확실한 방법이다.

11.11 방향제, 탈취제와 유해물질

환경부가 소비자 설문조사와 대형마트, 인터넷 판매순위 조사를 통해 시중에 유통되는 방향제와 탈취제 중 42개 제품을 선정하고, 제품에 함유된 주요 화학물질에 대한 위해성평가를 실시한 결과, 식품의약품안전청이나 EU에서 **알러지 유발물질(allergens)**로 관리 중인 **화학물질 중 4종(벤질알콜, d-리모넨, d-리날룰, 시트로넬룰)**이 조사제품의 80%(34개)에서 검출된 것으로 나타났다.

벤질알콜은 EU에서 완구류에 사용을 금지하고 있는 물질로 조사제품 중 6종에서 검출되었으며, d-리모넨, d-리날룰, 시트로넬룰 등 3종은 EU에서 세제나 화장품류에 함량기준 0.01%를 초과할 경우 해당 사용물질을 표시하도록 하고 있는 물질로 조사대상 중 33종에서 검출되었다.

또한, 방향제(3개), 탈취제(1개) 제품에서 발암물질로 알려진 **폼알데하이드(formaldehyde)**가 품질경영 및 공산품안전관리법상 함량기준을 초과하는 것으로 나타났으며, 자율안전확인마크가 표시되지 않은 제품도 9개나 적발되었다. 특히, 폼알데하이드 함량기준을 초과한 4개 제품 중, 젤형 방향제 1개 제품은 기준치의 약 4배에 이르는 폼알데하이드를 함유했으며, 자율안전확인마크도 표시하지 않은 것으로 나타난다.

EU에서는 55종의 알레르기 유발물질에 대해 완구류 사용을 금지하고 있으며, 26종에 관해서는 세제나 화장품류에 함량기준을 초과할 경우 해당 사용물질을 표시하도록 하고 있다. 이에 비해 국내에서는 화장품의 경우 식품의약품안전청에서 관리하고 있으나, 완구류나 방향제, 탈취제에 대한 관리 기준은 따로 없는 실정이다.

위해성평가 결과에 따르면 액상형, 젤형 제품에 비해, 분사형 제품의 위해성이 높은 것으로 나타났는데, 분사형 섬유 탈취제와 실내형 방향제는 액상형, 젤형 방향제에 비해 폼알데하이드 검출농도가 낮음에도 불구하고 인체에 직접 영향을 미치기 쉬운 특성상 유해지수가 더 높은 수준으로 나와 함량기준 강화, 사용횟수 저감 등 위해저감조치가 필요한 것으로 나타났다.

방향제, 탈취제와 더불어 가습기 살균제 사고와 같은 피해를 예방하기 위해서는 유해화학물질을 함유한 제품이 국민건강과 환경에 미치는 영향을 평가하고 이를 토대로 관리를 해나가야 하는데, 이를 위해 접착제, 광택제 등 일상생활에서 다량 사용되는 화학제품에 대한 위해성평가를 확대하고 유해화학물질과 이를 함유한 화학제품의 안전관리 등 통합관리를 위해 생활화학제품 관리체제를 확립해야 할 것으로 보인다.

대기오염

12 CHAPTER

12.1 대기오염물질 및 실내공기오염물질의 형태와 근원

12.2 대기오염 현상

12.3 대기오염의 제어

12.1 대기오염물질 및 실내공기오염물질의 형태와 근원

12.1.1 대기권

우리는 살아있는 한 하루에 약 20,000 L의 공기를 흡입해야만 한다. 매 호흡마다 대기의 99%를 차지하는 질소와 산소 외에도 여러 가지의 가스상, 액상, 고체상 물질이 흡입된다. 이들 화학물질 중 일부는 자연계로부터 오지만 대부분은 승용차, 트럭, 발전소, 공장, 담배 등 인간의 활동으로부터 발생한다. 비록 미량이라 할지라도 대기오염물질로 알려진 이들 화학물질에 계속적으로 폭로된다면 인간의 각 조직, 식물, 동물, 건물, 금속 기타 물질에 손상을 가져올 수 있다.

지구를 둘러싸고 있는 **대기권**(大氣圈, atmosphere, 지상 약 1,000 km까지)은 **대류권**(對流圈, troposphere, 0~12 km, 온도의 감소), **성층권**(成層圈, stratosphere, 12~50 km, 온도의 상승), **중간권**(中間圈, mesosphere, 50~100 km, 온도의 감소) 및 **열권**(熱圈, thermosphere, 100 km 이상, 온도의 상승) 등으로 나눌 수 있다.

대류권에서는 고도가 높아질수록 내뿜는 복사열의 영향권에서 멀어지기 때문에 온도가 내려가며, 성층권에서는 여기에 존재하는 오존층이 햇빛 중의 파장이 짧은 자외선을 흡수하여 온도가 상승한다.

공기의 약 95%는 지표면으로부터 10 km까지의 대류권에 존재하며, 수분과 오염물질 등을 제외한 청정공기의 78%(v/v)는 질소가, 21%는 산소가 차지하고 있으며, 나머지 1%는 소량의 아르곤 가스나 이산화탄소(0.03%) 등이 차지하고 있다. 일반적으로 공기는 수증기를 극지방에서 0.01%, 열대지방에서 5% 등 다양한 정도로 함유하고 있다.

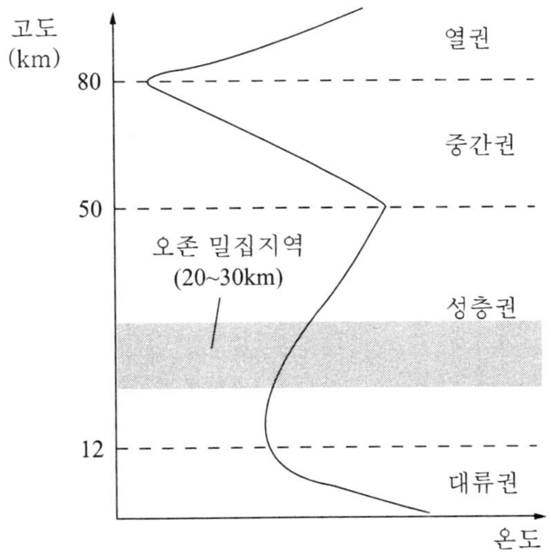

그림 12-1 **지구 대기에서 고도에 따른 온도 분포**

12.1.2 대기오염물질의 형태

깨끗한 공기가 지표면을 가로질러 이동함에 따라 자연현상이나 인간 활동에 의해 발생된 화학물질들이 첨가되는데(**1차 대기오염물질**, primary air pollutants), 한 번 대류권에 진입한 이들은 수평적으로 혹은 수직적으로 혼합되며, 이들 오염물질이 원래의 대기성분과 화학반응을 일으키거나 화학물질 간에 새로운 화학반응이 일어나기도 한다(**2차 대기오염물질**, secondary air pollutants). 이러한 대기오염은 전 세계적으로 매년 약 15만 명을 조기 사망케 하며, 동물, 식물, 건물 등 기타 재화에 끼치는 손실이 적어도 1,000억 달러에 달한다고 한다. **대기오염물질**로 꼽을 수 있는 것은 수 백 가지에 달하지만 대기오염은 다음의 주요 **6개 집단의 물질**들에 의해서 이루어진다.

① 탄소산화물(CO_x) – 일산화탄소(CO), 이산화탄소(CO_2)

② 황산화물(SO_x) – 이산화황(아황산가스, SO_2), 삼산화황(SO_3)

③ 질소산화물(NO_x) – 일산화질소(NO), 이산화질소(NO_2), 일산화이질소(N_2O)

④ 휘발성 유기화합물(VOCs, Volatile Organic Compounds)

㉠ 탄화수소(HCs, Hydrocarbons) – methane(CH_4), butane(C_4H_{10}), ethylene(C_2H_4), benzene(C_6H_6), benzopyrene($C_{20}H_{12}$)

㉡ 기타 유기화합물 − formaldehyde(CH_2O), chloroform($CHCl_3$), methylene chloride (CH_2C_{12}), ethylene dichloride($C_2H_2C1_2$), trichloroethylene(C_2HCl_3), vinyl chloride (C_2H_3Cl), carbon tetrachloride(CCl_4), ethylene oxide(C_2H_4O)

⑤ 부유 입자상 물질(SPM, suspended particulate matter)

㉠ 고체상 입자(solid particle) − 먼지(토양), 검댕(soot), 석면, Pb, Cd, Cr, As, Be, 질산염, 황산염

㉡ 액적(液滴, liquid droplets) − 황산(H_2SO_4), 질산(HNO_3), 기름, DDT나 malathion 등의 농약

⑥ 광화학적 산화물(photochemical oxidants)

햇빛의 존재 하에서, 대기 중의 산소, 질소산화물 및 휘발성 유기화합물 등이 반응하여 형성된다. Ozone(O_3), PANs [peroxyacyl nitrate, 여기에는 PAN (peroxyacetyl nitrate, $CH_3COOONO_2$)과 PBN (peroxybenzoyl nitrate, $C_6H_5COOONO_2$) 등이 있다], formaldehyde(CH_2O), acetaldehyde(C_2H_4O), hydrogen peroxide(H_2O_2), hydroxy radical (HO)

12.1.3 대기오염물질의 근원과 침강

자연현상으로 인한 대기오염물질의 근원으로는 번개에 의한 산불, 꽃가루 분산, 바람에 의한 토양의 침식, 화산폭발, 나뭇잎으로부터 휘발성 유기화합물의 증발, 세균에 의한 유기물질의 분해, 자연적인 방사능 방출 등을 들 수 있다. 그러나 이러한 자연적 오염원으로부터의 방출은 전 세계에 걸쳐 분산되어 있기 때문에 심각한 손상을 야기할 정도의 고농도에 도달되는 경우는 극히 드물다. 예외적으로 화산폭발에 의한 거대한 양의 아황산가스와 부유 입자상 물질의 분출이 문제가 되는 경우가 종종 있다.

대부분의 오염물질은 인간의 활동으로부터 야기되는데, 그 주요 근원은 발전소 및 공장에서의 화석연료의 연소(**고정 오염원**, stationary source)와 자동차에서의 화석연료의 연소(**이동 오염원**, mobile source)이다.

한편, 대기오염물질이 눈・비 등에 의해 정화되는 과정을 습식침강(wet deposition)이라 하며, 미세먼지 등이 중력에 의해 제거되는 과정을 건식침강(dry deposition)이라고 한다.

12.1.4 주요 대기오염사건

1) 도노라(Donora) 스모그(Smog = Smoke + fog) 사건

미국 펜실베이니아 주에 있는 인구 14만 명의 소도시인 Donora는 계곡에 위치하고 있으며, 이 도시는 인구는 적지만 많은 산업시설들이 밀집되어 있어 항상 활기를 띠고 있었다. 그러나 평상시에도 이른 아침을 제외하고는 늘 짙은 안개가 계곡을 덮고 있었으며 때에 따라서는 온종일 짙은 안개가 걷히지 않을 때도 있었다. 이와 같은 상태가 반복되다가 1948년 10월 27일부터 4~5일 간에 걸쳐 대기의 이동이 중단된 상태가 계속되면서 이 사건이 일어나게 되었다(**대류현상에 의한 공기의 수직이동과 바람에 의한 공기의 수평이동이 중단된 상태 → air pollution episode**).

대기의 이동이 중단되자 각 공장에서 배출된 여러 종류의 유해가스와 매연, 증기 등이 안개와 함께 대기오염을 가속시켜 20여명이 사망하고 6,000여명이 호흡기 질병을 앓은 바 있다.

2) 런던(London) 스모그 사건

런던은 안개의 도시라고 할 만큼 항상 짙은 안개에 쌓여 있는 도시이다. 런던의 대기오염은 주로 공장의 배출가스와 빌딩이나 일반 가정의 난방으로 인한 매연이 주요 원인이었고, 여기에 항상 짙게 깔려있는 안개가 이 사건을 더욱 악화시킨 참사였다. 특히 심했던 해는 1880년, 1892년, 1948년, 1952년 등을 들 수 있으며 “살인적 스모그” 사건이라는 말이 나올 만큼 처참했던 사건은 1952년 12월 5일부터 9일까지 5일간 계속된 스모그 현상으로 인하여 일어났다.

이 스모그 현상은 주로 노인, 어린이, 환자 등 비교적 허약체질을 가진 사람들을 엄습했는데 4,000여명이 급성호흡기 질환으로 사망하였고, 다음해 1953년 2월까지는 사망자가 8,000여명으로 늘었다. 이와 같은 스모그 사건은 주로 **아황산가스와 분진이 안개와 결합**하여 일어난 것이다. 런던 스모그 사건의 전 기간을 통한 사망자 총수는 12,000여명에 달하였다.

3) 로스앤젤레스(Los Angeles) 스모그 사건

미국의 서해안에 있는 로스앤젤레스에서는 1954년 8, 9월에 자동차 배기가스에 의해서 회백색 연무의 스모그가 발생했다. 이러한 스모그를 **광화학 스모그**(photochemical smog)라고 하는데, 광화학 반응이란 빛 에너지와 결부된 화학반응을 말한다. 즉, 광화학 스모그는 자동차 배기가스에서 발생된 질소산화물과 탄화수소가 대기 중에 떠 있다가 햇빛 중 자외선과 반응하여 2차 오염물질인 오존을 포함한 여러 가지 광화학적 산화물들을 만들어 대기를 안개가 낀 것처럼 변하게 하는 현상이며, 이산화황이나 먼지 등에 의해 발생된 런던스모그와는 다르다. 광화학스모그가 일어나면 눈과 목이 따가우며 심할 때면 눈병과 호흡기 질환을 일으키고, 급성 중독이 일어나면 목숨까지 빼앗아 간다.

한편, **산업적 스모그**(industrial smog)란 아황산가스와 부유입자상물질 및 아황산가스로부터 형성된 황산액적 등의 혼합물로서, 산업화가 매우 진전된 도시지역의 겨울철 이른 아침에 회색의 안개형태로 많이 발생한다.

4) 황사(黃砂) 현상

황사는 중국・몽골 사막지대(타클라마칸사막, 고비사막)와 중국 황하(黃河) 중류 황토지대에서 발생해 건기의 편서풍을 타고 우리나라로 날아오는 먼지덩어리로서 그 대책을 세운다는 것이 여간 어려운 게 아니다. 근본해결책은 사막과 황토지대를 녹화하는 것이지만 쉽지가 않고, 설사 가능하다 하더라도 장구한 세월을 필요로 한다. 최근 중국내륙 서북지역의 사막화현상이 매년 가속화함에 따라 우리나라가 황사로 뒤덮이는 횟수와 잔류기간도 증가하는 경향을 보이고 있다.

그뿐이 아니다. 예전에는 황사가 주로 미세한 먼지(철, 알루미늄, 규소 등 황토성분으로 0.2~20마이크론)로 구성돼 있어 인체나 가축, 농작물에 입히는 피해가 그다지 심각하지 않았다. 그러나 중국이 공업화에 박차를 가하면서(**黑猫白猫論**, 즉 등소평 이후 실용주의 노선) 요즘에는 중금속류를 포함한 각종 오염물질이 황사에 섞여 날아오고 있고, 그 오염도가 갈수록 심해지고 있다.

황사 기간 중 흡입하는 먼지의 양은 평상시의 3배에 이르며 납, 카드뮴, 망간 등 금속성분의 양도 종류에 따라 2~10배쯤 많아진다. 따라서 황사가 심할 때에는 기관지염이나 천식환자, 눈이 약한 사람들(엘러지성 결막염)과 피부병(가려움증, 따가움증, 발진, 발열, 부종, 피부염, 피부엘러지) 환자들은 주의해야 한다.

기상청은 환경부의 대기오염 자동측정망 자료를 실시간으로 전송받은 뒤, 이를 분석하여 1시간 평균 미세먼지(PM_{10} ; Particulate Matter 10, 직경 10μm 이하의 분진)의 농도가 800 $\mu g/m^3$ 이상으로 2시간 이상 지속될 것으로 예상되는 경우에 황사경보를 발령한다.

12.1.5 실내공기오염(Indoor air pollution)

사람들이 하루의 85~90%를 보내게 되는 건물 내부나 지하공간과 같이 밀폐된 공간에서 공기오염물질이 고농도로 형성될 수 있다. 석탄난로를 이용해 난방을 하던 시절보다는 많이 깨끗해졌지만, 여전히 실내공기오염은 주요 관심거리이다. 때에 따라서는 스모그 현상이 존재할 때 대기오염보다는 주택, 학교 및 공공건물 내부의 실내오염 정도가 훨씬 크고 위험한 경우도 발생한다. 이러한 실내공기오염물질은 장기간 폭로시 암을 일으킬 수도 있으며 그밖에도 현기증, 두통, 기침, 재채기, 콧물, 두드러기, 눈의 충혈, 피곤감 등을 야기하며, 만성화될 경우 천식, 아토피성 피부염, 화학물질 과민증 등으로 이어진다.

이러한 실내공기오염물질의 종류와 그 근원 및 유해성은 다음과 같다.

① 일산화탄소(CO) : 벽난로, 가스 및 등유난로, 보일러 - 두통, 현기증, 불규칙한 심장박동, 사망

② Dichloromethane(methylene chloride, CH_2Cl_2) : 페인트의 용매(thinner) - 신경체계의 교란, 당뇨 유발, 간 손상

③ Radon 222(Rn-222) : 방사성 물질을 함유한 토양, 암반 등을 사용한 벽체, 지하공간, 이를 함유한 상수 - 폐암

라돈(radon)은 화학원소로 기호는 Rn, 원자번호는 86이다. 라듐(Ra, radium, 원자번호 88)의 붕괴로 생성되는 무색무취의 무거운 방사성 비활성 기체로서 건강에 해롭다. 가장 안정적인 동위원소는 반감기 3.8일의 Rn-222로서 방사선 치료에 사용된다. 라돈 기체는 집안이나 지하 같은 밀폐된 장소에 축적될 수 있으며, 폐암의 원인이 된다. 우리나라에서도 학교 교실이나 관공서 등 실내에서의 농도가 기준치를 초과하는 것으로 나타나는 경우도 있었다.

④ Styrene(C_8H_8) : 카펫, 플라스틱제품 - 콩팥과 간에 손상

⑤ 담배연기 : 실내흡연 - 폐암, 호흡기계 질병, 심장병 유발

⑥ Benzopyrene($C_{20}H_{12}$) : 실내흡연, 실내난방 연료의 불완전 연소 - 폐암

⑦ Formaldehyde(HCHO), benzene, toluene, xyelene(BTX) : 가구, 소파, 새 옷, 장판, 벽지, 접착제, 페인트 - 눈, 목, 피부, 허파의 자극, 구역질, 현기증, 천식, 발암성

⑧ Tetrachloroethylene($Cl_2C=CCl_2$) : 세탁물의 dry-cleaning 후 잔류물질 - 신경체계의 교란, 간, 콩팥의 손상, 발암성

⑨ Chloroform(trichloromethane, trihalomethane, THM, $CHCl_3$), haloacetate : 유기물 오

염이 심한 상수에 염소소독을 한 수돗물을 데웠을 때 공기 중으로 방출 가능 – 발암성

⑩ Trichloroethane(vinyl trichloride, $CH_2ClCHCl_2$) : 지방, 왁스, 수지의 용제, 살충용 aerosol – 현기증, 불규칙한 호흡, 눈, 점막 등에 자극

⑪ 질소산화물(NO_x) : 가스·등유 난로, 나무·톱밥 난로 – 기관지 자극, 기침, 두통

⑫ 석면(石綿, asbestos, 죽음의 시한폭탄, 침묵의 살인자, silent killer) : 난방용 절연체, 전선내부피복물, slate지붕 – 석면폐(asbestosis), 중피종(mesothelioma), 폐암(lung cancer)

따라서 이들을 방지하려면 **원인행위 및 물질의 제거, 주기적인 환기(ventilation), 난방방식의 개선** 등이 필요하다. 석면은 원래 사문암(蛇紋岩)의 주성분이지만 저질의 활석(滑石, talc)에도 소량이 함유되어 이것이 사용된 baby powder, 분필, 크레파스, 화장품, 의약품(증량제), 껌, 서로 들러붙지 않게 하기 위해 옥수수 전분 대신에 저질활석이 사용된 풍선, 고무장갑 등의 제품에서도 검출되기도 한다. 석면은 특히 호흡기를 통한 노출이 가장 위험한데, 실내공기질 관리법의 석면에 대한 기준치는 0.01 fiber/cc 이하이다.

12.1.6 실내공기를 깨끗하게 유지하기 위한 방법

① 최대한 자주 문을 열어 환기시킨다(1330 캠페인 ; 1일 3회 30분 환기).

② 집안을 수시로 물걸레로 닦아내고, 커튼 등은 화학약품처리가 되지 않은 면제품을 이용한다.

③ 벽지나 바닥재는 천연소재로 만든 것을 사용하고 환기가 **잘** 되는 여름철에 교체한다.

④ 공기청정기 등 기계에 의해 실내공기를 정화하기보다는 공기정화에 좋은 벤자민, 고무나무 등을 키워 습도를 일정하게 유지하고 오염된 공기를 흡수시킨다.

⑤ 유독한 화학물질 냄새의 중화에는 인공 방향제 대신 모과나 허브식물 등을 이용한다.

⑥ 새 가구에는 접착제나 도료 등 화학물질이 많으므로 가급적 기존의 가구를 사용한다.

⑦ 화학물질이 동반되는 실내장식 공사를 삼간다.

⑧ 새집의 경우, **입주 전에 미리 창문을 열고 난방온도를 최대한 높여 오염물질을 기화시켜 빼낸**(bake-out) 후 입주한다.

'**새집증후군**(sick house syndrome)', **빌딩증후군**(sick building syndrome)' 등 실내공기 오염이 현대인의 건강을 위협하고 있는데, 이의 주범으로는 formaldehyde와 benzene, toluene, xylene (BTX) 등을 들 수 있다. 이 때 집안 분위기도 살리고, 실내 오염물질도 자연스레 제거

할 수 있는 방안으로 실내에 식물을 키울 수 있는데, 식물은 광합성을 하는 과정에서 잎의 뒷면에 있는 작은 기공(氣孔)을 통해 이산화탄소와 건축자재 등에서 나오는 포름알데히드, 벤젠 등 **휘발성 유기화합 물질**(VOCs ; Volatile Organic Compounds)을 흡수한다.

반면 뿌리에서 흡수한 산소와 물을 수증기 형태로 배출, 자연스레 실내공기의 순환이 이뤄지게 한다. 또한 식물은 실내 온도와 습도를 가장 쾌적한 상태가 되도록 자동 조절하는 기능도 한다. 천연 공기 청정기이자 지능형 항온·항습기가 바로 식물인 셈이다.

한편, 미 항공우주국(NASA)에서 지정한 10대 공기 정화식물로는

① 아레카 야자
② 관음죽
③ 대나무 야자
④ 인도고무나무
⑤ 드라세나
⑥ 헤데라
⑦ 피닉스 야자
⑧ 피쿠스아리
⑨ 보스턴 고사리
⑩ 스파티 필럼

등이 있다.

12.2 대기오염 현상

12.2.1 기온역전

낮에는 햇빛에 의해 지표면 가까이 존재하는 공기가 덥혀지는데, 정상적으로는 이 덥혀진 공기가 위로 상승하여 지표면에서 방출된 오염물질을 위로 가지고 올라감으로써 지표면 가까이 존재하는 공기에서의 오염물질의 농도를 저감시키는 훌륭한 역할을 하게 된다(**대류현상**, 對流現象 convection). 그러나 가끔씩 도시의 대기는 조밀하고 차가운 공기가 아래쪽에, 덜 조밀하고 가벼운 공기가 위쪽에 위치하여 정상적인 경우와는 다르게(정상적인 경우 고도가 100 m 상승함에 따라 온도는 1℃씩 감소한다. **단열체감률**) 고도가 증가할수록 온도가 상승하는 경우가 있는데, 이를 **기온역전**(**氣溫逆轉**, temperature inversion, thermal inversion)이라 한다.

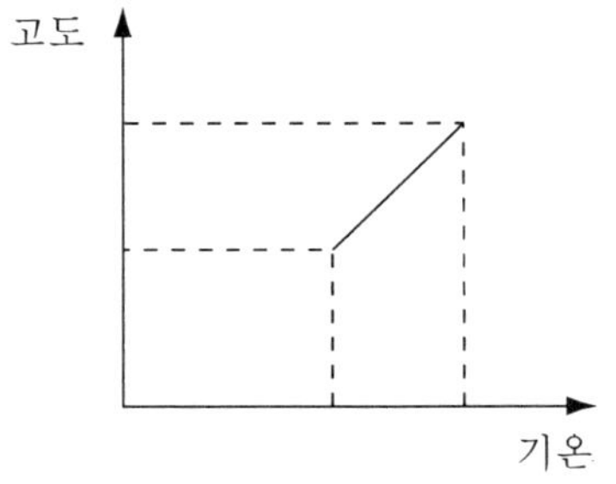

그림 12-2 **기온역전**

이러한 기온역전 현상의 영향으로는 공기의 대류현상이 금지되어 지상에서 발생한 각종 대기오염물질이 위쪽으로 상승, 확산, 희석되지 못하여 지표면 가까이에 고농도로 유지됨으로써, 사람을 포함한 여러 가지 생물에 큰 악영향을 미치게 된다. 대부분의 대기오염 사건은 smog 현상과 함께 이러한 기온역전현상의 합작으로 발생하게 되었다.

이러한 **기온역전의 종류에는 3가지 형태**가 있으며, 기상조건과 밀접한 관련이 있는데 각각에 대한 설명은 다음과 같다.

1) 전선역전(Frontal inversion)

전선역전은 비교적 높은 고도에서 발생되며, 따뜻한 공기가 찬 공기위로 지나갈 때 발생한다. 이 때 역전은 두 개의 공기층 사이의 혼합층에서 일어난다. 이 역전은 전선(前線, front)과 관련이 있고, 바람을 동반하기 때문에, 전선지역에 존재하는 혼합조건에 충분한 영향을 주지는 못한다. 즉, 기온역전이 바람에 의해 쉽게 깨진다. 따라서 대기오염 제어 측면에서 볼 때 그리 중요하지는 않다.

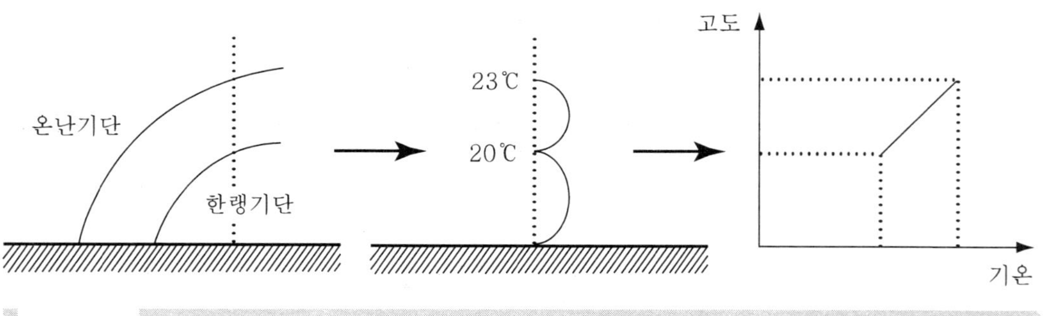

그림 12-3 **전선역전**

2) 침강역전(Subsidence inversion)

침강역전은 오염물 제어측면에서 볼 때, 중요한 역할을 한다. 왜냐하면 이 역전은 며칠간 넓은 지역에 걸쳐 영향을 줄 수 있기 때문이다. 침강역전은 "가라앉는다(subsiding)"는 용어에서 파생되었으며, 정체고기압 지역과 관련이 있고, 고기압 cell 안의 공기의 침하운동에 의해서 일어난다. 이 침강역전은 넓은 지역에 오염물질을 축적시킬 수 있다.

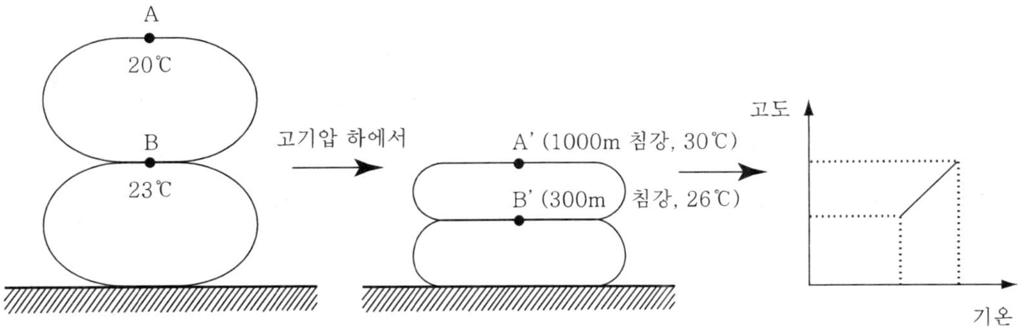

그림 12-4 **침강역전**

3) 복사역전(Radiation inversion)

늦은 오전이나 오후와 같이 태양복사열이 큰 경우 지표의 온도는 높아지나, 밤에는 복사열이 적어 지표의 온도가 낮아짐으로써 생기며, 특히 사막지방에서는 아침에 90% 이상 복사역전이 발생한다. 이러한 복사역전은 지표 가까이에 형성되므로 **지표역전**(surface inversion)이라고도 한다. 아침 햇빛이 비치면 쉽게 파괴되는 야간성이 특징이고, 이 복사역전이 발생하면 **안개형성**이 촉진되며, 동시에 기체와 입자상 물질을 가두어 두어서 오염물질의 농축이 일어난다. 복사역전은 비교적 낮은 고도에서 발생하고 수백 ft 상공에서는 거의 발생하지 않으

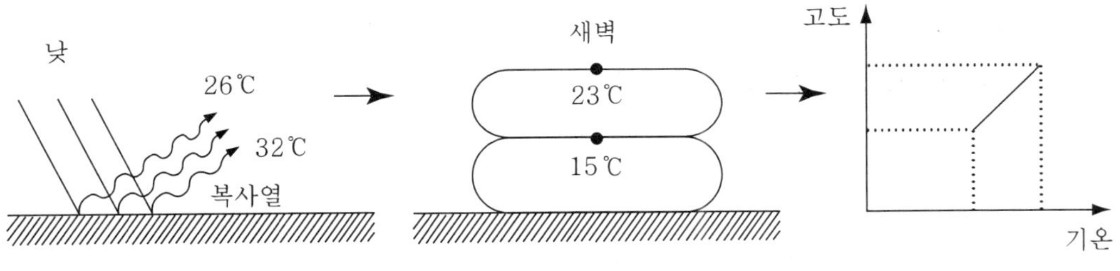

그림 12-5 **복사역전**

며, 다른 역전현상에 비교해 상대적으로 빠르게 사라진다. 복사역전은 맑고 바람이 없는 날씨에 복사냉각에 의해 지표면이 빨리 냉각되면서 발생한다. 복사역전은 땅거미가 질 때 시작하고, 다음날 아침 지표면이 가열될 때까지 지속된다.

12.2.2 열섬(Heat island)현상

대도시의 대기는 여러 가지 면에서 시골의 대기와는 상이하다. 수직적으로 들어선 대형 건물 및 공장들은 불규칙한 지면을 형성하여 자연적인 공기의 흐름이나 바람을 지연시킨다. 높은 건물과 포장도로가 밀집된 도심지역은 열을 보유할 수 있는 비열이 높아서 낮에는 시골지역보다 태양에너지 흡수열을 많이 보유하고 열 배출량도 시골지역보다 많으므로 대기의 기온이 시골지역보다 높다.

결국 도심지역의 따뜻한 공기는 오염물을 동반, 상승하고 팽창하여 도시 변두리 지역으로 흐르면서 냉각되며, 도시 변두리의 보다 찬 공기가 도시 중심 지역의 지표부근으로 흐른다. 이렇게 독립적인 순환시스템이 형성되는 현상을 **열섬현상**(heat island)이라 한다. 이 열섬현상은 주로 바람이 없는 날에 형성되며, 강한 바람에 의해서만 변화되거나 파괴된다.

만일 도심이 먼지 등에 의해 심하게 오염되었을 경우, 이 열섬현상으로 인하여 **먼지지붕**(dust dome) 형태가 되어 결국 태양에너지의 지표 가열을 방해함으로써 공기의 수직흐름이 감소되어(**대류현상의 차단**) 도심은 더욱 더 심하게 오염되는 것이다.

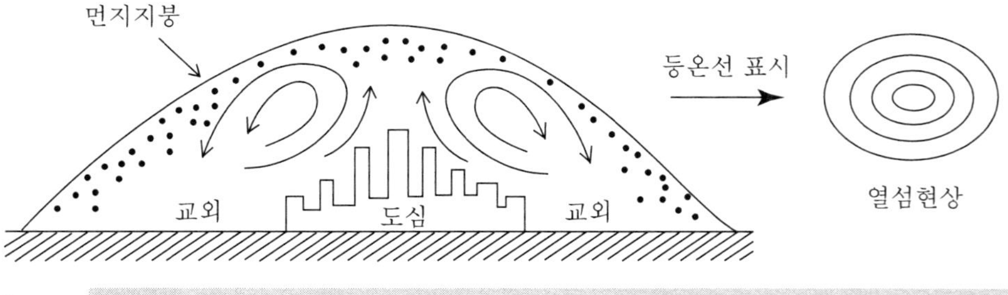

그림 12-6 먼지지붕과 열섬현상

12.2.3 산성우(Acid rain)

1) 산성우의 생성

산성우는 석탄, 석유 등의 화석연료의 연소로 생성된 이산화황(SO_2), 질소산화물(NO_x)이 대기중에서 화학반응으로 황산, 질산으로 변환되어 형성된다.

$2SO_2 + O_2 \rightarrow 2SO_3$	$2NO + O_2 \rightarrow 2NO_2$
$SO_3 + H_2O \rightarrow H_2SO_4$	$2NO_2 + H_2O \rightarrow 2HNO_3$

순수한 물의 수소이온 농도(pH)는 7.0으로서 정확히 중성이다. 대기중의 CO_2(청정 대기중의 CO_2 농도는 0.03%)가 물방울에 용해되면 탄산이 형성되므로 pH가 낮아진다. 이 산은 대단히 약산이고 CO_2와 평형을 이루므로 빗물의 pH는 보통 5.65의 값이 된다. 따라서 pH 5.6을 **자연상태 강우의 pH라고 하며, 강우의 산성여부를 판단하는 기준으로 사용**한다.

현재까지 2~5 사이의 강우의 pH값이 지구의 여러 곳에서 측정되었으며, 평균적으로는 4와 5 사이의 값이었다. 이는 자연적인 오염원으로부터 예상되는 값의 10~10,000배에 해당하는 산 농도이다. 이와 같은 낮은 수치는 SO_x와 NO_x가 구름이나 빗방울 속으로 흡수되어 산으로 변했기 때문이다.

2) 산성우의 영향

산성우에 대한 연구는 1950년대 초부터 유럽에서 많이 시행되어 왔다. 유럽 대륙에서 생성된 대기오염의 상당한 부분이 북동쪽으로 이동하여 스칸디나비아로 향하므로 스칸디나비아 국가들에 문제를 일으키는데 스웨덴, 노르웨이의 400여개 호수의 생태계가 전멸되었고 핀란드의 경우도 40여개 호소의 생태계가 전멸되었다.

즉, 겨울에 내리는 눈과 함께 산위에 침적된 산성의 대기오염물질(acidic deposition)이 봄에 녹아서 흙탕물과 함께 호소로 유입되어 물고기 등 수중 생태계를 파괴시켰다(acid shock by thaw). 스칸디나비아 국가의 산성우는 영국이나 북부, 동부 유럽국가에서 배출된 대기오염물질의 영향을 받았음이 증명되었다. 유럽 국가들의 평가에 의하면 삼림이 악영향을 받았고 특히 침엽수들이 크게 영향을 받은 것으로 나타났다.

산성우가 미치는 영향은

첫째, 천연수를 산성화시키므로 생태계에 대한 영향이 크다. 한 예로 미생물의 성장을 저해하여 분해자로서의 역량을 감소시킨다.

둘째, 토양 내에서 영양염류가 용출되므로 식물이나 산림에 대한 피해가 크다.

셋째, 건축물, 금속제품, 대리석 조각품 등 여러 가지 재물의 부식 등 손상을 가져온다.

넷째, 인간의 건강(피부 및 기관지 점막 등의 자극, 손상, 탈모)에 악영향을 미치기도 한다.

산성우에 의한 피해를 줄이려면 산성우의 원인인 화석연료의 연소로부터 발생되는 이산화황, 질소산화물의 배출을 줄여야 한다. 이러한 대기오염물질을 줄이려면 연료의 전환이나 배기가스의 탈황, 탈질시설이 필요하게 된다.

12.2.4 오존층 파괴

1) 오존층의 역할

오존층(ozone layer)은 성층권(stratosphere) 내 고도 25～30 km에 위치하며, 이 오존층에서의 오존 최고 농도는 약 10 ppm 정도로 대류권 내의 오존농도 0.02～0.07 ppm보다 훨씬 높다.

오존층은 태양에서 발생된 자외선(紫外線, UV ; Ultra-Violet) 중 인간에게 가장 해로운 파장 200～280 nm는 거의 전량 오존층의 오존에 의하여 흡수되며, 비교적 덜 해로운 파장 280～320 nm는 70～90%를 오존층의 오존이 흡수 제거한다.

그러므로 오존층의 오존은 태양으로부터 지구에 도달하는 광선의 일부를 여과(filtering)하고, 대기 및 지표면의 온도조절기능을 하는 가스로 생물체의 생존에 결정적인 역할을 한다.

2) 오존층 파괴의 과정

성층권에서 정상적인 오존의 형성과 분해과정은 다음 반응식으로 표현된다.

$$O_2 \xrightarrow{\text{UV 180～240nm}} O + O$$

$$O_2 + O \longrightarrow O_3$$

$$O_3 \xrightarrow{\text{UV 180～240nm}} O_2 + O$$

대기 중에 다른 화학물질이 존재하지 않는다면 이러한 오존의 형성과 분해 과정은 균형을 이루게 되며, 성층권에서 오존이 생성되는 비율은 전적으로 성층권으로 유입되는 태양광선의 양에 의하여 결정된다. 따라서, 대기 중에 다른 화학물질이 존재하지 않는다면 대기 중의 오존의 양과 농도는 거의 일정하게 유지된다. 다만, 계절에 따른 태양광선의 강도에 따라 차이가 있으며, 11년의 태양주기(solar cycle)에 따라 어느 정도 오존농도의 변화를 가져온다.

성층권의 오존층은 인류의 활동에 의하여 생성된 질소산화물, 염소, **염화불화탄소**(Chloro-Fluoro-Carbon, CFC, freon gas) 등에 의해서 파괴될 수 있다. 오존층에는 화학반응을 촉진하는 여러 종류의 가스가 존재하며, 이 중에서 문제가 되는 가스는 그 자체가 화학적으로 변하지 않으면서 오존의 분해과정에 촉매로 작용하는 가스이다.

이러한 가스들은 반응과정에서 촉매제 자체는 영향을 받지 않으므로 반응이 끝난 후에도 촉매제는 반응이전의 상태와 동일하며, 이러한 촉매 가스가 극미량이 존재하는 경우에도 대기 중의 오존농도에 큰 영향을 미치게 된다. 촉매가스는 계속적으로 오존분해작용을 일으킨다. 예를 들어, 한 개의 염소 또는 질소 산화물과 같은 촉매가스는 1,000개 정도의 오존을 차례대로 파괴하게 된다. 염화불화탄소가 성층권의 오존을 파괴하는 과정을 기술하면 다음과 같다.

$$CFCl_3 \xrightarrow{UV-B,\,C} Cl + \text{잔류}$$

$$Cl + O_3 \longrightarrow ClO + O_2$$

$$ClO + O \longrightarrow Cl + O_2$$

즉, 성층권으로 올라간 CFC 분자들은 자외선에 의해 분해되어 유리된 염소원자(Cl)들을 방출한다. 이 원자들이 오존(O_3)과 반응하여 산화염소(ClO)를 만들어 낸다. 이어 ClO는 산소원자와 반응하여 다시 Cl을 방출하고, 이것이 다시 오존분자와 반응하는 과정이 여러 번 계속될 수 있다. 즉, 연속적으로 오존을 급격히 파괴시킬 수 있다.

염화불화탄소와 오존과의 반응에 대한 최근의 연구결과는 단순히 프레온가스의 존재만으로 오존층이 파괴되지는 않는다고 보고되고 있다. 즉, 식물이 발아할 때처럼 적어도 세 가지 조건이 맞아 떨어져야 한다는 것인데 첫째 **햇빛**, 둘째 **염소원자**, 셋째 **고체상태의 질산**(HNO_3) **구름**이 그것이다. 마지막 조건인 **질산구름은 질산의 빙점인 영하 45℃ 이하에서 생긴다**. 이들 조건의 작용관계는 다음과 같다.

얼음덩이의 질산구름이 따뜻한 햇볕에 녹아내리기 시작한다. 이 고체질산이 기체로 변해가는 순간 염소원자는 오존을 만나 결합한다. 중요한 것은 오존이 염소와 결합해 파괴되는 장소가 반드시 질산구름의 표면이라는 것이며, 질산구름은 촉매역할을 한다고 할 수 있다. 또한 화산이 폭발하는 경우 그 분출력으로 먼지나 질소산화물 등이 높이 솟아올라 성층권까지 도달되어 이 분출된 먼지들이 바로 질산구름을 만드는데 한몫을 함으로써 화산과 오존층 파괴는 불가분의 관계를 맺게 된다.

이러한 오존층 파괴의 제반조건을 감안하면 **남극상공의 오존구멍은 더 쉽게 커질 수밖에 없다.** 남극의 성층권 기온은 적도나 중위도지방에 비해 영하 40도 이하로 떨어지는 경우도 많다. 또한 남극은 강한 회오리바람으로 인해 북극보다 기온이 낮다.

최근에 발표된 위성사진에 의하면 남극상공의 오존층파괴가 제일 심한 것으로 나타나고 있다. 이것은 남극상공의 오존층에 질산구름 생성이 용이하기 때문인 것으로 알려지고 있다. 질소산화물은 오존과 반응하여 오존을 파괴하는 요인이 되고 있다.

초음속여객기 운항도 오존층 파괴의 원인이 될 수 있다. 즉, 비행기에서 배출되는 질소산화물이 오존과 반응하여 고공에서의 오존농도를 감소시키기 때문이다. 최근에 발표된 위성사진에 의하면 오존층의 파괴 정도는 지역에 따라 다소 차이가 있으나 전반적으로 모든 지역의 오존층 농도가 감소되고 있다.

3) 오존층 파괴의 영향

(1) 인체, 동 · 식물 및 재물 피해

자외선은 태양광선 스펙트럼에서 보라색 부분의 단파장측에 있는 눈에 보이지 않는 복사선을 말한다. 자외선은 파장이 10～390 nm에 해당되며, 특히 짧은 파장의 자외선은 살균력이 강하고 동·식물에 직접 영향을 미친다.

오존에 의하여 부분적으로 흡수되는 자외선의 파장 범위는 289～320 nm이다. 이 범위의 자외선은 UV-B로 알려져 있으며 **피부 그을림, 시력손상, 피부암, 피부주름 및 노화** 등의 원인이 된다. 자외선 중에서는 파장이 짧을수록 생물체 조직에 영향이 더욱 큰 것으로 알려지고 있다. 대기중의 오존은 파장이 짧은 자외선을 긴 광선보다 더 잘 흡수한다. 적도지방에서 맑은 날씨의 경우 UV-B의 70%가 흡수되고 나머지 30% 정도가 지표면에 도달하는 것으로 알려지고 있다.

오존량의 변화에 따라 UV-B 투과량이 달라지며 오존량이 10% 줄어들 경우 지표면에 도착하는 UV-B의 양은 20% 정도 증가한다. UV-B는 동·식물체 조직의 단백질 및 DNA에 직접 영향을 미치는데, DNA는 유전정보를 전달하는 기능을 가지고 있으므로 UV-B에 직접 노출되는 경우 세포가 죽거나 DNA의 손상으로 인한 **피부암**이 유발되며 노화가 촉진된다.

오존층이 1% 감소할 때마다 지표면에 도달하는 자외선량은 약 2%가 증가하며, 그로 인해 피부암환자는 약 3%가 증가하는 것으로 나타났다. 피부암의 발생 외에도 UV-B의 증가는 인체의 면역기능의 약화, 피부염의 발생을 증가시킬 수 있다.

식물의 경우 UV-B 양이 증가할 경우 이에 대한 피해가 있는 것으로 보고되고 있다. 식물 종류에 따라 UV-B의 증가에 따른 영향정도가 차이가 있으며, 현재까지 200여종에 대한 실험결과 60~70% 정도가 영향이 있는 것으로 알려지고 있다. 목화, 완두콩, 강낭콩, 메론, 양배추와 같이 민감한 식물은 성장이 둔화되고, 경우에 따라서는 식물 호르몬과 광합성의 기능을 갖는 엽록소에 피해를 주므로 성장기간 동안의 과실량이 감소된다. 또한, UV-B는 물속으로 상당히 깊이 침투하므로 단세포 조류에 대한 피해가 크다. 단세포 조류는 먹이 사슬에서 최초의 단계가 되며, 이들이 감소할 경우 어류 등 다른 생물에 연속적으로 피해를 야기할 것이다.

자외선 침투 증가는 이상에서 설명한 인체, 동·식물 피해 외에도 재산상의 피해를 야기하게 된다. 예를 들어, 건축물과 차량 등의 색상변화에 의한 피해를 들 수 있으며, PVC 등 플라스틱제품의 직접적인 손상도 우려된다. 이외에도, 오존농도 감소에 따른 광선의 지표면 도달량의 증가 등으로 인한 지구기온의 상승은 지구온난화현상 그 자체뿐만 아니라, 대기오염물질간의 반응을 촉진하여 대기오염을 가중시키는 요인이 될 수 있다.

(2) 기후변화

오존층파괴로 인한 태양광선 침투의 증가는 지구기온의 상승을 초래할 것이다. 오존층파괴에 의한 지구 기온 상승정도는 정확히 예측하기는 어려우나 오존층에서 오존이 파괴되고, 대류권에서 CO_2 등 온실기체의 방출이 계속될 경우 10년에 0.3℃의 기온이 상승하여 21세기 말에는 현재보다 3℃ 정도 기온이 상승하게 된다.

오존층 파괴로 인한 또 하나의 기후변화 영향은 습도와 증발량의 증가에 의한 강우량 변화를 들 수 있다. 강우량 증가에 따라 일부 지역은 홍수피해가 증가할 것이고, 반대로 일부 지역의 가뭄 피해가 증가할 것이다. 아울러 지구 온도상승은 양극지방의 기후에 커다란 영향을 미치게 되는데 눈과 얼음이 녹는 양이 증가할 것으로 예측된다.

(3) 오존의 양면성과 오존오염경보제도

지표면 가까이에서의 오존은 주로 이산화질소와 탄화수소가 태양광선(자외선)과 반응하여 생성되는데(광화학 반응), 자동차·공장·빌딩 난방·가정용 난방 등의 배출가스가 주요 원인이다. 특히 차량운행이 많은 오늘날은 자동차 배출가스가 오존오염의 주원인이라 하겠으며, 일반적으로 일사량이 많고 고온(30℃ 이상)인 여름철에 그 농도도 높은 것으로 나타난다.

오존은 편리상 두 가지로 구분해 볼 수 있는데, 하나는 지표면과 가까운 대류권의 오존이고, 또 하나는 지상 20 km 이상까지 올라가는 성층권에 존재하는 오존으로서, 물론 화학적 구조는 같은 오존이다.

지상의 오존은 사람에게 나쁜 영향을 미치는데, 농도가 0.1 ppm을 넘어서면 호흡기에 자극을 주고 심하면 기침과 두통, 폐기능 저하 등의 증상을 일으킨다. 오존오염경보제도가 시행되는 것도 이 때문이다. 그러나 바닷가나 숲속 등에서 나타나는 0.03~0.05 ppm의 자연적 수준의 오존은 인체에 해가 되지 않으며, 오히려 사람들에게 상쾌한 느낌을 주는 오존이다(pleasant characteristic odor).

한편, 하늘높이 성층권에 존재하는 오존은 태양으로부터 발산되는 자외선을 막아주기 때문에 생물체엔 필수불가결한 요소인데, 만약 오존층이 파괴되어 많은 양의 자외선이 지상에 도달하게 되면 결국 어떠한 생물도 살아남을 수 없게 될 것이다(CFC에 의한 오존층 파괴). 우리나라도 1995년부터 미국, 일본, 독일과 마찬가지로 **오존오염경보제도**를 실시하고 있다.

12.3 대기오염의 제어

12.3.1 입자상 대기오염물질의 제거

1) 사이클론(Cyclone)

이 방법은 가장 보편적인 분진제거방법으로서 원심력을 이용하는 방법으로, 고체 또는 액체상태의 분진을 함유한 오염가스를 어느 정도의 속도를 가하여 유입구에 유입시키면 유입구 날개(vane)에 의하여 가스에 회전운동이 생긴다.

오염된 가스가 하향으로 나사 운동을 함에 따라 입자는 둘레 부분의 벽 쪽으로 이동하면서 바닥에 침전하게 된다. 정화된 가스는 하향의 나선운동을 끝마치고 상향의 나사 운동을 하게 되며, 마지막으로 중앙의 관을 통하여 흘러 나간다.

2) 백필터(Bag filter)

이름 그대로 자루형태의 분진제거장치이다. 즉, 분진이 방출되는 연기 등을 섬유성 물질로 만든 자루 속에 넣어 여과시키는 방법으로서, 입자의 크기가 1μm보다 큰 경우에 효과적이다. 처음 자루가 깨끗할 때에는 자루의 구멍 크기 이상의 입자 밖에는 제거시키지 못하나, 입자들이 축적되면 자루의 구멍 크기보다 더 작은 입자를 제거시켜 여과를 돕게 된다.

또한 이 입자들은 다소 전기적인 작용을 띠게 되며 서로 충돌하고 경우에 따라서는 침전도 된다. 만약 입자가 너무 많이 자루 속에 축적되면 마찰력이 커지며 적은 양의 공기 밖에는 통과시키지 못한다. 이때는 축적된 입자를 진동 등을 이용해 털어내야 되는데, 너무 많이 털어내면 여과효율이 감소된다.

3) 정전기적 집진기(Electrostatic precipitator)

이는 일반적으로 **전기집진기**로 일컬어지는데, 전기집진 기술은 1906년 미국의 Cotrell씨에 의해 고안되었으며, 그 원리는 직류의 특 고전압을 집진극(+, 판)과 방전극(−, 점)에 접속시켜서 이 양극 사이에 미세한 먼지가 포함된 배기가스를 통과시키면 corona 방전에 의해서 발생하는 전기력으로 먼지 입자를 (−)로 하전시켜 (+)극인 집진극으로 이동, 부착하게 된다. 이 부착된 먼지입자는 (−)의 전하를 잃고 자연적으로 낙하하거나 trapping 장치에 의해 hopper로 떨어져 포집, 처분된다.

4) 습식 분진제거장치(Wet scrubber)

습식 분진제거장치에서 배기가스 중의 분진입자는 가스흐름에 투입된 물방울에 의해서 포착된다.

첫째, 충전식 세정장치(Packed scrubber)에서는 여러 형태의 작은 충전물질의 표면 위로 물이 가해지고 아래로 흘러내린다. 배기가스는 충전물질의 배열에 따라 흐름의 방향을 바꾸면서 공극층을 통해 물의 흐름방향과 반대방향, 즉 위쪽으로 움직이며, 입자의 관성력 때문에 특별히 굵은 것은 가스흐름을 따르지 않고 액체표면에 충돌되어 아래로 떨어져 제거되는 것이다.

둘째, 와류식 세정장치(cyclone scrubber)에서는 배기가스의 와류식(소용돌이 모양의)흐름에 의해 물방울이 형성되며, 이렇게 형성된 물방울은 와류통로로 유입된다. 배기가스 중의 분진입자들은 물방울 형성기간과 물방울이 와류통로 내부로 이동하는 기간 중에 포획된다. 물방울에 의한 분진포집 효율은 물방울과 분진입자 사이의 상대농도에 의존한다.

셋째, 벤튜리 세정장치(Venturi scrubber)에서는 벤튜리 관을 통과하는 함진(含塵)가스 중에 세정액을 가압 분사시켜 형성되는 관성력, 확산력, 부착력 및 중력 등에 의해 함진가스 중의 먼지를 세정 분리하는 장치이다.

12.3.2 가스상 대기오염물질의 제거

1) 흡수(absorption) 방식

흡수의 원리는 오염된 기체를 액체인 흡수제와 접촉시켜, 오염가스가 액상에 잘 용해하거나 화학적으로 반응하는 성질을 이용하여 유해가스를 제거하는 것이다. 유해가스를 포함한 기체를 액체흡수제가 들어 있는 흡수탑에 통과시키면 기체 중에 들어 있던 유해가스 성분이 제거되거나 변질된다. 이때의 효율은 기・액 접촉면적과 접촉시간에 관계가 있고 흡수제 농도와 반응속도에 영향을 받는다. 기본 원리는 습식 분진제거장치와 유사하다.

충전탑(packed tower)은 적당한 충전물이 들어 있는 수직탑이며, 충전물의 형태는 여러 가지가 있다. 침식성 기체를 흡수시키는 경우 충전탑 및 충전물은 침식에 견디는 물질로 제조하는 것이 경제적이다. 플라스틱 충전물은 부서지지 않고 가벼워서 작은 흡수탑에 좋다. 충전탑에서 흡수제는 충전물이 표면에 얇은 막으로 흐를 때 기체와 접촉할 수 있는 면적이 커진다. 보통 충전탑에서는 대향류(對向流)를 사용하는데, 흡수제는 탑의 상부에서 공급되고 오염된 기체는 하부에서 공급된다. 충전탑은 액적(液適, 10μ 이하)의 제거에도 효과적이다.

다공판탑(多孔板塔, sieve plate tower)은 수평의 다공판이 같은 간격으로 겹겹이 쌓여 있는 수직관이다. 가스나 증기는 다공판 위에 기포를 형성하면서 상승하고 액체 흡수제(위에서 아래로 이동)가 구멍으로 새는 것을 방지한다. 다공판의 가장자리에는 액체가 넘쳐흐를 수 있는 관이 있다. 다공판탑은 청소가 용이하고 많은 양의 액체를 다룰 수 있기 때문에 고체부유물이 있거나 비교적 잘 흡수되지 않는 오염가스가 있는 배기가스를 처리하는데 좋으나, 초기 투자비가 충전탑보다 많이 든다.

2) 흡착(adsorption) 방식

흡착의 원리는 기체의 분자나 원자가 고체의 표면에 달라붙는 성질을 이용한 것인데, 오염된 기체를 고체의 흡착제가 들어 있는 흡착탑을 통과시키면 특정한 유해가스뿐만 아니라 악취도 함께 제거된다. 흡착은 오염가스를 회수할 가치가 있는 경우, 오염가스가 타지 않을 경우 및 오염가스의 농도가 매우 희박한 경우에 특히 유용하다.

대표적인 흡착 방식으로 **흡착탑**(adsorption tower)을 들 수 있는데, 흡착탑은 탑 안에 **활성탄**(活性炭, activated carbon)과 같은 고체흡착제를 넣고 오염된 가스를 통과시키는 장치로서 여러 종류가 있다. 흡착층의 두께에 따라 두꺼운 층의 흡착탑 및 얇은 층의 흡착탑으로 구분하기도 하며, 흡착층의 위치 변화에 의하여 고정층, 이동층 및 유동층으로 분류하기도 한다. 또 수직 및 수평의 흡착탑, 직렬로 연결된 흡착탑 등을 생각할 수 있는데 각각 주어진 조건에 맞게 선택 사용한다. 이 흡착탑은 비교적 오염물의 양이 적은 경우에 많이 사용한다.

3) 연소 방식

연소 또는 재연소의 방법은 오염된 기체로부터 가연성의 가스, 증기 또는 악취를 태워서 제거하는 것이다. 이 방법은 배기의 양이 많고 오염가스가 비교적 적을 때에 많이 사용한다. 연소방법은 **직접연소**, **가열연소** 및 **촉매연소**로 나눌 수 있다. 일반적으로 연소 장치를 설계하려면 오염물의 화학적 조성 및 농도, 배기가스의 유량, 배기가스의 유입온도 및 오염물의 법적 허용치 등을 고려하여야 한다.

직접연소법(direct flame incineration)은 직접불꽃연소 또는 대기중연소라고 할 수도 있는데, 오염기체를 연소장치에서 직접 태우는 것이다. 이 방법에서는 경우에 따라 보조연료나 보조공기가 필요하며, 대체로 오염물질의 발열량이 연소에 필요한 전체 열량의 50% 이상이 될 때 경제적으로 타당하다.

직접연소의 한 가지 문제점은 불꽃의 온도가 1400℃ 이상 되는 경우도 있으므로 이 경우에 높은 온도가 오래 지속되고 과잉의 공기가 존재하면 질소산화물이 생성될 우려가 있다. 석유화학공장이나 정유공장에서 흔히 볼 수 있는 굴뚝에서의 화염(flare)은 직접불꽃연소의 결과이다. 이 장치는 배기가스의 유량, 연료의 조성 및 풍속 등이 변하더라도 연소가 계속 되도록 설계하는데, 보통은 점화장치(pilot)를 부착하여 이를 돕는다.

가열연소법(thermal incineration)은 배기가스 중의 가연성 오염물의 농도가 매우 낮아서 직접연소의 방법을 사용하기가 곤란할 때 사용한다. 즉, 배기가스 중의 오염물의 발열량이 40 ~750 kJ/m^3 정도일 때, 배기가스를 예열하고 보조연료를 가하여 자기점화온도 이상으로 올

려놓음으로써 배기가스 중에 존재하는 산소로 태우는 것이다. 이 때 배기가스 중에 산소가 충분치 않으면 송풍기로 산소를 주입한다. 이 연소법의 장점은 500~800℃에서 조업이 가능하기 때문에 연소실에 드는 비용이 적고 질소산화물의 생성이 억제된다는 점이다.

촉매연소법(catalytic incineration)은 배기가스 중의 가연성 오염물을 연소로 내에서 촉매(catalyst)를 사용하여 불꽃 없이 산화시키는 방법이다. 배기가스 중의 가연성 물질의 농도가 낮을 때는 직접연소보다 가열연소가 효과적이지만, 이 때 촉매를 사용하면 반응이 더 빨리 진행되므로 연소로 내에서 배기가스의 체류시간을 단축할 수 있다. 즉, 촉매연소에서는 체류시간을 수백분의 1초 정도로 하여도 가열연소와 같은 연소효율을 얻을 수 있다. 또 촉매연소에서는 연소온도를 가열연소보다 250℃ 정도 낮출 수 있으므로 가열연소에서와 같이 배기가스를 높은 온도로 예열할 필요가 없으며 질소산화물의 생성이 거의 없다. 촉매연소의 효율은 대개 95~98%이며 주생성물은 CO_2, H_2O 및 N_2의 무해한 물질 등이다. 촉매산화에 사용되는 **촉매제**로 백금(Pt, platinum)이나 팔라듐(Pd, palladium)과 같은 귀금속제가 많이 쓰이며 알루미늄 같은 물질에 분산시켜 사용한다.

수질오염

13 CHAPTER

13.1 수자원의 종류

13.1.1 수자원의 종류

모든 생물, 나아가 생태계의 형성 및 유지는 물의 존재 하에서 가능했으며, 인류역사가 물과 더불어 시작되었듯이 인간은 물을 떠나서는 잠시도 살 수 없고, 인체의 70%가 물이다. 즉, 물은 생명의 근원이자 바로 생명 그 자체라고 할 수 있다.

사람의 생명활동을 유지하기 위하여 하루에 2L 정도의 물을 섭취(음용수)해야 하며, 목욕수, 세탁수, 화장실용 등의 생활용수(生活用水)까지 합하면 1일 300L 이상이 필요하다.

물은 자연계에 존재하는 가장 풍부한 물질 중의 하나로 지구 표면의 3/4을 덮고 있으나, 이렇게 많은 양에도 불구하고 전체량의 97% 이상이 바닷물 또는 염분이 있는 물이어서 대부분의 경우 거의 이용할 수 없다. 나머지 3% 중 약 2%는 얼음과 빙하 및 대기 중의 수증기와 토양수분으로 되어 있어 이용하기가 어렵고, 따라서 사람의 일상생활과 공업 및 농업 등의 활동에 사용되는 수자원은 하천수와 지하수 등의 담수로 전체 수자원의 0.62%에 불과하다.

1) 지표수(地表水, Surface water)

지표수란 지표면을 흐르고 있는 하천이나 저수지, 호소(湖沼, lakes and swamps, 호수와 늪) 등에 모여 있는 물을 말한다. 그 수질은 비교적 유기물질이 많고 용존산소가 높아서 세균 및 미생물의 번식에 알맞고, 침식당한 토양 등으로 인해 **탁도**(濁度, turbidity)가 높다. 지층을 통하지 않기 때문에 광물질 함량이 적다. 즉 Ca^{+2}, Mg^{+2} 등의 무기염류가 비교적 적은 **연수**(軟水, soft water, **단물**)로서 음용수, 생활용수, 농업용수, 공업용수 등 각종 용수에 많이 이용된다.

일반적으로 상수도의 급수원으로서 하천수를 이용하는 것이 상례이며, 따라서 하천수의 환경관리가 소홀할 경우 **수인성전염병**(水因性傳染病, waterborne communicable disease, 장티푸스, 콜레라, 이질 등)과 여러 가지 중금속 및 유해물질로 인한 환경오염사고 및 집단발병 등이 우려된다.

한편, 우리나라의 경우 비교적 연평균 강수량은 많으나 이용 가능한 하천의 유량은 풍부하다고 볼 수 없다. 그 이유는 강수량 중 태풍, 장마, 호우 등에 의한 것이 대부분이며, 특정기간에 집중되어 한꺼번에 유출되기 때문이다.

2) 지하수(地下水, Ground water)

지표면에 내린 빗물은 곧바로 지하로 침투하거나, 땅위를 흐르는 사이에 일부는 증발하고 일부는 토양으로 침투하게 된다. 지하로 침투한 물은 지하수를 이루는데, 지각의 윗부분인 토양층과 암석층에 보존된다. 이 중 토양은 통기대로서 공극이 많은데, 이 공극은 공기와 물로 채워져 있으며 식물은 필요한 물을 이 부분에서 흡수한다. 식물에 의해 이용되지 않고 토양층에 남아 있는 물은 중력의 영향으로 통기대를 거쳐 포화대까지 서서히 내려가 모이게 된다. 포화대는 지하수를 보존하는 장소가 된다. 통기대와 포화대의 경계를 **지하수면**이라 하는데, 지하수면은 대개 지표에서 30m 이내에 있으나 수백 미터 깊이에 있는 곳도 있다.

흙이나 바위가 물을 통과시키는 성질을 **투수성**(permeability)이라 하고, 투수성이 높아 물을 포함할 수 있는 물질로 된 층을 **대수층**(帶水層, aquifer)이라 하는데 사토, 자갈층은 좋은 대수층이 되며 점토, 화성암, 변성암층은 투수성이 미약하다.

지표로 스며드는 물은 지하로 투수되어 내려가다 하천이나 호수를 이루는 물과 합류하며, 때에 따라서 지하수면이 아래에 위치하면 하천이 지하수에 물을 공급하기도 한다.

지하수는 유속이 완만하므로 토양이나 바위와 반응하지 않는 오염물이 지하수에 유입되면 제거되기까지 오랫동안 머물러 있게 된다.

지하수 오염은 지표수 오염보다 더 심각하다. 그 이유는

① 일단 오염된 물은 암석의 깊은 층에 축적되는데 그 곳에는 정화시킬 수 있을 만큼의 산소나 미생물 등이 없어서 정상적인 정화과정이 일어나기 어렵다.
② 지하수 오염의 발견 및 그 정도를 추정하거나, 인위적으로 정화시키기가 어렵다.
③ 지하수는 매우 천천히 흐르는데, 1년에 1.5 m를 흐르는 곳도 있어서 오염물질이 바다로 씻겨내려 가는 데는 수십 년이나 심지어는 수백 년이 걸리는 경우도 있다.
④ **관개시설**(管井) 등에 의해 지하수가 고갈되면 암석입자가 서로 더 밀착되어 전체 암석층의 부피가 감소되므로 지하공간이 크게 되어 지반이 무너질 위험성도 있다.

따라서, **폐공**(廢孔)을 통한 외부 오염물질이 지하수로 유입되는 것을 막기 위한 적절한 관리가 요구된다.

3) 대양(Ocean)

바다는 지구상에서 가장 큰 물의 저장소로 육상의 모든 담수가 일단 최종적으로 도달하는 목적지이다. 그리고 지상에서 일어나는 물질순환과 에너지이동의 기본적 저장소로서 지구환경에서 가장 중요한 역할을 담당하고 있다고 할 수 있다. 모든 수자원은 최종적으로는 바다에 이르게 되고 바다는 수자원의 보고이며 귀착지이다.

해수는 용해된 염을 다량 함유하고 있는데, 이 염들은 토양과 암석의 풍화작용으로 생성되어 강물에 의해 용해되고 운반되어 바다로 유입된 것이다. **바닷물의 평균염도**는 35‰ (**천분율**, permillage, permil ※ percentage, percent ; %, 백분율)로 음료수의 최고염분 허용농도의 70배에 해당한다. 해수에는 여러 종류의 물질이 용해되어 있으나, 몇 종류를 제외하고는 극히 미량으로 포함되어 있다.

해수는 염분농도가 높아 직접 음용수나 관개수 또는 세탁용수로 사용할 수는 없다. **바닷물로부터 담수를 분리하는 기술**(**전기투석법** ; electro-dialysis, **역삼투압법** ; reverse-osmosis)이 개발되었으나 현재까지는 경제적인 부담과 기술수준의 한계점이 존재한다.

4) 빙하(Glacier)

빙하는 물이 고체 상태로 존재하는 것으로서, 지표수를 구성하는 수자원 중 가장 많은 담수를 저장하고 있으나 이용하기에는 아직 난점이 많다.

빙하는 지표면의 10%를 덮고 있으며 그 중 남극대륙이 85%, 그린란드가 11%, 기타 4%로 구성되어 있다. 만일 이 빙하의 전량이 녹는다면 해수면이 60 m나 상승하여 세계의 주요 도시는 거의 침수될 것으로 추정된다.

13.2 물의 자정작용

지표수에는 자연형태의 오염물질이 늘 존재하여 왔다. 문명이 발달하기 전에는 많은 불순물들이 공기 중에서 씻기고 지면에서 침식되거나 토양으로부터 침출되어 궁극적으로는 지표수로 흘러 들어갔다. 하천에 유입된 수질오염물질들은 하천의 상류에서 하류로 흐르는 동안에 자연의 정화과정에 의하여 제거되든지 무해한 상태로 변화될 수 있는데, 이를 **물의 자정작용**(self-purification)이라 한다. 진정 이러한 자체 정화과정이 없었다면 지구상의 물에 의존하고 있는 생명은 지금처럼 발달될 수가 없었을 것이다.

하천의 어느 지점에서 폐수가 일시 유입되었다면 순간적으로 오염농도가 높아지지만 하천을 따라 흐르는 동안에 차츰 정화되어 폐수가 유입되기 전 처음의 상태로 되돌아온다. 즉, 유기물질(오염물질) 지표로서 생물화학적 산소요구량(BOD ; Biochemical Oxygen Demand)은 폐수 유입 후 점차적으로 완만하게 감소되어 유입전의 농도로 되돌아오고, 이에 따라 물속의 용존산소(DO ; Dissolved Oxygen)는 폐수 유입 후 점차적으로 감소한 후 임계점을 지나 다시 점차적으로 증가하여 폐수 유입 전의 농도를 유지하게 되는데, 이와 같이 시간(유하거리, 流下距離)에 따른 용존산소농도의 곡선을 용존산소부족곡선(oxygen sag curve)이라 한다.

이와 같은 자연수계의 자정기구(自淨機構, self-purification mechanism)에는 물리적, 화학적 및 생물학적 과정이 포함된다.

이러한 과정이 일어나는 속도와 정도는 계의 특성에 따라 여러 가지 변수가 있으며 부피, 유속, 난류정도 등의 수리적 특성, 바닥과 둑의 재료, 햇빛과 온도의 변화 등과 같은 물리적인 특성은 자연수의 화학적인 성질과 더불어 자연의 정화과정에 영향을 미치는 주요 변수가 된다.

13.2.1 물리적 자정작용

주요 물리적 자정작용에는 희석(dilution)과 확산(diffusion), 침전(sedimentation)과 재현탁(resuspension), 여과(filtration), 대기 중의 산소가 물속으로 전달되거나 반대로 수중에서 화학적 또는 생물학적 과정에 의해 생성된 기체가 대기 중으로 방출되는 기체전달(gas transfer), 햇빛에 의한 열전달(heat transfer) 등을 들 수 있다. 이러한 과정들은 그 자체로도 자정작용에 있어서 중요한 역할을 수행할 뿐만 아니라 그것과 관련되어 있는 화학적 및 생물학적 자정작용에도 크게 영향을 미친다.

13.2.2 화학적 자정작용

자연적인 물의 경로에는 많은 용해된 광물질들과 기체들을 함유하게 되는데 이들은 서로 복잡한 여러 가지 방법으로 화학적인 작용을 하게 된다. 산화－환원, 용해－침전 및 다른 화학적 변화 등이 자연수계의 자연적인 정화과정을 돕기도 하고 방해하기도 한다.

13.2.3 생물학적 자정작용

자정작용에 관여하는 많은 화학반응들은 생물학적으로 고려되어야 한다. 이러한 생화학반응들은 자발적인 반응은 아니며, 반응이 일어나기 위해서는 외부로부터의 에너지원이 필요하다. 생분해성 유기물이나 다른 영양분의 경우, 이러한 활성화 에너지는 이와 같은 물질들을 먹이와 에너지로 이용하는 미생물에 의해 공급된다. 즉, 미생물이 수중의 오염물질(유기물 등)을 분해하는데 있어서 촉매역할을 수행하게 된다.

13.3 수질오염의 원인과 영향

13.3.1 수질오염의 원인

수질오염의 발생원인은 크게 자연적인 것과 인위적인 것으로 분류할 수 있다. **자연적 원인**으로는 강우량의 불균형으로 인한 하천용량의 저하와 하상의 형태에 따른 유속 및 유량의 불연속성, 그리고 하천유역에서 침식작용으로 인한 각종 부유물질의 하천유입이 있을 수 있겠으나 일시적인 것으로 큰 문제가 되지 않는다. 왜냐하면 자연은 자정능력이 있어 시간이 어느 정도 경과되면 저절로 정화되기 때문이다.

그러나 **인위적 오염물질의 계속적인 배출** 및 하천으로의 유입은 수계의 자정능력을 잃게 하므로 결국 별도의 오염물질 처리시설을 갖추지 않으면 안 되는 것이다. 인위적인 오염물질의 배출은 인구증가 및 각종 산업 활동에 필연적일 수밖에 없는데 그 종류는 대별하면 ① 오염원이 쉽게 확인되는 **점오염원**(point source)으로서 생활하수, 산업폐수, 축산폐수 등을 들 수 있다. 이들은 자체 정화시설의 설치와 설치된 정화시설의 적정 관리를 유도함으로써 오염원의 통제와 관리가 가능하다.

점오염원에 대한 상대적 개념으로 ② 오염원의 확인이 어렵고 규제관리가 용이하지 아니한 **비점오염원**(nonpoint source) 문제가 차츰 심각한 수질오염의 원인이 되고 있다. 이들 비점오염원으로는 농경지에 뿌려지는 농약, 비료와 각 가정에서 사용하는 합성세제, 도로가에 쌓인 분진(비가 올 경우 하수도에 흘러들어가 수질오염물질이 된다) 등을 들 수 있다.

13.3.2 수질오염의 영향

1) 인체에 미치는 영향

수질오염이 인체에 미치는 영향은 직접적인 것과 간접적인 것이 있다. 직접적인 것은 유해화학물질(tri-halo-methane, chloro-phenol 등)과 중금속 및 병원성 미생물 등으로 오염된 물을 음용함으로써 급·만성 중독, 수인성 질병 및 기생충 감염 등의 영향을 받는 경우이고, 간접적인 것은 수중의 오염물이 어패류나 농작물에 흡수되어 그 오염된 동·식물을 인간이 섭취해서 생기는 것이다. 간접적인 피해로서 널리 알려져 있는 것은 **미나마타병**과 **이따이 이따이병** 등이다. 전자는 **유기수은**에 의해 오염된 어패류를, 후자는 **카드뮴**에 의해 오염된 농작물 등을 섭취하여 발생된 질환이다.

(1) 미나마타병

1952년 일본 규수에 있는 미나마타라는 작은 어촌에서 발생한 미나마타병(Minamata disease)은 메틸수은($HgCH_3^+$, $Hg(CH_3)_2$ → 유기수은) 화합물에 의해서 오염된 어패류를 장기간 대량으로 섭취해서 일어났던 중추신경계의 질환이다. 구마모토현 미나마타만(Minamata bay) 주변 일대에 발생한 미나마타병의 직접적인 원인물질은 수은이었는데, 미나마타만이 수은에 오염된 원인은 만에 인접한 신일본 질소비료공장(1965년 질소주식회사로 이름 변경 → 이하 「질소」, 즉 치소 → 치소공장)에서 배출하는 폐수에 의한 것으로 밝혀졌다.

치소공장에서 아세틸렌(C_2H_2)으로부터 아세트알데하이드(CH_3CHO) 또는 PVC수지를 제조하는 공정에 수은 성분이 함유된 촉매를 사용하였는데, 이 때 배출된 폐수에 함유된 수은은 바다에서 희석은 되었지만 미생물에 의해 더욱 유독한 메칠수은(유기수은)이라는 물질로 변형되었으며, 이것이 이곳에 서식하는 생물들의 체내에 농축되어 먹이연쇄를 따라 농도가 더욱 증폭되었다. 결국 고농도로 농축된 물고기를 오랜 기간 동안 섭취한 물새, 고양이 그리고 사람들에게서 독성이 크게 나타나게 된 것이었다.

이 사건을 통하여 세계에서 처음으로 **생물농축현상**(bioconcentration, **생물축적**, bio-accumulation)과 **생물증폭현상**(bioamplification, **생물확대**, biomagnification)이 보고되었다. 당시 미나마타만의 해수에서 수은의 농도는 최고 0.0006 ppm 정도였으나 물고기는 10~50 ppm으로 최고 8만 배까지 농축되었다.

수생생물 속에 농축된 유독성분의 **농축계수**(concentration factor)는 다음 식으로 표시된다.

$$\text{농축계수(CF)} = \frac{\text{수생생물 중의 유독물질 농도}}{\text{수중의 유독물질 농도}}$$

한편, 수은은 중금속 중 유일한 액체 상태이고, 휘발성이 강해서 배출을 제어하기가 가장 힘든 중금속이며, 아주 적은 양이라도 해롭기 때문에 걸러내야 한다. 따라서 선진국을 중심으로 수은을 더 이상 사용하지 않고 회수해서 방사성 폐기물처럼 영구보관하려는 움직임(수은 저장소의 마련과 수은의 수출입 금지)이 있으며, 먹이사슬에서 상당히 높은 위치를 차지하고 있는 참치에 대해서는 수은축적의 정도를 우려하여, 임산부의 1일 섭취 허용량을 설정해놓고 있다.

(2) 이따이 이따이병

우리 몸속에 들어 온 카드뮴은 각종 기관에 영향을 미쳐 다양한 증상을 일으킨다. 이 중 특히 골격이나 뼈에 영향을 미치게 되면 **골연화증**(osteomalacia)이나 **골다공증**(osteoporosis) 등을 유발하게 되는데 그 통증이 매우 심하다고 한다.

지금 현재 카드뮴 농축에 의한 **"이따이 이따이병"**(いたい-いたい病, itai-itai disease, ouch-ouch disease)은 전 세계적으로 매우 유명한데, 이 병의 출현은 약 40년 전으로 거슬러 올라간다.

일본의 도야마현에는 납과 아연을 제련하는 미쓰이 금속공업 가미오까 광업소가 있었는데, 이 공장에서 버린 폐수 속에는 많은 카드뮴이 들어 있었고(일반적으로 아연광석에는 카드뮴이 공존하는 것으로 알려짐), 이 카드뮴이 그 지역의 강을 오염시켰다. 그 이후 카드뮴으로 오염된 물고기를 먹은 사람, 카드뮴이 함유된 폐수를 농업용수로 사용하여 지은 농산물을 먹은 사람, 카드뮴이 포함된 물을 계속해서 식수로 사용한 사람들에게 이상한 골연화증의 증세들이 나타나기 시작했다. 이러한 증상들은 주로 아기를 많이 낳은 갱년기의 여성에게서 나타났으며, 요통이나 하지근육통으로 시작하여 수년 후에는 걸을 수 없게 되고, 몸을 조금만 움직이거나 기침을 해도 뼈가 부러지기도 하였다. 이 병에 걸린 사람들이 우리말의 '아프다

아프다'에 해당하는 일본말인 '이따이 이따이'라고 고통을 호소한데서 결국 이런 병명을 얻게 되었다.

이 질환의 본질은 먼저 카드뮴의 만성중독에 의해 신세뇨관(腎細尿管)에 병변이 일어나, 그 재흡수기능이 저해되어 칼슘의 상실과 체내 칼슘의 불균형으로 인하여 골연화증이 진행되는 것이다.

이따이 이따이병 환자는 골연화증 등의 뼈에 이상이 일어나기 전부터 심한 통증을 호소하는 것이 특징이다. 그 진전과정은 보통 요통, 하지근육통, 관절이상, 보행불능, 골연화증, 골다공증, 골절, 전신쇠약을 거쳐 사망에 이른다.

2) 수중생태계에 미치는 영향

(1) 부영양화 현상(富營養化 現象, Eutrophication)

하천이나 호소에 유기물 또는 **질소 · 인** 등 **영양염류**(nutrients)가 적당히 존재하면 희석, 침전, 생물분해에 의해 자연 정화되지만, 과잉 공급되면 **식물성 플랑크톤**(phytoplankton, ※plankon(희랍) ; 자유롭게 떠다니는 생물체라는 뜻), 즉 **조류**(藻類, algae)의 이상 번식을 촉진하여 물 색깔의 변화와 투명도 저하를 초래한다. 또 이들의 사멸에 의한 잔해는 하부에 침적하여 부패(혐기성 세균에 의한 혐기성 분해 → 악취발생)되거나 또는 유하(流下)하여 댐의 배후나 하구(河口, estuary)부근에 침전하여 하천의 수질을 악화시킨다. 이러한 현상을 **부영양화**(富營養化)라 한다(※中營養化, mesotrophication, 貧營養化, oligotrophication).

부영양화가 형성된 호소에서는 각종 취기(臭氣, odor by geosmin)를 내며 녹-갈색으로 착색되어 소위 **물꽃현상**(**수화현상**, 水華現象, **녹조현상**, 綠潮現象, water bloom, algal blooming)이 발생한다. 이러한 물꽃은 정체원 담수에서 플랑크톤이 폭발적으로 이상 증식하여 수면에 피막상이나 환상으로 뜨는 것을 말하는데, 대개는 식물성 플랑크톤이고, 계절적으로는 여름에서 가을에 걸쳐 많이 발생한다. 이와 같은 물을 원수로 하는 상수에서는 정수작업에 의해서도 완전히 처리될 수 없고, 수돗물 중에 플랑크톤이 혼입하여 색을 띠므로 green water의 불평이 일어나는 경우도 있다(上水 ; white water, supply water, 下水 ; black water, sewage, 中水 ; gray water).

호소에도 하천과 유사한 자정작용이 있는데 수심에 따른 온도차이 때문에 물의 밀도가 변화됨으로써 수직방향으로 물의 순환이 일어나게 되며, 이로서 자정작용을 일으킨다. 전술한 부영양화는 이런 호소의 자정작용을 초과할 때 생기는 것이며, 이미 형성된 부영양화도 계절에 따라 발생하는 **성층현상**(成層現象, stratification)에 의해 더 악화될 수 있다.

부영양화 현상을 초래하는 것은 생활하수(오・폐수, 특히 합성세제수), 축산폐수, 공장폐수, 양식장(사료 찌꺼기), 비료가 과다하게 사용된 농경지 등에서 흘러나오는 각종 물질 중 질소와 인 성분이다. 이들 물질은 수중식물의 영양소가 되는 것으로 호수 및 강 등에 질소와 인의 농도가 일정수준을 초과하게 되면 조류(藻類) 등 식물성 플랑크톤이 급격히 늘어나며, 과밀성장에 따라 막대한 수중산소가 소비되어 물고기 등이 산소부족으로 죽게 된다.

부영양화의 주요 원인은 **합성세제**(synthetic detergent)에 함유된 **보강제**(builder)로, 물속의 경도성분을 없애 주는 물질인 인산염이다. 이 물질이 물속의 녹조류나 적조류의 성장과 미생물의 번식을 촉진하여 부영양화를 유발해서 용존산소가 고갈되어 물이 썩게 된다. 또한 직접적인 피해로는 물을 상수로 이용할 경우 여과를 방해하고 악취를 수반하기 때문에 정수작업에 지장을 초래한다.

부영양화 현상을 방지하려면 화학비료의 과다사용을 억제하고, 합성세제의 인산염 성분을 제거토록 하며, 하수, 축산폐수 및 공장폐수 등의 처리시설을 확충하여 영양염류의 유입을 막도록 해야 한다.

이 밖에 합성세제가 수질을 오염시키는 또 하나의 요인은 세제를 사용할 때 발생하는 거품이다. 거품은 계면활성제가 주성분이며 이 성분은 석유화학 부산물로 **알킬벤젠설폰산염**(ABS ; alkylbenzenesulfonate)이나 **리니어 알킬벤젠설폰산염**(LAS ; linear alkylbenzenesulfonate) 등이다.

거품은 태양광선을 차단하여 수중식물의 광합성을 방해하며, 공기로부터의 산소공급을 차단하여 혐기성 미생물의 번식을 촉진함으로써 물의 자정능력을 잃게 만든다. 또한 화학계면활성제에도 독성이 있기 때문에 피부에 자극을 주어 탈모 등의 원인이 되기도 한다.

부영양화로 인한 조류의 과잉번식을 억제시키려면 일광을 차단하는 방법과 활성탄이나 황토를 살포하는 방법, micro-straining을 통한 cell harvest 방법 등을 채택할 수 있으며, 약제를 첨가하여 제거하는 방법으로 황산동, 염화동 및 염소를 사용하는데 그 중 황산동($CuSO_4$)이 가장 효과적으로 이용되고 있다.

(2) 용존산소의 고갈(Dissolved oxygen depletion)

여러 가지 유기물질이 하천에 유입될 때 그 오염효과는 다양하다. 예컨대 유류는 하천의 미관상 좋지 못할 뿐만 아니라 수상에 퍼져서 엷은 막을 형성함으로써 공기 중의 산소가 물속에 용해되는 것을 방해한다. 그러므로 기름의 양이 과다하면 물고기는 질식한다. 또한 페놀, 타르, 시안화물 및 DDT와 같은 유독성 유기화합물은 하천 중에 있는 미생물을 감쇄함으로써 하천의 자정작용을 해칠 뿐만 아니라 극소량으로도 물고기와 기타의 수생생물을 죽일 수 있다.

그러나 유기물의 대부분은 하수 중에 있는 미생물에 의하여 분해되고 그 때 생물화학적 작용에 의하여 용존산소가 소비된다. 페놀이나 시안화물과 같은 유독성 물질일지라도 그 농도가 작을 때는 또한 그러하다. 그러나 탄화수소, 에테르, 비닐, 리그닌, 섬유소 등과 같은 유기물은 세균에 의하여 잘 분해되지 않는다(**난분해성 유기물**, refractory organics, recalcitrant organics).

그러나 유기오염물이 적고 하천의 산소 용존도가 클 때는 호기성 세균에 의하여 무해하고 안정하며 취기가 나지 않는 최종물질로 분해된다. 이와 같이 하천은 자연적으로 오염의 상태에서 벗어나게 되는데 이것이 앞서 설명한 자정작용이다.

그러나 유기오염물이 대량일 때는 그 중 일부의 유기물에 의하여 용존 산소는 전부 소비되고, 나머지 유기물은 혐기성 세균에 의하여 분해된다. 이 때 유기물은 부패하여 전술한 경우와는 다른 최종물질을 만드는데 분해 중에 방출되는 **암모니아**(NH_3), **유기성의 아민**(amine)[3], **황화합물**(H_2S, CH_3SH ; methyl mercaptan) 등은 악취의 원인이 된다.

한편, 이러한 용존산소의 고갈은 수중 상태를 혐기성 상태로 만들어, 여기에 살아남을 수 있는 혐기성 세균을 제외하고는 산소를 필요로 하는 동물(어패류 등) 및 식물이 사멸하게 되어 궁극적으로 수중생태계의 파괴를 가져온다.

(3) 적조현상(赤潮現象, Red tide)

해수 속으로 N, P 등의 영양염류(식물성 플랑크톤인 藻類의 영양물질)가 과다하게 유입되고(부영양화) 해수의 온도가 21~26℃를 나타내면(주로 6월 중순~9월 하순), 해수 중에 특정 조류(특히 붉은 색의 chlorophyll을 가지고 있는 *Cochlodinium catenatum* 등)가 이상 증식하여 바닷물의 색깔이 빨간 색으로 변하게 되는데 이를 적조현상이라 하며, 이의 발생과정은 본질적으로 담수에서의 수화현상과 같다.

적조현상이 미치는 **영향**으로는

① 해수 속의 조류가 과잉번식하면, 이들이 호흡하는 과정 중 용존산소를 고갈시켜 해수 중의 동식물의 사멸을 초래한다(양식장 피해 및 수중생태계 파괴).

② 이들 조류들이 물고기의 아가미에 침착되어 호흡곤란을 유발시켜 죽게 한다.

---

3) NH_3의 H 대신에 chain형의 탄화수소기(R)나 ring형의 탄화수소기(R)가 결합된 화합물로서, 전자를 지방족 아민(aliphatic amine), 후자를 방향족 아민(aromatic amine)이라 하는데 후자는 발암성이 우려되는 물질이다

③ 조류들이 성장하면서 방출해낸 치명적인 독소에 의해 어패류의 사멸이 초래된다(독수대, 毒水帶).

적조현상의 **예방대책**으로는

① 생활하수와 인분뇨 및 축산분뇨 속에 영양염류인 질소, 인이 많이 존재하므로 전체적인 하수처리율(현재 약 70%)이나 분뇨처리율, 축산폐수처리율 등의 제고가 필요하다.
② 일반적으로 통용되는 생물학적 폐수처리에 의한 유기물(BOD, COD)제거율은 높으나, N, P의 제거율이 낮으므로 하·폐수의 고도처리공정의 도입이 요구된다.
③ 산업폐수처리에 대한 엄격한 관리가 요구된다.
④ 연안해역에 대한 영양염류의 농도, 해수의 온도, 해류의 흐름 등에 대한 환경 monitoring system의 구축이 필요하다.
⑤ 농경지의 화학비료(N, P)의 과다사용을 억제해야 한다.
⑥ 담수 및 연안해역의 가두리 양식장에서 사료(N, P 다량 함유)의 과다사용 억제
⑦ 하·폐수 슬러지의 해양투기(ocean dumping) 금지 등이 요구된다.
⑧ 연안해역에서 퇴적물의 제거가 필요하다. 퇴적물의 제거는 준설 펌프와 퇴적물 회수처리선으로 시행할 수 있다. 이것은 하구해역, 정체해역 등의 유기퇴적물을 준설펌프를 사용하여 준설하고, 그것을 배관으로 처리선에 보내어 응집제를 써서 침전 탈수하여, 분리수는 바다에 방류하고 침전물은 고화시켜 육상에 버리는 방법이다.

적조발생 후 그 피해를 최소화하기 위한 **사후대책**으로는

① 담수의 경우 취수과정에서 살조제(殺藻劑, algicide)인 황산동($CuSO_4$)을 투여한다.
② 해수의 경우 진흙, 황토 등을 투입하여 조류를 흡착, 침전시킨다.
③ 기계적 장치로서 미세여과장치(micro-straining)를 통해 해수 중의 조류를 여과, 제거시킨다(적조회수선박).
④ 양식장의 피해를 줄이기 위해 양식장을 바닷물의 흐름이 큰 곳(즉, 해수가 정체되지 않는 곳, 여울)에 설치하거나 이동식으로 설치하여 적조발생지역을 빠져나올 수 있도록 한다.
⑤ 적조 발생 초기 조류에 대한 천적으로서 조류를 포식할 수 있는 원생동물을 개발, 투입한다.

그러나 이러한 적조현상이 이미 발생한 후에는 그 처리가 매우 어렵기 때문에 예방대책에 더 노력을 기울여야 할 것이다.

(4) 열오염(Thermal pollution)

수온(水溫)상승에 따른 수질오염을 열오염(thermal pollution)이라 하며, 많은 수중생물들이 수온에 영향을 받으므로 이러한 환경변화는 지대한 영향을 미칠 수 있다. 열오염은 화력발전소와 원자력발전소에서 배출된 냉각수가 원인이 된다. 이러한 **냉각수**(온배수, 溫排水)는 주변의 해수보다 4~10℃ 높아서 수중생물에 생리적, 유전적 손상을 주며 산란유형을 변화시키거나 중지시키는 등 생태계의 균형을 깨트릴 수 있다.

또한, **수온상승으로 인해 산소의 용해도가 낮아져 용존산소량이 감소**되므로 수중생태계의 산소결핍을 초래하게 된다. 또한 병원성 세균이 더욱 활발해져 급격한 증식으로 수인성 질병 등이 발생될 수 있다. 뿐만 아니라 30℃ 이상의 수온에서는 오수균류(汚水菌類)의 생장이 촉진되어 식물은 죽고 이에 대한 미생물의 분해작용으로 물을 썩게 한다. 그리고 수온상승은 송어와 같이 온도에 민감한 물고기에게는 치명적이며, 대체로 담수어들은 수온상승으로 인해 그 번식이 크게 감소된다.

수온상승을 방지하기 위해 냉각탑, 냉각기 및 냉각못 등을 설치하고 있으며, 열오염이 생물에 미치는 피해를 줄이기 위해 담수에 방류할 때 수온이 25℃를 넘지 않도록 하고, 하수에 방류할 때는 20℃ 이하로 규정하고 있다.

(5) 침적현상(沈積現象)

침적물은 일시적으로 현탁되어 있는 물질로서 고령토, 광산폐기물, 불용성 유기고형물 등으로 물을 혼탁하게 하여 광선투과율이 감소되므로 광합성률을 감소시켜 수중식물의 성장을 억제한다. 하수 및 폐수 중의 이들 현탁물질이 하천, 호수 및 바다에 퇴적하는 침적현상으로 수질이 악화될 뿐만 아니라 어류의 산란장소와 피난처에 피해를 주고, 물밑 무척추동물의 생존에 영향을 끼친다.

한편, 침적물은 항상 물과 접촉하고 있는 상태이므로 가끔 침전물이 부상하여 수질을 오탁시키기도 하고 하류로 운반되기도 한다. 또한 용존산소가 부족할 때에는 침적물이 부패되어 하상(河床)부근의 수질에 악영향을 끼치기도 한다.

(6) 해양오염

해양오염의 발생원인은 특성상 간단하게 구분할 수 없을 정도로 복잡하고 다양하다. 어떤 오염물질이 직접 해양으로 투입되는 것을 **직접적 원인**이라 하고, 방파제, 방조제, 부두, 수문 등 어떤 구조물 등에 의하여 해류에 영향을 주어 확산효과를 줄이거나 그 구조물로 인한 각종 오염물의 유입이 일어날 수 있는 것을 **간접적 원인**으로 구분한다.

먼저 직접적 원인에 의한 해양오염으로는 **유류오염사고**(oil spills)를 들 수 있는데, 여기에는 해저유전으로부터 발생되는 경우와 유조선의 좌초 등으로 인한 경우, 유조선이 하역 후에 배의 균형을 잡기 위하여 사용되는 **발라스트 물**(ballast water)이라든가, 일반선박 등에서 발생되는 엔진 냉각수의 방류에 의해서도 발생된다. 이상에서 설명한 유류오염사고에 의한 해양오염 외에도 각종 산업폐수와 생활하수, 그리고 매립지 침출수 등이 미처리된 상태로 해양으로 유입되는 경우와 양식어장에서 양식물 수확 후 어장청소를 하지 않아 양식시설에서 나오는 각종 부유물, 폐각류 등이 있다.

13.4 폐수의 특성

13.4.1 유기물질의 특성

유기물질이란 일반적으로 **탄소와 수소가 공존하는 화합물**을 말하는데, 하수 내 부유고형물의 약 75%와 용존고형물의 40%가 유기물질이다. 이 고형물은 동식물군 및 유기화합물의 합성 등으로 인한 것이다. 유기화합물은 일반적으로 탄소, 수소, 산소와 경우에 따라서는 질소와의 결합으로 이루어진다. 황, 인, 철 같은 다른 중요한 원소가 포함되기도 한다. 하수 중에 들어있는 유기물질의 주요성분은 주로 단백질(40～60%), 탄수화물(25～50%), 지방(10%)이다. 이들 생물체로부터 파생된 자연 상태의 유기물질은 수중의 미생물에 의해 비교적 쉽게 분해된다.

단백질, 탄수화물, 지방 외에도 하수에는 간단한 구조에서 아주 복잡한 구조에 이르는 수많은 유기화합물이 소량 들어있다. 계면활성제, 특정 유기오염물, 휘발성 유기합성물, 농약과 같은 것들이 이에 해당한다. 더구나 그러한 합성물의 숫자는 많은 유기화합물의 합성으로 인해 매년 증가하고 있다.

이러한 **합성유기화합물**(synthetic organics)은 대부분이 생물학적으로 매우 늦게 분해되거나 분해될 수 없기 때문에(**난분해성 유기화합물**, refractory-, recalcitrant organics) 하수 내 이러한 합성유기화합물이 포함되어 있으면 처리과정이 더욱 복잡해진다.

13.4.2 유기물질 함유량의 측정

1) 생물화학적 산소 요구량(BOD ; Biochemical Oxygen Demand)

(1) BOD의 정의와 측정의 원리 및 의의

폐수 및 지표수의 경우, 유기오염물질의 지표(指標, indicator)로서 가장 광범위하게 이용되는 것이 5일간 BOD (BOD_5)이다. 이는 미생물이 20℃에서 5일 동안에 물속에 존재하는 유기물을 생화학적으로 산화할 때 소비하는 용존산소(DO ; Dissolved Oxygen)의 양을 측정하여 산정할 수 있다. 따라서,

$$BOD(mg\ O_2/L) = (D_1 - D_2) \times P$$

여기서, D_1 : 준비 후 즉시 측정된 시료의 DO(mg/L)

D_2 : 20℃에서 5일간 배양 후 측정된 시료의 DO(mg/L)

P : 시료의 희석배수

엄밀한 의미로 BOD는 특정 시료(물) 속에 존재하는 유기물질을 미생물이 분해하는데 필요한 산소량(O_2)이지만, 이 산소량이 많다는 것은 물속에 그만큼 유기물질이 많다는 것을 의미하게 된다. 즉, BOD가 높으면 그만큼 유기물질, 곧 오염물질이 많이 존재하는 폐수라 할 수 있다. 따라서 BOD를 물속에 존재하는 오염물질로서의 유기물 함량에 대한 지표(指標, indicator)로 사용할 수 있는 것이다.

2) 화학적 산소 요구량(COD ; Chemical Oxygen Demand)

COD 시험은 폐수와 자연수 중의 유기물의 함유량을 알아내기 위해서 사용된다. 이 방법은 중크롬산칼륨($K_2Cr_2O_7$, COD_{Cr})이나 과망간산칼륨($KMnO_4$, COD_{Mn})과 같은 강한 산화제를 이용하여 시료 내의 유기물을 화학적으로 산화시킨 후, 이 때 소모된 산화제의 양을 그 속에 존재하는 유기물을 산화(분해)시키는데 소모된 산소량으로 환산한(당량, equivalent) 수치가 바로 COD (mg O_2/L)이다. 이 때, COD가 높다는 것은 소모된 산소가 많다는 의미, 곧 산화제가 많이 소모되었다는 것을 의미하고, 시료 중에 산화제에 의해 산화될 유기물질, 즉 오염물질이 많이 존재하는 물이라는 것을 의미한다.

한편, 산화제로서는 중크롬산칼륨이 우수한 것으로 알려져 있는데(COD_{Cr} 方法), 시험은

고온의 열판상에서 행해지며, 비교적 시간이 적게 걸리고(3시간), 유기물질에 따라서는 산화를 돕기 위하여 촉매(황산은)가 필요하다. 무기물질 중에는 이 시험에 방해되는 것이 있으므로 미리 제거하여야 한다. 산화제로서 중크롬산을 사용하였을 때의 주반응은 일반적으로 다음과 같이 나타낼 수 있다.

$$\text{유기물}(C_aH_bO_c) + Cr_2O_7^{2-} + H^+ \xrightarrow[\text{가열}]{\text{촉매}} Cr^{3+} + CO_2 + H_2O$$

COD 실험은 미생물의 성장에 유해한 독성물질이 포함되는 산업폐수 및 도시하수 중의 유기물 측정에도 이용할 수 있다. 폐수의 COD는 일반적으로 BOD보다 크다. 이 이유는 생물학적으로 산화되는 것보다 화학적으로 산화되는 화합물이 많기 때문이다. BOD는 5일이 걸려야 측정할 수 있지만 COD는 3시간에 측정할 수 있기 때문에 폐수 중의 BOD와 COD사이의 관계를 파악하면 매우 편리하다. 일단 상관관계가 파악되면 처리장의 관리와 운전에서 COD만을 측정하면 될 것이다.

3) 총 유기탄소(TOC ; Total Organic Carbon)

또 다른 유기물의 측정방법으로서 TOC 시험이 있는데 이 방법은 특히 유기물 함유량이 작을 경우에도 사용할 수 있다. 이 시험에서는 일정한 양의 시료를 고온로에 주입하여 유기물을 촉매 하에서 이산화탄소로 산화시킨다. 이산화탄소는 적외선 분석기를 사용하여 정량적으로 측정할 수 있다. 이렇게 측정된 CO_2 발생량을 탄소량으로 환산한 수치가 바로 TOC (mg C/L)이다. TOC가 높다는 것은 CO_2가 많이 발생했다, 곧 수중에 유기성 탄소가 많다는 의미이며, 유기물질(탄소와 수소를 기본적으로 가지고 있는 화합물)이 많은, 즉 오염이 심한 물이라 할 수 있다.

13.4.3 생물학적 특성

1) 병원성 미생물(Pathogenic microorganism)

하수에서 발견되는 병원성 생물은 병이 발현된 사람 혹은 보균자에 의해서 배출될 수 있다. 하수에서 발견되는 주된 병원성 미생물은 박테리아, 바이러스, 원생동물 및 기생충 등이다. 박테리아성 병원성 미생물은 장티푸스, 파라티푸스, 이질, 설사 및 콜레라 같은 위장계통의 병을 갖은 사람에 의해 배설된다. 이런 미생물은 전염성이 높기 때문에 위생시설이 빈약한 지역, 특히 적도 부근에서는 매년 수천 명이 이로 인하여 사망하고 있다.

2) 지표미생물(指標微生物, Indicator microorganisms)

오염된 물과 하수에는 병원성 미생물의 개체수가 매우 적기 때문에 분리 추출하기가 어렵다. 따라서 비교적 개체수가 많이 발견되고 실험이 용이한 **대장균**(大腸菌, coliform bacteria)이 흔히 지표 미생물로 사용된다.

사람의 내장계통에는 대장균으로 알려진 무수한 막대형의 박테리아가 있다. 사람은 하루에 1천억에서 4천억의 대장균을 다른 종류의 박테리아와 함께 배출한다. 따라서 대장균의 존재는 소화기계 병원성 미생물(*Shigella* , *Salmonella* , *Vibrio* 등)이 존재할 수 있다는 지표이며, 대장균의 부재는 병을 일으키는 미생물이 거의 존재하지 않는다는 의미이다.

대장균은 *Escherichia*와 *Aerobacter* 속(屬)이다. 지표 미생물로서 대장균의 이용은 *Escherichia* 와 *Aerobacter* 가 토양 속에서 성장할 수 있다는 사실도 고려되어야 한다(**총대장균군**, total coliform). 따라서 대장균의 존재가 반드시 사람의 배설물에 의해 오염되었다는 의미는 아니다. 그러나 확실히 *Escherichia coli* (*E. coli*)는 그 근원이 전부 배설물에 의한 것이다(**분원성 대장균군**, fecal coliform).

3) 살균(殺菌, Disinfection)

(1) 살균과 멸균

살균이란 질병을 유발시키는 미생물을 선택적으로 파괴시키는 것을 말한다. 이 공정에서는 모든 미생물을 다 죽이는 것은 아니다. 이 점이 모든 미생물을 다 죽이는 고온고압 증기 멸균(autoclaving)이나 방사선 조사, 완전여과 등에 의한 **멸균**(sterilization)과 다른 점이다. 하수처리의 분야에서 사람에게 질병을 유발시키는 중요한 인체 내의 미생물은 박테리아, 바이러스, 아메바 등의 세 가지이다. 박테리아에 의해 생기는 **수인성질병**(waterborne disease)으로는 장티푸스(typhoid), 콜레라(cholera), 파라티푸스(paratyphoid), 박테리아성 이질(bacillary dysentery) 등이 있으며, 바이러스에 의해 생기는 수인성 질병으로는 소아마비와 전염성 간염 등이 있고, 아메바에 의한 수인성 질병으로는 아메바성 이질(amebic dysentery) 등이 있다.

(2) 살균의 방법

① 화학적 방법

살균제(disinfectants, 소독제)로 쓰이는 화학약품으로는 ① 염소(chlorine)와 염소화합물, ② 브롬, ③ 요오드, ④ 오존, ⑤ 페놀과 페놀화합물, ⑥ 알코올, ⑦ 중금속과 관련화합물, ⑧ 염료, ⑨ 비누와 합성세제, ⑩ 과산화수소, ⑪ 여러 가지 산과 알칼리 등이 있다. 이들 중에서 가장 보편적인 살균제는 산화작용을 하는 화학약품들이며, 그 중에서도 염소가 가장 많이 쓰이고 있다. 브롬과 요오드도 하수의 살균에 사용되어 왔으며, 오존은 매우 효과적인 살균제로서 점점 더 많이 사용되고 있다. pH가 11보다 높거나 3보다 낮은 물은 대부분의 박테리아에 비교적 독성을 나타내므로 강산이나 강알칼리의 물은 전염성 박테리아를 없애는데 쓰인다.

② 물리학적 방법

물리학적 수단으로 열과 빛이 사용되고 있다. 예를 들어, 물을 끓이면 대부분의 포자를 형성하지 않는 질병유발 박테리아를 파괴할 수 있다. 가열은 양조나 유가공 산업에서는 보통 사용되는 방법이지만, 많은 양의 하수를 처리하는 데는 비경제적이므로 적당한 방법이 못된다. 그러나 유럽에서는 슬러지를 저온 살균하는 방법(pasteurization)을 많이 사용하고 있다. 즉, 63~66℃에서 30분간 처리하는데 현재는 71℃에서 15분간 처리하는 High Temperature Short Time (HTST) 방법을 많이 사용한다.

태양광선도 좋은 살균제 중의 하나이다. 특히 자외선(UV)도 사용될 수 있다. 적은 양의 물을 살균하는데 는 자외선을 발생하는 특수 램프가 사용되어 성공적으로 쓰이고 있다. 이 공정은 광선이 물속으로 침투하는 양에 따라 효율이 좌우된다. 따라서 자외선 광원과 물과의 접촉의 기하학적 형상이 매우 중요한데 그 이유는 부유물질, 용존유기분자, 그리고 물자체 뿐 아니라 미생물이 광선을 흡수하기 때문이다. 따라서 물시스템 안에서는 특히, 입자상물질이 많이 들어 있는 경우에는 자외선 방법을 사용하는 것은 바람직하지 않다.

③ 기계적 방법

박테리아와 다른 미생물들은 하수처리과정에서 기계적인 수단에 의해서도 제거된다. 즉, 조대(粗大)스크린(coarse screen)에서는 0~5%, 미세스크린에서는 10~20%, 침사지에서는 10~25%, 보통침전에서는 25~75%, 약품침전에서는 40~80%의 박테리아 제거율을 보인다.

④ 방사선

투과력이 가장 강한 방사선인 감마선은 코발트 60과 같은 방사성 동위원소로부터 방출되는데, 강한 투과력 때문에 상수와 하수를 소독하는데 사용되어 왔다.

13.5 수질오염의 제어

13.5.1 폐수의 생물학적 처리(Biological treatment, secondary treatment)

1) 생물학적 처리의 원리 및 종류

폐수는 인간 활동과 각종 산업 활동을 통해 끊임없이 생성되고 있으며, 각종 경로를 거쳐 인간이 여러 가지 용도로 사용하고 있는 다양한 용수원에 유입된다. 이러한 폐수를 생성 후 또는 배출 전에 처리하지 않으면 각종 질병을 포함한 많은 악영향을 인간에게 미치게 된다. 폐수의 처리 및 처분 방법에는 여러 물리화학적 방법과 생물학적 방법이 있으나, 이 중 물리화학적 방법은 비용이 많이 들 뿐만 아니라 처리 후의 생성물을 재처리 또는 처분해야 하는 단점이 있다. 이에 반해서 생물학적 처리방법은 상당량의 유기물 성분을 이산화탄소의 형태로 분해, 안정시키거나 메탄가스(CH_4)의 생성으로 폐수 내 유기물을 제거시킴으로써 처리 후 생성물 양이 비교적 적게 된다.

생물학적 처리 방법은 주로 **미생물을 이용**하여 폐수 내의 오염물질을 분해, 해독 및 분리시키는 것으로서 관여하는 미생물로는 **세균**(bacteria), **균류**(fungi), **조류**(algae), **원생동물**(protozoa) 등이 있으며 **일부 하등동물**도 관여하고 있다.

생물학적 처리법은 도시 생활하수의 2차 처리, 유기물을 함유한 공장폐수 및 이로부터 생성되는 오니의 처리에 주로 사용되는데, 비교적 저렴한 경비와 다양한 공정 등으로 전 세계적으로 가장 널리 사용되는 폐수처리 방법이다.

생물학적 처리는 산소의 이용 유무에 따라 호기성 처리와 혐기성 처리로 나뉘는데, **호기성 처리**에는 활성오니법, 살수여상법, 회전원판법, 산화지법 등이 있으며 **혐기성 처리**에는 혐기성 소화조법, 부패조법 등이 있다. 이들 처리 방법들에서 미생물들은 크게 두 가지의 생활 유형을 보이는데, 폐수 내에 균일하게 또는 floc을 형성하여 **부유 생활**을 하거나 또는 적당한 표면에서 **부착 생활**을 하게 된다.

2) 활성오니법(活性汚泥法, Activated sludge process)

(1) 활성오니법의 원리

폐수의 처리방법은 19세기 말부터 여러 가지가 연구되기 시작되었는데, 영국 Manchester에서 Arden과 Lockett 두 사람이 1914년에 **오니(汚泥, sludge)**의 재순환을 고안해 냄으로써 **활성오니법**이 탄생되었으며, 그 후 이 방법의 생물학적 이론의 정립과 많은 연구에 의해 몇 가지 변형된 공정이 개발되었다.

활성오니법은 **폭기조(또는 포기조, 曝氣槽, aeration tank)** 내에서 유기물을 함유한 폐수에 공기를 주입하면 폐수 속에 존재하는 미생물의 호기성 대사에 의해 유기물이 이산화탄소와 물로 분해되고, 이 때 발생된 에너지로 미생물 생체량이 증가하는 원리를 이용하고 있다. 이 때 폐수 내에서는 미생물들이 floc(직경 0.1～1 mm)을 형성하게 되는데, 이 floc 형성에는 점액성 물질을 분비하는 *Zoogloea ramigera* 등의 세균들이 관여하게 되며, 폐수 내 각종 유·무기물들이 floc에 흡착된다.

폭기조의 폐수를 일정 시간 폭기한 후, **2차 침전조**(secondary settling tank 또는 clarifier)로 이동시켜 폭기를 중단하면 폐수 속의 floc은 서로 응집 침강하여 폐수는 상층수와 침전물(오니)로 분리된다.

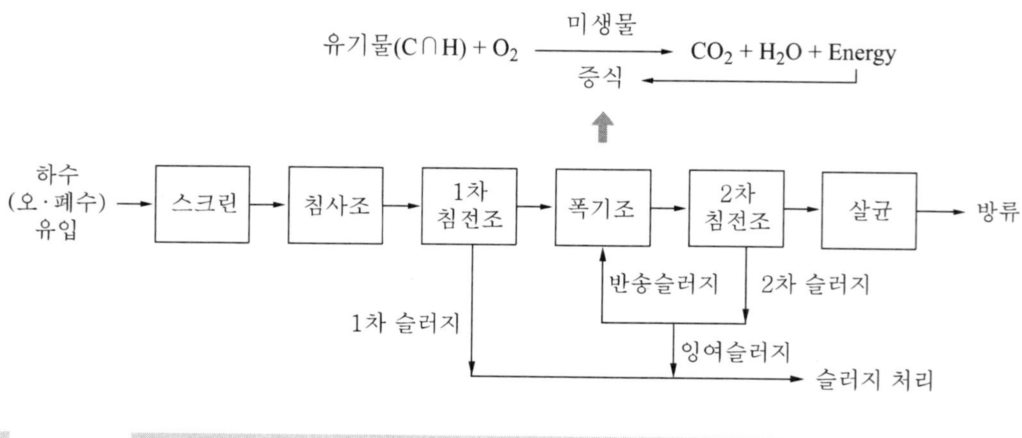

그림 13-1 활성오니법의 공정도

분리 후 상층수는 살균 후 방류 또는 후속처리를 시키고, 침전된 오니 중 일부는 폭기조의 활성오니(activated sludge)로 재사용하기 위한 **반송오니**(재순환오니, returned sludge, recycled sludge)로 폭기조에 되돌려 보내지며, 나머지 오니는 **폐기오니**(잉여슬러지, waste sludge, excess sludge)가 되어 후속 처리를 시킨다.

활성오니법에서 일어나는 반응들은 다음과 같이 요약될 수 있다. 즉,

① 용해성 유기물이나 부유성 유기물의 오니 floc에의 흡착
② 유기물의 생분해와 새로운 미생물 생체량 합성
③ 원생동물 또는 다른 포식자에 의한 세균 또는 부유물의 섭취
④ 생성된 floc의 응결, 침전으로 인한 오니 생성

등이다.

활성오니법은 유기물이 많은 폐수에 대한 처리 효율이 높아서 90~95%의 BOD 제거율을 나타내지만 폐수의 양과 수질의 변화 및 유해 물질에 의해 영향을 쉽게 받고, 처리 후 발생하는 폐기오니를 재처리해야 하는 등의 단점들이 있다.

3) 살수여상법

20세기 이전의 일반적인 폐수처리 방법은 폐수를 토양 표면에 뿌리는 **토양분사법**(land spraying)이었으며, 이로부터 **살수여상법**(撒水濾床法, trickling filter process)이 개발되었다. 이 살수여상법은 폐수 정화에 관여하는 미생물들이 정지상 매체(stationary media) 또는 회전상 매체(rotating media)의 표면에 부착한 고정된 생물막(biofilm)을 이용하는 **고정막 처리법**(fixed-film treatment)의 일종으로, 이런 생물막을 이용하는 폐수처리 방법으로는 **살수여상법**, **회전원판법**(RBC ; Rotating Biological Contactor), **활성생물막법**(activated biofilters), **유동상법**(fluidized bed) 등 여러 가지가 있다.

이 모든 공정의 공통점은 폐수 속의 용존 또는 부유 유기물의 제거가 고형매체(자갈, 쇄석, 합성수지) 표면에 부착된 생물막에 의한 것으로, 생물막 내부에 각종 미생물과 후생동물이 존재하고 있다.

4) 회전원판법

회전원판법(RBC ; Rotating Biological Contactor)은 보다 발전된 호기성 생물막을 이용한 처리법으로서 1920년대 말에 그 원리가 개발되어 1960년대부터 상업적으로 이용되기 시작

하였다. 근접 배치한 얇은 원형판들을 폐수가 흐르는 구조물(tank 등)에 약 40% 정도 잠기게 한 후, 이 판의 수직축을 1 rpm 정도로 회전시켜 판 표면에 생긴 생물막이 폐수 속의 유기물을 흡착하여 분해시킨다. 판이 회전하면서 규칙적으로 생물막이 공기에 노출되므로 산소의 계속적인 공급이 이루어진다. 살수여상법에서와 같이 두꺼운 생물막이 생성되면 떨어져 2차 침전조에서 제거된다.

RBC는 많은 면적을 차지하지 않으며, 작동이 간단하고, 충격부하(shock load)에 어느 정도 견디며, 처리 효율이 비교적 높고, 질화작용도 일어나게 된다. 그러나 저온과 비, 바람으로부터 보호하기 위한 장치가 필요하며, 회전축이 부러지는 경우가 생길 수도 있다.

5) 폐수의 혐기성 처리

위에서 열거한 폐수처리 방법들은 호기성 처리법으로, 산소의 존재 하에 미생물에 의해 유기물이 이산화탄소와 물로 분해되며 생체량이 증가하였다. 혐기성 상태에서는 발효대사에 의해 유기물이 완전 산화되지 못하고 유기산 등이 생성된다. 계속적으로 유기산이 생성되면 pH가 떨어지나 적당한 환경 조건이 되면 유기산이 메탄생성세균에 의해 분해되어 메탄(CH_4)을 생성하게 된다(methanogenesis). 따라서 모든 혐기성 처리는 두 단계, 즉 **유기산 생성단계**와 **메탄 생성단계**로 이루어진다.

혐기성 처리에 원생동물은 거의 관계하지 않으며 혐기성 세균들이 주로 관여하게 되는데, 유기산 생성세균들과 메탄 생성세균사이의 균형이 매우 중요하다. 유기산 생성이 과도하게 일어날 경우, 메탄 생성세균들이 영향을 받아 유기산을 분해하지 못하게 되므로 폐수처리가 잘 되지 않는다. 또한 유기물 부하량의 변화, 유기물 종류의 변화 및 온도 상승에 의해서도 처리가 영향을 받게 된다.

혐기성 처리는 폭기가 필요하지 않기 때문에 운영비용이 적고, 어떤 혐기성 처리법에서는 생성되는 메탄가스를 혐기성 처리에 필요한 온도 유지에 사용할 수 있기 때문에 경제적일 수 있다. 또한 호기성 처리에 비해 폐기 오니의 양이 적다. 그러나 혐기성 처리는 분해속도가 느리고, 비교적 높은 온도가 필요하며, 불완전한 처리 시에는 다음 단계로 호기성 처리를 해야 하는 단점이 있다. 혐기성 처리는 일반적으로 단백질, 탄수화물, 지질 등 유기물이 많고, 비교적 고온이고, 독성 물질이 없으며, 기타 영양물질이 풍부한 폐수의 처리에 이용된다.

13.5.2 폐수의 토양처리법

토양은 복잡한 물리적, 화학적, 생물학적 경로를 통해 많은 폐수 및 폐기물을 분해 또는 해독시킬 수 있는 자연 환경이다. **토양처리법**(land treatment)은 각종 폐수 및 폐기물을 표층 토양과 섞어서 여러 가지 반응, 특히 미생물에 의한 유기물 분해를 촉진시키는 방법으로 **토양경작법**(land farming 또는 land cultivation)이라고도 한다.

13.5.3 폐수의 3차 처리(고도처리)

오·폐수의 처리에 있어 스크린이나 침사조, 침전조를 이용하여 협잡물 등 불순물을 1차적으로 제거하는 것을 **1차 처리**라 하고, 활성오니 또는 살수여상에 의해 유기성오염물질(BOD 등)을 처리하는 것을 **2차 처리**라고 한다. **3차 처리**는 오·폐수를 1차, 2차 처리한 후, 2차 처리에서 제거되지 않는 **질소·인 등 영양물질을 제거하는 공정**을 말하며 **고도처리**라고도 한다. 현재 우리나라의 경우 고도처리를 많이 실시하지는 못하고 있으나 주요 호소, 하천 및 해역에서 부분적으로 부영양화가 일어나고 있다는 점에서 점차 고도처리의 시행을 일반화해야 할 것이다.

폐수의 3차 처리를 위하여 사용되는 방법은 크게 물리적 방법, 화학적 방법, 그리고 생물학적 방법이 있다.

물리적 · 화학적 방법으로는

① 활성탄흡착법
② 응집침전법
③ 암모니아 stripping
④ 염소주입법
⑤ 역삼투법
⑥ 전기투석법
⑦ 이온교환법
⑧ 오존법

등이 있으며, **생물학적 방법**으로는

① 조류 채취법(cell harvest)

② 질산화·탈질법

③ Bacteria 동화법 – 세균의 순화(acclimation)에 의한 N, P의 세포 내 축적

등이 있다.

13.5.4 슬러지의 처리

오니(汚泥, sludge)는 폐수처리장에서 1차 침전조 및 2차 침전조에서 생성되는데 그 처리 공정을 요약하면 다음과 같다.

농축 → 개량 → 탈수 → 건조 → 소각, 매립, 퇴비화 등 최종처분

① 농축(濃縮, Thickening, concentration)

농축은 슬러지 부피를 감소시켜 슬러지의 고형물함량을 높이는 것을 말하며, 일반적으로 탈수작업의 전처리로서 행하여지고 있다. 농축처리에는 대체로 자연의 중력을 이용하여 슬러지의 수분을 분리하는 것(**중력법**)이 간단하며 경제적인 처리법이라 할 수 있다.

② 개량(改良, Conditioning)

개량은 탈수성을 높이기 위하여 탈수 이전에 슬러지를 처리하는 공정으로 약품(소석회, 철염, polymer 등)을 넣어 탈수를 촉진시키거나, 슬러지를 150℃로 가열시켜 탈수성을 향상시킨다.

③ 탈수(脫水, Dewatering)

탈수는 슬러지의 부피를 최소화하여 취급과 운반이 편리하도록 가능한 한 많은 수분을 슬러지에서 제거하는 것이다. 슬러지와 같이 압축성(壓縮性)인 것은 중력탈수(重力脫水)가 곤란하므로 일반적으로 압력, 진공압 또는 원심력 등의 고도의 기계력을 이용해서 탈수를 행한다.

④ 건조(乾燥, Drying)

건조는 주로 슬러지를 비료로 이용하기 위해 처리하는데, 슬러지를 자연 또는 인공적인 방법에 의해 탈수하면 함수율은 대체로 60~80% 정도이므로 비료로 이용되려면 건조시켜 함수량이 30% 정도로 유지되어야 한다. 여기에서 건조란 인공적 가열건조에 의한 슬러지의 내부수(內部水) 분리를 말한다.

⑤ 소각(燒却, Incineration)

소각은 슬러지를 연소시켜 비활성 물질인 재(ash)를 생성시키는 것을 말하며, 탈수 슬러지의 이용이 기술적 혹은 경제적으로 어려운 경우에 실시된다. 소각처리방식은 슬러지 처분의 목적에서 볼 때 가장 뛰어난 방법이라고 할 수 있다.

⑥ 최종처분(最終處分, Ultimate disposal)

슬러지를 탈수 및 건조한 고형물이나 소각로에서 나온 재 등은 토양개량용 비료로 사용하여 처분되며, 토양개량용 및 연소용으로 재이용 가치가 없을 경우에는 매립(埋立)하거나 바다에 투기(投棄)한다(최종처분).

폐기물

14 CHAPTER

14.1 폐기물의 통합관리시스템

오늘날, 현실적으로 자원과 에너지를 절약하면서 환경오염을 막는 최선의 방법은 ① 3Rs, 즉 소비절약을 통한 발생원 감소(source reduction), 자원의 재사용(reuse) 및 재활용(recycling)을 통한 자원화, ② 열회수방식의 폐기물소각(waste to energy incineration), ③ 철저한 위생매립(sanitary landfill ; 복토 + 침출수 처리)을 통한 토지의 재이용 등을 동시에 실시하는 '**폐기물의 통합관리시스템**(integrated solid waste management system)'을 적극 추진하는데 있다.

14.2 폐기물의 분류

14.2.1 도시 고형 폐기물

도시지역에서 발생되는 고형 폐기물, 즉 **도시고형폐기물**(MSW ; Municipal Solid Waste)을 구성하는 물질로는

① 식품폐기물(식품의 취급, 준비, 요리, 식사 등에서 발생)
② 쓰레기(rubbish, 가연성 쓰레기인 종이, 판지, 플라스틱, 천, 고무, 가죽, 나무 등과 비가연성 쓰레기인 유리, 도자기, 깡통, 철 및 비철금속 등)
③ 소각 잔류물
④ 건축 및 해체폐기물
⑤ 처리시설 폐기물(상 · 하수처리, 폐수처리 및 폐기물 처리시설로부터 발생되는 폐기물)
⑥ 기타 폐기물(가로수 낙엽, 가로 청소폐기물, 배수구 쓰레기 등)

로 구분할 수 있다. 또한 이들 도시 고형폐기물의 일반적 배출원으로는

① 주택지역

| 표 14-1 | 생활폐기물의 분해기간

종 류	분해기간	종 류	분해기간
종이	2~5개월	금속 캔	100년
우유팩	5년	일회용 기저귀	100년 이상
담배필터	10~12년	칫솔	100년 이상
나무젓가락	20년	알루미늄캔	500년 이상
일회용 컵	20년 이상	플라스틱용기	500년 이상
가죽구두	25~40년	스티로폼	500년 이상
나일론 천	30~40년		

② 상업지역(상점, 시장, 사무실 빌딩, 호텔 등)

③ 개방지역(도로, 골목, 공원, 해변, 공터 등)

④ 처리시설(상·하수처리, 폐수처리, 폐기물처리 시설) 등으로 나눌 수 있다.

14.2.2 산업폐기물

산업폐기물(industrial wastes)은 산업 활동으로부터 파생되는 폐기물인데, 일반적으로 쓰레기, 회분, 각종 슬러지, 건축 및 해체폐기물 및 유해폐기물이 포함된다.

14.2.3 유해폐기물(특정폐기물)

인간, 식물 또는 동물에게 즉각적 또는 장기적으로 상당한 위험을 미치는 폐기물을 유해폐기물(hazardous waste)로 분류하는데, 다음의 4가지 특성 중 어떤 한 가지 특성이라도 나타내면 유해폐기물로 분류한다.

(1) 인화성(Ignitability)

인화점(flash point)이 60℃ 이하인 액체로, 단 알코올 농도 24%(v/v) 이하의 수용액은 제외한다. 표준온도, 표준기압에서 마찰, 수분흡수 혹은 자발적인 화학변화에 의해 발화, 연소할 수 있는 고체 등도 포함된다.

(2) 부식성(Corrosivity)

pH 2.0 이하(강산) 또는 12.5 이상(강알칼리, 강염기)인 액체나, 철을 1년 동안에 6.35 mm 이상 부식시키는 액체를 말한다.

(3) 반응성(Reactivity)

폭발성의 물질이나 환경 중에서 불안정하거나 쉽게 격렬히 반응하는 물질을 말한다. 또한, 물과 격렬히 반응하거나 물에 의해 폭발성 또는 유해성 가스를 생성하는 물질 등도 포함된다.

(4) 독성특성(Toxicity characteristics)

용출시험방법인 Extraction Procedure (EP) Test나 Toxicity Characteristic Leaching Procedure (TCLP) Test에 의해 특정 기준치를 초과하여 유해물질을 용출하는 폐기물이 포함된다.

14.2.4 폐기물의 3성분

일반적으로 **폐기물의 3성분**이라 함은 **수분**(moisture, water), **가연분**(휘발성 고형물, VS ; Volatile Solids) 및 **비가연분**(회분, ash, 고정 고형물, 강열잔류고형물, FS ; Fixed Solids)을 말한다.

14.3 폐기물의 관리체계

발생원에서부터 최종 처분에 이르기까지의 고형 폐기물의 관리에 관련되는 활동은 여섯 가지 기능적 요소로 구성된다.

① **폐기물 발생** : 물질이 더 이상 가치가 없다고 판단하여, 버리거나 또는 모아서 처분하는 활동(waste generation)

② **현지 취급, 저장 및 가공** : 고형 폐기물을 발생원 또는 그 근처에서 취급, 저장, 가공하는 활동(onsite handling, storage, and processing)

③ **수거** : 고형폐기물의 수거 및 수거 후에 수거 차량을 비우는 곳까지 끌고 가는 활동(collection)

④ **적환 및 수송** : 폐기물을 작은 수거 차량에서 대형 수송 차량으로 적환하고(transfer), 이어서 이 폐기물을 대개 장거리에 걸쳐서 처분 장소까지 수송하는 활동(transport)

⑤ **처리 및 회수** : 다른 기능적 요소의 효율을 개선하고, 고형 폐기물로부터 유용한 물질, 전환 제품 또는 에너지를 회수하는 기술, 장치 및 시설(treatment and recovery)

※ urban mining(도시광산) ; 못 쓰는 휴대전화, PC, 디지털카메라 등에서 금, 은, 동의 가치 있는 금속과 팔라듐(Palladium)과 같은 희귀금속을 뽑아내어 자원을 재활용하고 환경파괴도 줄이는 산업

⑥ **최종 처분** : 고형폐기물의 최종 처분 활동(위생매립, 안전매립, 해양투기 등), 여기에는 수집하여 매립지까지 직접 수송하는 폐기물, 폐수 처리 플랜트의 반 고형 폐기물(슬러지), 소각로 찌꺼기 또는 여러 고형 폐기물 가공 플랜트에서 발생하는 기타 물질로서 더 이상 용도가 없는 것들이 포함된다(disposal).

14.4 폐기물의 매립방법

14.4.1 일반폐기물의 매립방법

1) 지역법(Area method)

지역법은 매립의 가장 보편적 형태로 해당지역이 트렌치(trench, 도랑) 굴착을 하기에 적당하지 않을 때 시행할 수 있는 방법이다. 즉, 지하수면이 높아서 땅을 파낼 수 없는 지역에 적합한 방식이다.

먼저 폐기물을 쏟은 후 좁고 길게 한 열로 펴서 매립층의 높이가 2~3 m 정도로 될 때까지 다진다. 그러나 다짐장비의 종류에 따라서는 다짐층의 높이가 그 이상이 될 수도 있다. 하루의 매립이 끝나면 15~30 cm로 복토를 하고 복토재는 대체로 인근 지역에서 조달한다. 매립에 앞서 먼저 제방을 쌓은 뒤 입지조건과 규모에 따라 매립지의 길이를 정한다.

2) 경사법(Ramp method)

경사법은 지역법의 일종으로 복토의 일부를 매립지바닥에서 얻을 수 있을 때 이용한다. 즉, 지형적으로 경사진 곳을 매립지로 이용하는 경우로서, 이 방법은 매립지 바닥을 적당히 굴착하여 복토를 확보한 후 폐기물을 굴착한 곳에 쏟은 뒤 지역법과 동일하게 다진다. 그리고 그 위에 이미 굴착하여 놓은 흙으로 복토를 한다. 모자라는 복토는 인근지역에서 조달한다.

3) 도랑법(Trench method)

도랑법은 매립지 바닥층이 두꺼운 곳, 즉 지하수면이 낮아서 땅을 파내도 큰 영향이 없는 지역에 적합한 방식으로 거의 단층매립만 가능하다. 도랑의 크기는 경우에 따라서 차이가 있을 수 있으며 대개 30～60 m 길이, 1～2 m 깊이, 5～8 m 넓이의 규모가 적당하다. 복토는 인접 도랑을 파면서 얻을 수 있다.

4) 계곡 매립법(Depression method)

지역법의 일종으로 계곡, 협곡, 토취장, 채석장과 같은 자연적 저지나 인공적 저지가 존재하는 지역에서 이용가능한 방법이다. 계곡매립에서 폐기물을 쌓고 압축하는 기술은 그 지역의 지형, 복토의 특성, 수문과 지질 그리고 매립지로의 진입에 따라 달라진다.

계곡이 어느 정도 평면일 경우 첫 층의 매립은 보통 도랑법을 사용하고 그 위부터는 지역법을 시행한다. 계곡의 한 단면을 고려할 경우는 계곡의 바닥에서 매립을 시작하여 좌우 경사면으로 올라가며 매립하는 것이 다짐에 용이하며, 계곡의 위쪽으로부터 아래쪽으로 매립을 진행하는 것이 우수의 집배수 관리에 유리하다.

14.4.2 유해폐기물(특정폐기물)의 매립방법

유해폐기물을 매립하는 경우는 유해성분의 침출을 억제하기 위하여 **고화처리**, 탈수 등의 전처리를 통해 수분량을 최소화하고 유해중금속폐기물의 경우는 고화처리 후 매립한다. 매립시에도 여러 종류의 폐기물을 섞지 않고 각각 분리하여 cell별로 매립하며, 매립된 폐기물은 양 및 질 등에 대하여 철저한 기록을 남기고, 침출수에 의한 오염을 막기 위해 이중 차수설비와 침출수 집배수설비 등 강화된 지하수 오염방지설비 및 덮개설비를 갖추어야 한다. 매립

완료 후에는 매립지주변의 모니터링을 통해 지속적인 검사를 하는 등 비교적 장기간의 사후관리가 요구된다.

14.4.3 유기성 폐기물의 토지 경작법

토지 경작법(land farming)은 토양 표면에서 일어나는 생물학적, 화학적, 물리적 과정을 이용하여 유기성 폐기물을 처분하는 방법이다. 처분하고자 하는 폐기물은 준비한 토지 위에 살포하거나 토양 표면 밑으로 주입한다.

유기성 폐기물을 토양에 첨가하면 다음과 같은 과정이 일어나게 된다. 즉,

① 생물학적 및 화학적 분해
② 초기 폐기물 및 분해 생성물로부터 수용성 성분의 발생
③ 수용성 성분의 분해에 의한 특정 성분의 기화

등이다.

토지 경작의 평가에서 고려하여야 할 인자로서는

① 폐기물의 조성
② 폐기물과 토양 미생물군의 **양립성**(compatibility)
③ 산소, 온도, pH, 무기 영양물 등을 포함한 환경 요건
④ 고형 폐기물 혼합물의 수분 함유량

등을 들 수 있다.

14.5 폐기물의 생물학적 처리

14.5.1 퇴비화(Composting)

플라스틱, 고무와 가죽성분을 제외하고, 대부분 도시폐기물의 유기성분은 단백질, 아미노산, 지방, 탄수화물, 셀룰로오스, 리그닌, 회분 등으로 구성되어 있다. 회분(무기물)을 제외한 유기물질이 호기성 미생물에 의해 분해되고, 미생물 활동이 끝난 후에 남아 있는 최종 부산물은 퇴비로 알려진 부식질(humus)이다. 그 반응과정은 다음과 같다.

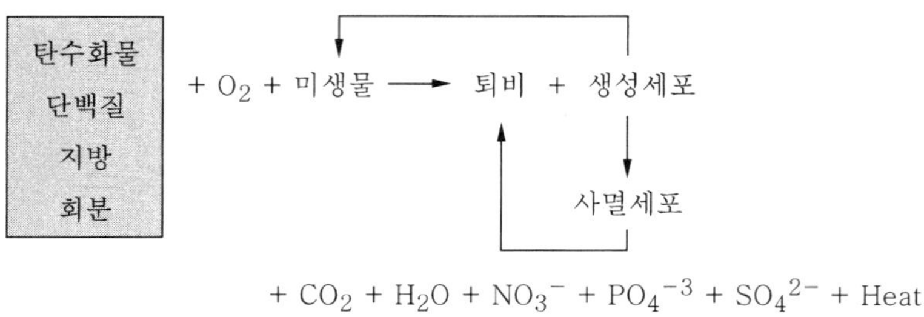

그림 14-1 퇴비화 반응

퇴비화는 유기물의 호기성 분해가 주된 과정으로 여러 종류의 많은 중온성(mesophilic), 고온성(thermophilic) 미생물들이 관여한다.

이들에 의한 분해과정은 크게 3부분으로 나누어지는데, **첫 번째**는 유기물 중에 있는 분해가 쉬운 물질들, 즉 당류나 아미노산 등이 빨리 흡수 이용되는 1~2일간으로 퇴비더미의 온도가 오르기 시작하는 단계이다(40℃). **두 번째**는 고온성 분해과정으로 주로 유기성 폐기물 중의 cellulose, pectin 등의 분해가 이루어지며, 보통 수 주간 계속된다(50~60℃). **세 번째**는 숙성(curing or stabilization) 단계로 온도가 떨어지고 분해속도가 느려지며, 다시 중온성 미생물 등이 정착한다(40℃ 이하).

14.5.2 혐기성 소화

혐기성 소화(anaerobic digestion)는 혐기성 발효(anaerobic fermentation)라고도 하는데, 고형 폐기물을 메탄과 이산화탄소로 분해하는 공정이다. 고형 폐기물로부터 혐기성 소화에 의한 메탄 생성과정은 크게 **세 가지 기본단계**로 이루어진다.

첫 번째 단계는 미생물의 효소가 개입된 반응(**가수분해단계**)으로서 고분자화합물(탄수화물, 단백질, 지방 등)을 단량체(monomer ; 포도당, 아미노산, 지방산 등)로 분해시키는 과정이다.

두 번째 단계는 생물학적 전환과정으로서 첫 단계에서 생성된 화합물(단량체)을 저분자 중간산물(유기산)로 전환시킨다(**유기산 생성단계**).

세 번째 단계는 중간산물(유기산)을 더 간단한 최종산물, 즉 메탄과 이산화탄소로 전환시키는 공정이다(**메탄 생성단계**).

14.6 폐기물의 소각

14.6.1 소각로의 종류

1) 화격자(Stoker식, Grate식) 소각로

가장 대표적인 소각 방식이며 대규모 소각로에 적합하다. 이 방식은 폐기물을 화격자의 상부에 공급하고, 공기를 화격자 밑에서 송풍하여 연소하는 방식이다. 다른 형식에 비해 구조가 비교적 간단하며 고장도 적어 운전이 용이하여 혼합쓰레기의 소각에 널리 사용된다. 보통 스토커(stoker)형 소각로라고도 하며, 노 내에 고정화격자(fixed grate) 또는 구동화격자(moving grate)를 설치하여 이 화격자 위에 폐기물을 놓고 연소시키는 방식이다.

현재, 우리나라의 생활폐기물 중 상당부분이 음식물쓰레기인데, 짜게 먹는 우리의 식습관 때문에 즉, WHO의 1인 1일 섭취 권고기준은 Na로 2000 mg, NaCl로 5 g 이하인데, 우리 국민은 평균적으로 약 12 g의 소금을 섭취하여 고혈압 등 각종 심혈관계 질환을 야기할 뿐만 아니라, 음식물쓰레기 퇴비화 후 생성된 퇴비의 높은 염분도로 인하여 농작물 및 산림에 피해가 우려되어 **퇴비의 염분도를 1.0% 이하로** 규제하고 있다.

2) 고정상(Fixed bed incinerator) 소각로

소각로 내의 화상(火床) 위에서 소각물을 태우는 방식으로 화격자로서는 적재가 불가능한 슬러지, 입자상 물질, 열을 받아 용융해서 착화 연소하는 물질(plastic 등)의 연소에 적합하다.

3) 다단로(Multiple hearth)

일반적으로 수평원통 다단로나 수직형이 있는데, 전자는 상부에서 공급된 폐기물을 여러 단으로 칸이 나뉘어져 있는 수평고정상에서 교반갈퀴에 의해 가래로 흙을 일구는 것처럼 이랑을 만들면서 배기기체와 접촉시키므로, 균등하게 건조시킬 수 있고 국부연소를 피할 수 있는 방식이다. 함수율이 높고 저열량인 폐기물의 소각에 적합하고 유기성분 오니처리에 가장 많이 이용되고 있다.

4) 로타리킬른(Rotary kiln ; 회전로)

예부터 광물류의 건조 등에 많이 사용되고 있는 방식으로, 내면에 내화물을 부착한 원통형 노체를 구배를 두어 설치하고, 하부에 롤러를 설치해 구동장치에 따라 천천히 회전하면서 소각시키는 방식이다. 상부의 투입구에서 공급되는 폐기물을 반전교반을 반복하면서 킬른 하위단 또는 상위단에 설치된 고정버너의 연소기체와 향류 또는 병류 접촉으로 건조 후 착화하고 점차 아래쪽으로 보내면서 연소가 완결된 재잔사를 배출하는 구조이다.

5) 유동상 소각로(Fluidized bed incinerator)

비교적 입자가 고른 폐기물들의 경우 소각로 하단에서 고속으로 공기를 불어넣어 주면 입자상(모래)에 작용하는 항력이 입자의 자중을 이겨내는 점에서 입자가 부상하게 되고, 떠있는 입자층 전체가 용융상태에 가까운 온도에 도달하게 되는데, 이를 **유동상**(fluidized bed)이라고 한다. 여기에 폐기물을 주입하여 연소시키는 방식이 유동상 소각로이다.

유동매체로는 모래 또는 그와 유사한 것으로 배기기체의 열용량보다 약 3배 이상의 열용량을 갖는 것이 이용되는데, 폐기물과 유동매체간의 혼합이 좋고 균일하므로 공기과잉율이 적고 연소효율이 증가하게 된다. 따라서 재래식 연소방식으로는 소각시킬 수 없었던 수분이 많은 도시 및 산업폐기물의 소각에 좋다.

6) 분무연소방식

액체연료의 분무화연소와 같은 방법으로, 분무화기(atomizer)에 의해 액체폐기물을 미세한 액적으로 만들어 표면적을 증대시켜 노 내로 분사하고, 노 내에서 복사, 대류전열, 증발가스화를 촉진하면서 공기공급에 의해 연소속도, 연소효율을 높이는 방식이다.

14.6.2 열분해(Pyrolysis, 500~900℃)

무산소 분위기에서 가열함으로써 대부분의 유기물을 기체상, 액체상 및 고체상 부분으로 분류할 수 있다. 이러한 프로세스를 **열분해**(pyrolysis)라 한다. 현저한 발열 과정인 연소 프로세스와는 대조적으로 열분해는 현저한 흡열 반응이다. 이 때문에 열분해 대신 분해증류(건류, destructive distillation)라는 말이 자주 쓰인다. 열분해의 가연성 산물들은 연료로 사용될 수 있다.

열분해에서 생성되는 **세 가지 중요 성분의 특성**은 다음과 같다. 즉,

① **기체상** : 가스 흐름은 주로 수소, 메탄, 일산화탄소, 이산화탄소, 기타 여러 가지를 포함하는데, 이는 열분해 되는 유기물의 특성에 따라 달라진다.

② **액체상** : 타르 및 기름으로 이루어진 부분은 상온에서 액상인데 주로 아세트산, 아세톤, 메탄올 등으로 이루어진다.

③ **고체상** : 챠르(char, 숯)는 거의 순수한 탄소와 이 공정에 도입된 불활성 물질로 되어 있다.

가스화(gasification, 1100~1500℃)는 위의 열분해 공정보다는 적용온도가 높아서 상대적으로 기체상 연료가 더 많이 발생한다.

14.6.3 폐기물 유도 연료(RDF)

가연성 폐기물을 분말형이나 pellet형으로 조제한 **폐기물 유도 연료**(RDF ; Refuse Derived Fuel)는 현재 분말탄이나 유류를 사용하여 동력 생산에 쓰이는 대형 산업용 보일러에서 직접 태울 수 있다. RDF는 또한 석탄이나 유류와 함께 연소시킬 수도 있다.

조밀하게 압밀된(densified) 형태(cubes)의 RDF는 cubing machine을 이용하여 만들 수 있는데, 이렇게 만들어진 RDF-cubes는 소각, 가스화, 열분해 등 여러 가지 가열 전화 공정에 사용하기에 적당하다.

14.6.4 소각로와 Dioxin

1) Dioxin과 Furan

소각로에서 배출되는 유기물 중 최근 관심이 집중되고 있는 것은 다이옥신(dioxin)과 퓨란(furan)이다. 이 물질들은 PVC 또는 플라스틱류 등을 포함하고 있는 합성물질을 연소시킬 때 발생하는 발암물질이자 독성물질로 알려져 있다.

다이옥신류란 Polychlorinated dibenzo-p-dioxins (이하 PCDDS라 칭함)와 Polychlorinated dibenzofurans (이하 PCDFS라 칭함)를 총체적으로 말한다. 다이옥신과 퓨란은 하나 또는 두 개의 산소원자와 1~8개의 염소원자가 결합된 두 개의 벤젠고리를 포함하고 있다.

다이옥신의 이성체는 75개이고, 퓨란은 135개이다. 이들 중에서 2, 3, 7, 8 위치에 염소를 갖는 화합물의 독성이 크기 때문에 특별히 중요하다. 결합한 염소 원자수가 증가함에 따라

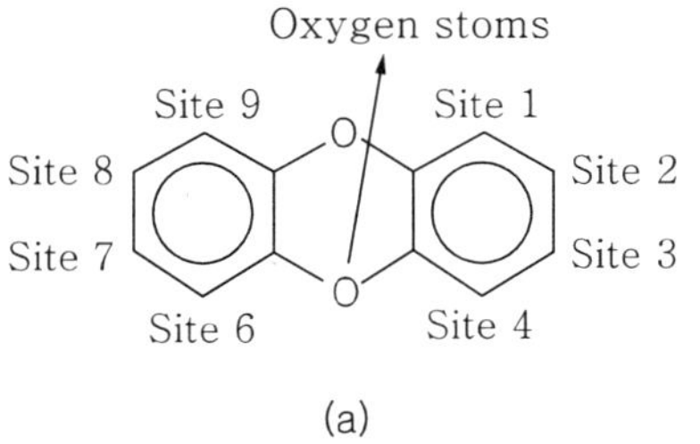

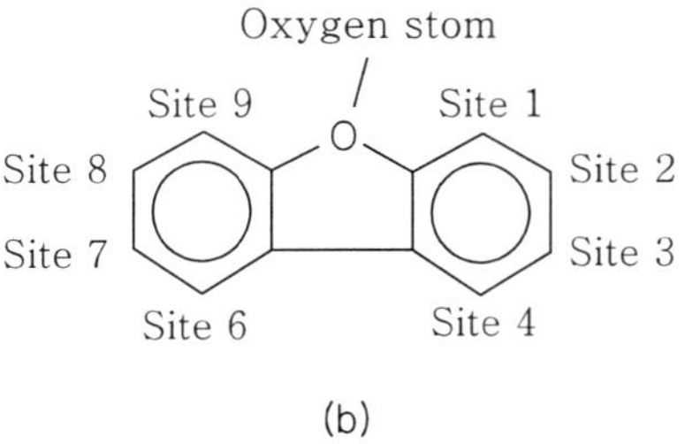

그림 14-2 (a) Polychlorinated dibenzodioxin (PCDD)의 화학구조
(b) Polychlorinated dibenzofuran (PCDF)의 화학구조

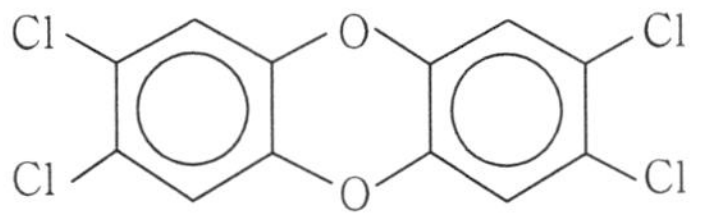

그림 14-3 Tetrachloro-dibenzo-p-dioxin (2,3,7,8-TCDD)의 화학구조

독성은 감소하며 이들을 독성등가계수라는 방식으로 표현한다. 2,3,7,8-PCDD의 독성계수는 1이며 여타 이성체는 1보다 작은 등가계수를 갖는다. 가장 강한 경우의 치사량은 체중 1 kg인 모르모트에 대해 0.6 ng인데, 이는 청산가리(KCN)보다 1만 배나 강한 독성이다. 또한 청산가리보다 1천배나 강한 복어독인 tetrodotoxin보다도 더 강하다.

WHO의 허용기준치는 10 pg/kg/일, EPA의 허용기준치는 1 pg/kg/일, 일본은 4 pg/kg/일이다.

도시 폐기물 소각로에서 발생되는 독성 유기물의 농도와 양은 일산화탄소, 질소산화물, 황산화물과 같은 다른 오염물과 비교하여 많지 않음에도 불구하고 독성이 매우 높기 때문에 커다란 관심거리이다. 현재 환경부가 제정한 Dioxin의 배출기준은 0.1 ng/m^3이며, 현재 사용되고 있는 제어 방법의 하나로 활성탄을 bag filter 앞에 분사하여 Dioxin을 흡착 제거하고 있다.

2) Dioxin의 생성기각

소각로에서 유기물(여기에서는 dioxin)이 배출되는 것은 이상적인 연소상태에 도달하지 못한 불완전 연소의 산물이다. 도시 폐기물 소각로에서 dioxin의 배출에는 다음 4가지 경로가 있다.

① 투입쓰레기에 존재하던 PCDD / PCDF가 연소시 파괴되지 않고 배기 가스 중으로 배출

② PCDD / PCDF의 전구물질(precursors)이 전환되어 생성, 즉 CP (chlorophenols)와 PCB (polychlorinated biphenyls) 등이 반응을 통하여 PCDD/PCDF로 전환

③ 여러 가지 유기물(PVC, lignin)과 염소공여체(chlorine donor ; NaCl, HCl, Cl_2)로 부터 형성

④ 저온상태에서(수분함량이 높은 음식폐기물이 소각로에 투입되면 소각로 내 저온 유도) 전구물질이 비산재(飛散재, fly ash)에 결합된 다음 염소공여체와 결합하여, 결과적으로 비산재에 결합된 PCDD 등이 형성될 수 있다.

3) Dioxin 배출 억제 기술

소각로에서 발생되어 배출되는 다이옥신류를 억제하는 기술은 이들 독성 물질의 생성 및 파괴 메커니즘의 이해를 바탕으로 이루어져야 한다. 이들 방법은 사전 방지 등의 1차적 방법, 로 내 생성 억제 및 파괴 등의 2차적 방법 그리고 후처리 제거에 의한 3차적 방법으로 구분된다(저공해 소각로).

1차적 방법으로는 소각대상이 되고 있는 폐기물의 조성을 분석하여 연소 후 발생하는 유해물질과의 관계를 검토한 뒤 주원인이 될 수 있는 폐기물 종류는 분리수거토록 하는 방법이다. 즉, 염기성 물질인 플라스틱류는 분리수거하여 재활용하도록 하거나 아예 1회용 소모품 등을 제조하지 않도록 하는 것이 좋다.

정원 등에서 나오는 잡초(제초제나 살충제 등에 오염된) 등에도 다이옥신류가 함유되어 있을 수 있어 완전 제거는 불가능하나 최소한으로 줄임으로써 2, 3차적 방법에 의한 공정을 간소화시킬 수 있다.

2차적 방법으로는 연료과잉포켓(fuel-rich pocket)을 방지하기 위해 쓰레기 공급상태의 균질화를 이뤄야 하고, 다이옥신류의 파괴를 위해 적당한 연소온도(평균온도 980℃)를 유지해야 한다. 연소용 공기는 적정량을 효과적으로 배분하여 공급해야 연소반응의 급냉(quenching)을 막을 수 있으며, 완전연소를 위해 연료와 공기가 충분히 혼합(turbulence)되어야 하고, 소각로로부터 부유분진이 연소기 밖으로 빠져나가는 입자이월(particulate matter carryover)을 최소화하기 위해 연소가스 중의 산소농도, 연소용 공기의 분배, 운전부하 등을 연속적으로 감시 제어해야 한다.

또한 dioxin과 furan류의 생성량은 잔류시간과 온도에 따라 변화하는데 300℃ 부근에서 발생량이 최대이고, 250℃ 이하와 400℃ 이상의 온도에서는 발생량이 상당히 감소됨을 알게 되었다. 그러므로 배기가스가 연도를 따라서 배출될 때 최대 발생가능 온도 부근(300℃)에서는 배기가스의 체류시간을 최소화 하여야 한다. 기존 설비의 운전 결과를 바탕으로 분진제거장치(전기집진기 또는 백필터)의 입구에서의 가스 온도(**후류온도**)를 dioxin과 furan의 형성을 감소시키기 위하여 230℃ 이하로 유지하도록 하고 있다. 따라서 집진장치 입구에서의 연도가스 온도는 연속적으로 모니터링 할 필요가 있다.

3차적 방법, 즉 후처리 방법으로는 활성탄분사와 bag filter 혹은 전기집진기 등을 결합 사용하는 방법, 반응탑에 약품을 집어넣어 화학반응을 시켜 여과기에서 제거, 매립하는 방법, 촉매기에 의해 재연소시켜 제거하는 방법 등이 있다.

14.7 NIMBY현상, BANANA현상, PIMFY현상 및 IMFY현상

1) NIMBY현상

"Not In My Back Yard" 내 뒷마당에서는 안 된다는 뜻으로서 지역주민들이 혐오시설이나 유해시설이라고 생각하는 폐기물 매립장, 소각장, 핵폐기물 처리장, 화장장, 장애인 복지시설 등의 설치를 기피하는 현상을 말한다.

2) BANANA현상

"Build Absolutely Nothing Anywhere Near Anybody" 자기가 사는 지역권에는 절대 설치하지 못한다는 지역 이기주의의 한 현상이며, 공공정신의 약화현상이다.

3) PIMFY현상과 IMFY현상

"Please In My Front Yard" 경제적 이익이 기대되는 지역개발이나 시설입지 등을 둘러싸고 지역 간에 벌어지는 집단적인 행동양식을 일컫는 말로서 님비현상과 반대 관계에 있다. 핌피현상의 예로, 반도체 사업장의 유치를 놓고 지역도시들 간에 서로 자기네 쪽으로 유치하려고 노력하는 경우 등을 들 수 있다. 이와 유사한 용어로 IMFY (In My Front Yard)현상이 있다.

토양오염

15 CHAPTER

15.1 토양오염의 정의

15.2 토양오염물질의 종류

15.3 토양오염의 영향

15.4 토양오염의 제어

15.5 토양오염의 생물복원(Bioremediation)

15.1 토양오염의 정의

토양은 고체 상태인 흙, 액체상태의 지하수 그리고 기체 상태인 토양 공기가 어우러진 것으로 그 자체가 자정능력을 지니고 있다. 즉, 토양이 오염되었다고 하는 것은 자정능력을 초과하는 방대한 오염물질이 토양에 유입된 것을 의미한다.

토양오염은 대기오염, 수질오염에 이어서 제3의 오염문제로 대두되고 있으며 수질오염이나 대기오염에 비해 토양오염의 문제성은 뒤늦게 인식되기 시작했다. 이는 토양이 각종 오염물질에 의해 직접 오염될 수도 있으나, 대개는 오염된 대기나 수질에 의해 오염되기 때문이다. 토양오염은 인간에게 직접적인 위해(危害)를 끼치지는 않지만 농작물의 생육을 저해시킬 뿐만 아니라 오염된 농작물을 섭취하는 인간에게 커다란 위해를 끼치는 간접오염이라는 점에서 대기오염이나 수질오염과는 그 성격이 다르다고 할 수 있다.

결국, 토양오염은 산업과 생활 활동에서 배출되는 유해물질에 의해서 발생되며, 이로 인해 농작물에 유해물질이 흡수되어 이를 섭취하는 인간이 건강을 해치거나 식물과 동물의 생육을 저해하는 현상이라고 할 수 있다.

오염물질이 일단 토양에 유입되면 토양은 이를 수일에서 수십 년까지 장기간 저장하는 능력을 지니고 있어 오랜 시간에 걸쳐 서서히 오염물질을 배출함으로써 장기간 주위 생태계에 영향을 끼치게 되며, 이로 인해 다시 지하수를 오염시키거나 대기 중으로 방출되므로 모든 오염문제와 관련되는 것이라고 할 수 있다.

현대에 이르러 농약 사용량 증가와 무분별한 농약살포 그리고 산업발달에 따른 도시화로 인해 소비물질의 증가와 산업체에서 배출되는 유해물질량이 크게 증가함에 따라 토양오염은 날로 심각해지고 있다.

15.2 토양오염물질의 종류

토양오염은 농약류, 산업폐수, 생활하수, 방사능 물질 및 기타 오염원에 의해서 이루어지며, 원인물질로는 유기물, 무기염류, 중금속(특히 인체에 유해한 카드뮴, 납, 수은, 구리, 아연 및 비소) 등이다. 이 중에서 중금속은 토양에 장기간 잔류하여 농작물을 오염시켜 이를 섭취하는 인간과 가축의 체내에 잔류, 축적되어 급・만성 중독을 일으키기 때문에 토양오염의 주된 원인물질이라고 할 수 있다.

15.2.1 농약

농약은 농작물뿐만 아니라 사람과 동물에게도 강한 독성을 지닌 극・독약이라 할 수 있으며, 농약은 토양 내에서 물리, 화학 및 생물학적 반응으로 원래의 목적과는 달리 유해한 성질로 변화될 수 있기 때문에 장기간 일정한 장소에 계속 살포하게 되면 작물의 수확량이 감소되는 경향이 있다.

농약 중에서 유기염소제(DDT 등)와 유기수은계 화합물을 비롯한 유기금속화합물 등은 토양 내에서 잘 분해되지 않아 장기간 잔류하게 되어 식물체 내에서 발견되므로 그 잔류독이 심각한 문제가 된다.

한편, 농약 이외에 비료 중의 금속류에 의해서도 토양오염이 발생되는데 이들 물질은 비소, 카드뮴, 크롬, 코발트, 구리, 납, 니켈, 셀레늄 및 아연 등이다.

농약은 토양의 온도, 수분 및 미생물의 분포상태에 따라 분해속도에 차이가 있다. 유기염소계 농약은 종류에 따라서 상당히 오랜 기간 토양 중에 잔류하는데, 농약의 95%가 소멸될 때까지 DDT는 평균 10년, dieldrin은 평균 8년, 그리고 heptachlor는 평균 3.5년이 소요된다.

유기수은계 농약은 토양에 살포된 후 일부는 농작물 조직에 흡수되고, 나머지는 토양 중에서 세균의 작용으로 알킬수은으로 변화하여 잔류하게 된다. 알킬수은은 식물조직에 흡수되어 농작물을 섭취할 경우 사람과 가축의 체내에 축적되어 중독을 일으키게 된다.

비산납은 살충 및 살균작용을 하는 농약으로서 토양 중에서 분해되어 유독한 납화합물과 비산(砒酸, arsenic) 등으로 변화해서 잔류되고, 극히 일부는 작물에 흡수된다.

이와 같이 토양 중에 잔류하는 농약과 그 분해산물들은 생물에 나쁜 영향을 미치고, 많은 종류의 토양세균을 사멸시킴으로써 토질(土質)과 토양 생태계에 이상을 초래하게 한다.

15.2.2 생활하수 및 산업폐수

질소나 인 화합물이 함유된 유기성 폐수를 농토에 주입하여 처리하는 것(**토지경작법**, land-farming)은 토양오염에 별 문제가 없으나, 중금속을 함유한 폐수의 경우 토양오염을 시키는 유독한 오염원이 될 수 있다.

폐수 내에는 세균, 곰팡이, 바이러스 등의 미생물이 많이 존재하므로 상수원 및 지하수를 오염시킬 뿐만 아니라, 폐수를 무단으로 방류하였을 때는 토양에 오염되어 병원균이 크게 증식할 수 있는데, 일본에서는 쌀 생산에 막대한 지장을 초래한 사건이 있었으며, 아일랜드에서는 감자농사를 망친 사건이 있었다.

15.2.3 방사능 물질

원자력 발전소에서 원자력의 이용과 핵실험 등으로 인해 방사능 폐기물이 생성되어 토양을 오염시키기도 한다. 이 물질은 핵실험을 한 곳으로부터 먼 곳까지 운반되어 비와 함께 낙하되는데 이를 **방사능 낙진(放射能 落塵)**이라 하며, 땅 표면은 물론 하천, 농작물, 농토 등을 오염시킨다. 또한 방사능 물질을 처리하기 위하여 매립하는 경우에는 토양오염을 유발할 수 있다는 우려를 전혀 배제할 수 없다.

15.2.4 대기오염 물질

토양을 오염시키는 물질로는 오존, 불소, 구리 및 니켈과 같은 오염물질이 대기로부터 땅 표면에 침적(沈積)되어 토양과 식물에 영향을 미치는데, 이들 물질들은 토양 내에서 확산, 흡착, 침전 그리고 고정됨에 따라 화학적 성질이 변화하여 토양의 화학적 성질을 변화시킨다.

대기오염물질인 질소산화물(NO_x) 및 황산화물(SO_x) 등은 산성비를 초래하여 농작물에 직접적인 피해를 줄 뿐만 아니라 토양을 산성화시켜 지력쇠퇴(地力衰退)를 초래한다.

15.2.5 일반폐기물 및 특정폐기물

일반폐기물이나 특히 유해성이 큰 특정폐기물을 적절히 처분(위생매립, 안전매립)하지 않고 무단 폐기했을 경우, 폐기물로부터 직접적으로 혹은 강우 등에 의해 침출수 속으로 용출된 중금속 등 유해물질에 의한 토양오염 및 지하수 오염이 초래될 수 있다.

15.3 토양오염의 영향

토양오염이 미치는 영향으로는 중금속 등의 농작물 내 축적에 의한 인체피해, 그리고 난분해성, 축적성 살충제에 의한 자연야생동물의 피해 및 식물의 생산성 저하 등을 들 수 있는데, 이 중에서 식물에 미치는 영향이 매우 크다고 할 수 있다.

15.3.1 토양의 산성화

1) 토양 산성화의 원인

토양이 산성화되는 원인에는 다음과 같이 여러 가지가 있다.

① 과다한 농약과 화학비료 사용증가로 토양이 산성화되는데, 이는 황산암모늄[$(NH_4)_2SO_4$], 황산칼륨(K_2SO_4) 및 염화칼륨(KCl) 등과 같은 비료를 사용하면 비료 중 NH_4^+, K^+ 등은 식물에 흡수되고 SO_4^{2-} 및 Cl^-만 남게 되어 산성화가 된다.

② 분뇨(糞尿)를 비료로 사용할 경우 분뇨 중의 Na^+이 토양 내 Ca^{2+}를 치환시키고, Na^+은 H^+에 의해서 쉽게 치환되어 토양이 산성화되기 쉽다.

③ 과다한 산성 화학비료의 사용이 원인이 될 수 있으며, 고농도 유기성 폐수가 토양 속으로 유입되면 이에 대한 혐기성 반응의 중간단계에서 유기산이 형성되어 산성화가 초래될 수 있으며, 또한 호기성 조건 하에서도 미생물의 작용으로 유기물질 내의 질소의 질산화 과정으로 산성화가 이루어진다.

④ 대기 중으로 배출된 SO_x, NO_x 및 CO_2 가스에 의해서 산성비를 수반하여 토질이 산성화된다.

2) 토양 산성화의 영향

토양의 산성화가 식물에 미치는 영향은 다음과 같다.

① 식물은 중성의 범위에서 가장 잘 성장하며 대체로 pH 5~8 범위에서는 성장에 별 문제가 없으나, 토질이 산성화될 경우 뿌리에 산성용액이 흡수되면 식물체 내의 단백질을 응고시키거나 용해시켜 직접적인 피해를 준다.
② 산성토양에서는 Al^{3+}과 Mn^{2+}이 용해되어 작물에 피해를 주는데 특히 맥류(麥類)에 있어서는 더욱 심하다. 토질이 산성일 경우 Al^{3+}이 활성화되며 이것이 인산과 결합되어 비용해성인 인 화합물이 형성되므로 농작물에 인 결핍현상이 나타날 수 있고, 또한 산성 토질에서는 Ca^{2+}이 Na^{+}과 쉽게 치환되어 유출되므로 Ca^{2+} 결핍이 되며, Mg^{2+}, Mo^{3+} 및 B^{3+}와 같은 것이 유실되기 쉽다.
③ 산성토양에서는 미생물의 결핍으로 토양의 **단립구조**(團粒構造, 떼알구조, crumb-, aggregate-structure)의 형성이 저해되며, 토질이 노후화(老朽化)되고, 또한 뿌리균과 질소고정균과 같은 유용한 미생물의 활동이 저하된다.

Information

단립구조

토양구조 분류의 하나로 단일 토양 입자가 유기, 무기 콜로이드 등에 의해 무리(떼알)로 접착되어 형성된다. 단립구조에서는 작은 단립이 달라붙어서 보다 큰 2차 단립을 형성하여 복합 구조를 하는 경우가 많고, 따라서 크고 작은 여러 가지의 공극이 풍부하다. 때문에 작은 공극은 보수성이 높고, 큰 공극은 통기성을 좋게 하는 등 식물의 뿌리나 토양생물에 의해서 바람직한 환경을 가져다준다. 봄에 논이나 밭을 가는(耕 ; 갈 경) 것도 단립구조 형성의 한 방편이다.

15.3.2 토양 염분량 증가의 영향

토양의 염분량 증가도 식물에 영향을 미친다. 토양의 염도(鹽度)가 큰 경우 농업용수의 삼투압에 의해서 식물의 성장이 저해되는데 삼투압은 대체로 **전기전도도**(電氣傳導度, electrical conductivity, 1/microohm-cm or μ mho/cm)와 관련이 있다. 즉, 전기전도도에 따른 식물의 영향을 살펴보면 전기전도도가 0~2,000까지는 영향이 거의 없으나 2,000~4,000에서는 민감한 식물인 감귤류와 콩류 등에 영향이 있고, 4,000~8,000에서는 대부분 식물에 장해가 발생되며, 8,000~10,000에서는 목화나 사탕수수와 같은 염도가 강한 작물 이외에는 큰 피해가 발생한다.

그러나 만약 토질이 좋아서 배수가 잘 되는 경우에는 뿌리 밖으로 염분의 유출이 용이하므로 그 피해는 감소될 수 있으며, 기온이 높거나 습도가 낮고 비가 덜 오는 경우에는 염도에 의한 영향이 증대된다.

제설제로 사용되는 염화칼슘($CaCl_2$)은 수분을 자신의 무게의 14배까지 빨아들인다. 이런 성질을 이용하여 여름철 옷장 안의 습기를 제거하는 데 사용하기도 하는데, 쌓인 눈에 뿌리면 습기를 흡수하면서 녹으며, 이 용액은 섭씨 영하 54.9°가 되어야 언다. 그러나 부식성이 강하여 교량의 이음매 부위나 철제구조물, 차량 등을 부식시키며, 토양의 염도를 높여서 결국 나무로부터 자양분과 수분이 빠져나가게 하여 죽게 만들기도 한다.

15.3.3 토양 중금속 오염의 영향

토양이 중금속에 의해 오염될 경우, 특히 Cd^{3+}는 식물체 내로 흡수되어 잔류하여 인체에 피해를 주며, Cu^{2+}와 Zn^{2+} 등이 과잉존재하면 세포 내의 원형질의 단백질과 결합하여 세포의 물질대사를 저해하여 죽게 한다.

일반적으로 중금속에 의한 피해는 낮은 pH에서 발생되므로 석회(石灰, lime ; 생석회 CaO, 소석회 $Ca(OH)_2$, 석회석 $CaCO_3$) 등을 가하여 중화시킴으로써 그 피해를 줄일 수 있다. 유해 중금속의 발생원으로는 우선 지각 중에 있던 것이 용출되어 나오는 것으로 자연함유량을 꼽을 수 있고, 공장폐수나 폐기물 매립장에서 유출되는 침출수 등이 농경지에 유입되는 경우가 있다.

15.3.4 토양 물리적 성질변화의 영향

한편, 토양을 악화시키는 물질로는 탄광폐수 및 요업폐수 등에서 발생되는 미립자로서 토양입자의 조성을 변화시켜서 토양구조에 악영향을 미치게 된다. 이는 토양 내로의 공기의 유통을 막는 경우로서 배수를 저해할 뿐만 아니라 토양을 **경질화**(硬質化)시킨다.

또한 토양의 물리적 성질을 악화시키는 미립자로는 폐수 속의 부유물질과 유기물질을 들 수 있다. 즉, 무기성 부유물질은 토양의 배수를 저해시키며 염색폐수 내의 염기가 토양 내에 유입되면 토양 내의 양이온과 결합되어 토양을 경질화시킨다.

유기물질은 용존상태와 부유상태로 존재할 수 있는데 부유상태로 존재하면 토양의 배수상태를 우선 불량하게 만들며, 용존상태로 존재할 경우 미생물의 증식으로 배수가 불량해지고 토양을 **환원상태(혐기성 상태)**로 변화시킨다. 그리고 수심이 깊은 논의 하부에는 용존산소가 결핍되어 환원상태가 되는데, 이 때 유기산이나 H_2S 등이 발생하여 뿌리에 악영향을 미친다.

15.3.5 토양 나트륨 이온의 영향

만약 농업용수 내에 Na^+의 양이 Ca^{2+}와 Mg^{2+}의 양과 비교하여 많을 경우에는 Na^+이 Ca^{2+}와 치환되어 배수가 불량한 토양이 되어 경작이 어려운 토질로 변화하게 된다. 즉, 토양은 Na^+에 의해서 일시적으로 알칼리성이 되지만 물속의 H^+에 의해 곧 치환되어 산성으로 변화된다.

따라서 농업용수에 있어서는 이와 같이 **나트륨의 흡착비**(Na 吸着比, SAR ; sodium adsorption ratio)가 그 이용척도로서 다음과 같이 산출된다.

$$SAR = \frac{Na}{\sqrt{\frac{Ca + Mg}{2}}} \quad \text{혹은} \quad \frac{Na \times 100}{Na + Ca + Mg + K}$$

여기서, Ca, Mg, Na, K의 단위는 me/L (mili-equivalent per liter, mg/L를 각 원소의 원자량으로 나눈 수치)이다. 이 때 SAR값이 26 이상일 경우 토양에 문제가 발생될 수 있다.

15.4 토양오염의 제어

15.4.1 예방 대책

토양오염은 일단 한 번 발생하면 그 처리 및 처분이 어렵기 때문에 예방에 최선을 다해야 한다.

1) 농약 사용의 규제

토양 및 작물에 잔류하여 인체에 위해를 가져오는 주요 유독성 농약 등의 제조 및 사용에 대해 법적인 규제를 하고, 더불어 각종 농작물에 대한 안전사용기준을 설정하여 사용시기 및 사용범위 등을 준수하도록 한다.

2) 생산품 제조공정상의 청정기술 도입

토양오염문제는 산업발전 과정에서 필연적으로 나타나는 것으로, 오염이 발생하지 않도록 생산품의 제조공정상 청정기술을 도입하여야 한다. 특히 유해화학물질의 제조회사에서는 생산에서부터 소비 후 처분에 이르기까지 그 사용과 유통경로를 철저히 관리하고, 인본주의에 입각한 기술의 도입에 적극 힘써야 할 것이다.

3) 폐수 및 폐기물의 관리 철저

토양을 오염시키는 축적성의 중금속이나 유해화학물질이 배출되는 공장에서는 제조공정 및 배출되는 폐수나 폐기물을 적극적으로 관리하여 토양오염의 피해가 발생하지 않도록 하여야 한다.

4) 토양오염 측정망의 설치 운영

토양오염 방지대책의 기초자료를 확보하기 위해 각 지역에 토양오염 측정망을 설치하여 정기적으로 토양오염도를 측정하여야 하며, 이와 함께 주요 원인물질 발생원과 금속광산 및 제련소 등에 대해 특별점검을 실시한다.

5) 토양오염 방지를 위한 국민홍보

국민전체가 토양오염의 위해성을 인식하고, 토양오염 방지에 대한 적극적인 자세가 필요하다.

15.4.2 사후 대책

일단 오염된 토양에 대한 대책으로는 다음과 같은 방안이 있다.

① 토양의 조건을 고려하여 재배식물을 권장한다.
예컨대 디엘드린(dieldrin)에 오염되어 있는 토양에서는 디엘드린을 잘 흡수하지 않는 **엽채류(葉菜類)**를 재배하고 근채류(根菜類)는 피한다.

② 밭을 논으로, 논을 밭으로 일시 전환한다.
이로 인해 물에 용해성의 것과 난용성의 것, 혐기적 분해성의 것과 호기적 분해성의 것이 서로 전환이 가능하며, 또 난분해성 유기물의 분해 또는 무독성으로 바뀌게 되는 것도 기대할 수 있다.

③ 토양의 이전교환 또는 용도변경, 택지조성 등의 기회를 이용하여 오염토양을 매립용에 제공하고 다른 곳에서 비오염 토양을 운반하여 메운다.

④ 비료에 기인하는 토양의 산성화 등은 석회 사용으로 쉽게 회복을 도모할 수 있으나 내산성의 작물을 선택하는 것도 한 방책이다.

⑤ 유해중금속에 의해 일단 오염된 토양에는 **토양개량제**(soil conditioner) 등을 사용하여 토양 중의 중금속 농도를 줄이고, **객토(客土)**를 실시하여 중금속 함량을 극소화시키는 방안을 강구할 수 있다.

15.5 토양오염의 생물복원(Bioremediation)

15.5.1 생물복원의 정의

생물복원(bioremediation, bioreclamation)의 목적은 오염된 지역을 정화하기 위하여 자연적으로 일어나는 생분해 과정을 이용하는 것이다. 생물복원에는 몇 가지 종류가 있다. **현장 생물복원**(*in situ* bioremediation)은 오염지역 현장에서 처리하는 방법이고, **현장 외 생물복원**(*ex situ* bioremediation)은 현장의 오염된 토양이나 물을 다른 곳으로 옮겨 처리하는 방법이다.

고유 생물복원(intrinsic bioremediation) 또는 **자연감쇠**(natural attenuation)는 어떤 자극이나 처리공정의 도입 없이 자연상태에서 일어나는 오염물질의 생분해 과정을 의미한다.

15.5.2 생물복원의 적용

1) 산소의 공급

(1) 생물반응조(Bioreactor)를 이용한 생물복원

오염된 토양과 지하수 부근에 관정(管井)을 설치하여 오염된 지하수를 뽑아 올려서 지상의 생물반응조(bioreactor)에 의한 처리를 거친 후, 처리된 지하수에 미생물에 필요한 영양물질(N, P)과 산소를 주입한 뒤 파이프라인을 통해서 오염부위에 재주입한다.

이 체제에서 지상에 설치된 오염물질에 순응된(acclimated) 미생물이 함유된 생물반응조의 적용 공정은 현장 외 처리공정으로 간주할 수 있다.

(2) 생물환기(Bioventing)와 생물여과(Biofiltration)를 이용한 생물복원

오염된 토양(불포화층에 존재)에 공기흡입관을 설치하고 진공펌프로 오염물질이 함유된 공기를 뽑아 올려(bioventing) 생물여상을 통과시켜 오염물질을 여과, 분해시킨다(biofiltration). 이를 다시 활성탄 흡착탑을 거쳐 소각시킬 수도 있다. 이러한 운전은 오염부위에 산소공급을 증가시켜 오염물질의 생물분해 속도를 증가시킬 수 있다.

(3) 공기주입(Air sparging)을 이용한 생물복원

지하수면 아래의 오염된 지하수를 처리하기 위해 그 부위에 공기주입관을 설치하여 양압으로 공기를 주입하고, 지하수면 위쪽의 불포화층에는 공기흡입관을 설치하여 진공펌프(음압)로 오염물질이 함유된 공기를 뽑아 올려 생물여상(생물여과)을 거친 후, 활성탄 흡착탑을 거쳐 소각시킬 수도 있다. 이때 오염된 지하수에 공급된 공기는 미생물에 의한 호기성 분해를 촉진시킨다.

2) 영양물질 공급

두 번째로 가장 흔한 생물복원 처리법은 영양물질, 특히 질소와 인을 첨가하는 방법이다. 많은 오염지역은 탄소가 풍부한 유기성 폐기물 함량은 높으나 질소와 인의 함량은 적다. 영양물질의 첨가는 지상에 설치한 회분식 주입조를 이용하여 오염층에 주입된다. 영양물질의 주입 목적은 오염지역 탄소, 질소, 인의 비(C : N : P)를 100 : 10 : 1 정도로 적정화하기 위해서이다.

3) 대체 전자수용체를 이용한 혐기성 분해의 촉진

많은 유기물이 혐기성 조건에서 잘 분해되지 않는 것으로 생각된다. 현재 호기성 분해가 일반적으로 월등히 빠른 과정으로 생각되고 있지만 혐기성 분해도 생물복원의 또 다른 방안으로 제안되고 있다. 이는 일부 지하수 지역에서 호기성 조건을 확립하고 유지하기가 어렵기 때문이다.

혐기성 분해를 이용하기 위한 몇 가지 전자수용체가 제시되고 있는데, NO_3^-, SO_4^{2-}, CO_2, Fe^{3+} 등이 거론되고 있는 물질이다.

현장 적용에 대한 사례는 적지만 질산 이온이 우수한 것으로 나타나고 있다. 이 전자수용체에 관한 연구는 생물복원 영역의 새로운 부분이며 확실히 앞으로 수년 내에 상당히 높은 관심을 받게 될 것으로 보인다.

4) 계면활성제의 첨가

오염물질의 생물이용성을 높여 생분해성을 향상시키기 위한 방안으로 계면활성제 첨가법이 제안되고 있다. 계면활성제는 화학적으로 합성하기도 하지만 많은 미생물에 의하여 생산되기도 하는데, 미생물에 의해 생산되는 계면활성제를 **생물 계면활성제**(biosurfactant)라 부른다.

이들 물질은 기계, 의류, 식기 등에 붙어있는 유류 잔재를 효과적으로 제거하는 산업용 및 가정용 세제와 유사한 역할을 한다. 오염물질들은 수중 계면활성제 현탁 미립자(micelle)의 내부에 용해되어 물과 함께 제거된다. 이들 현탁 미립자는 직경 5～10 nm 정도의 크기이다. 또한 생물 계면활성제는 미생물들이 기름방울에 잘 부착하게 해주는 역할을 할 수 있다.

실험실 연구에 의하면 합성 계면활성제 및 생물 계면활성제 공히 유기오염물질의 용해도를 상당히 높일 수 있는 것으로 알려지고 있다.

5) 미생물 또는 DNA의 첨가

토양에 적절한 생분해성 미생물이 없거나 오염물질의 독성에 의하여 미생물 개체군이 월등히 감소한 경우, 존재하는 미생물의 수를 증가시키기 위해 미생물 개체군을 첨가할 수 있다. 이 방법을 **생물증대법**(bioaugmentation)이라 한다.

첫 번째 생물증대법으로 과학자들은 오염물질을 빠르게 분해할 수 있는 "superbug"을 개발하고 있다. 이러한 미생물은 실험실 조건에서 계속 적응시키거나 유전공학적 조작에 의하여 개발할 수 있다. 생분해의 관점에서 보면 이들 superbug은 자연계에 존재하는 미생물군에 비해 그 능력이 월등할 수 있다.

Superbug의 장점을 이용하는 다른 방법으로 환경조건을 제어할 수 있는 생물반응기에 도입하는 방안이 있다. 지상처리 체제로 이용하는 생물반응기의 높은 처리효율은 많이 보고되어 있고 실용화되어 있다.

두 번째 생물증대법은 환경의 고유 미생물에 특이한 분해능력을 제공할 수 있는 **특별한 유전자를 첨가**해 주는 방법이다. 이 방법은 첨가해 준 유전물질을 고유 미생물이 흡수하여 새로운 유기물 분해기능을 얻을 수 있어야 한다. 유전자 전달에 이용될 수 있는 두 가지 방법이 시도되고 있다. 첫 번째는 **접합**(conjugation)에 의해 유전자를 전달할 수 있는 미생물을 첨가하는 방법이다. 이 때 첨가미생물의 DNA 일부가 고유미생물에 이동되는 것을 기대한다. 두 번째는 노출된 DNA 자체를 토양에 첨가하여 **형질전환**(transformation)을 통해 전달하는 방법이다. 두 번째 방법은 유전자 전달의 어려움을 감소시킬 수도 있는데 그 이유는 단독 DNA가 전체 세포보다 크기가 훨씬 작기 때문이다.

참고문헌

관광자원개발 가이드라인, 한국문화관광연구원, 문화체육관광부 관광사업국.
국가기본계획, 국무총리실 기후변화대책기획단, 대한민국정책포털.
그린광고 전략과 그 한계점, 최병용.
그린시대의 환경 마케팅, 정헌배, 규장각.
기업 환경경영 실태조사, 환경부.
기후변화 대응을 위한 바이오 에너지 기술동향 및 활용, 임성렬, 한국그린전략경영협회.
기후변화와 경제, 윤성이, 송파기후아카데미.
기후변화협약 제대로 보기, 대한상공회의소.
기후변화협약 체제의 협상과 우리의 선택, 최석영, 외교통상부.
기후변화협약과 교토의정서, 에너지경제연구원, 산업자원부.
기후변화협약과 산림, 정병현, 국립산림과학원.
기후변화협약의 도전과 한국의 대응, 삼성경제연구소.
노현정, 우리나라 기업의 그린마케팅 전개방안에 관한 연구(www.ienews.net/nonmun/no8.html).
녹색성장 산업의 비전과 발전전략, 박현종, 한국그린전략경영협회.
녹색성장, 녹색성장위원회.
녹색정보화 추진계획, 행정안전부.
두산그룹, 환경보전강령 해설서.
사회와 환경을 위한 공헌, 조장희.
새로운 성장동력 대체에너지, 이강후, 북스힐.
선진국 기후변화 동향보고서, 기후변화과학대책과.
신재생에너지, 에너지관리공단 신재생에너지센터, 북스힐.
CDM에 대한 법률가이드, UNEP, 산업자원부.
IT 부문 에너지 사용 현황 분석 및 Green IT 정책 개발 연구, NIA.
알기 쉬운 저탄소 녹색성장, 지속가능경영원, 대한상공회의소.
유엔 기후중립 가이드, UNEP한국위원회.
저탄소 녹색성장, 김임순, 북스힐.
저탄소녹색성장과 에너지정책, 한국산업기술대학, 에너지경제연구원.
정헌배, 전게서, 1997
지구환경과학, 김기은 외, 북스힐.
지방자치단체의 기후변화 대응 현황 및 실천 방향, 정연돈, 한국그린전략경영협회.
친환경 위장제품 현황과 과제, 이정임, 이슈&진단 No245. 2016.08.31.
폐기물처리, 박석환 외, 동화기술.
환경경영, 이병욱 외, 에코리브르.
환경경영론, 이병욱, 비봉출판사.
환경과 생태, 박석환 외, 동화기술.
환경과 인간, 강치구 외, 동화기술.
환경보전강령 해설서, 두산그룹.

환경분야 녹색성장 실천계획, 환경부.
환경생태학, 박석환 외, 신광문화사.
한국 IBM ; 그린 IT 실현을 위한 전략과 방안
Green Marketing, Ken Peattie, Pitman Publishing.
The Green Management Revolution, Waldermar Hopfenbeck, Prentice-Hall.
Waldermar Hopfenbeck, 'The Green Management Revolution', Prentice-Hall.
17greengrowth.pa.go.kr
biz.chosun.com/site/data/html_dir/2018/01/11/2018011102996.html#csidx9a2b9c
danmee.chosun.com/site/data/html_dir/2008/06/05/2008060500364.html
el.keiti.re.kr/service/index.do
home.nownuri.net
korean.visitkorea.or.kr
miraeng73.blog.me
webbook.me.go.kr 환경백서 - 환경부
webbook.me.go.kr/DLi-File/091/020/008/5592507.pdf
www.adamproject.eu
www.advertising.co.kr
www.amma-eu.org
www.atm.helsinki.fi/eucaari
www.carboeurope.org
www.carbonfootprint.com
www.carboocean.or
www.catholictimes.org/view.aspx?AID=260590&ACID=715)
www.claris-eu.org
www.climateactionprogramme.org
www.co2sink.org
www.compass.or.kr
www.damocles-eu.org
www.enet.or.kr
www.ensembles-eu.org
www.europa.eu.int/comm/research/environment/geo/article
www.foa.go.kr
www.furim.com
www.gcn.or.kr/
www.gmes.info
www.green.korea.kr
www.greengrowth.go.kr
www.greenpeace.org
www.greenproduct.go.kr
www.greenstart.kr
www.hansung.ac.kr
www.ipcrystalclear.info

www.iso-korea.com
www.kcnet.or.kr 대한민국정부 - 한국건설신기술협회
www.keltl.re.kr
www.kfrl.go.kr
www.konetic.or.kr/ 국가환경산업기술정보시스템
www.konetic.or.kr/dataroom/new_termsense_view.asp?unique_num=26065&tblco
www.konetic.or.kr/infocenter/marketpolicy_in_view.asp?unique_num=16481&tblNm=TBL_ENVIROMENT
www.me.go.kr
www.mersea.eu.org
www.nesshy.net
www.pa.op.dlr.de/quantify
www.renew-fuel.com
www.riss.kr/search/detail/DetailView.do?p_mat_type=be54d9b8bc7cdb09&control_no=42d1caa4f8273a0ff fe0bdc3ef48d419#redirect
www.sedaily.com/NewsView/1RZE1SV8JH
www.sisunnews.co.kr/news/articleView.html?idxno=74416
www.unep.or.kr/wed/2008/sub4.html
www.yonhapnews.co.kr/bulletin/2018/08/05

찾아보기

● 사

● 아

● 자

● 차

● 타

● 파

저자소개

· **김 임 순 (金林順)**

광운대학교 환경공학과 교수
광운대학교 환경대학원 주임 교수
한양대학교 보건관리학과 보건학박사
연세대학교 보건대학원 환경관리학과 보건학석사

한국환경영향평가학회 감사역임 이사
대한환경위해성보건과학회 부회장

서울시 건설기술심의위원회 위원
서울시 환경영향평가위원회 위원
식품의약품안전처 식품위생심의위원회 위원
보건복지부 민원제도개선협의회 위원
환경부 환경영향평가협의내용 이의신청심의위원 역임
환경부 중앙환경보전자문위원 역임
서울시 디자인기술개발지원사업 최종평가위원 역임
경기도청 지방산업단지계획 심의위원 역임

· **박 석 환 (朴碩煥)**

서원대학교 환경공학과 교수
서울대학교 보건대학원 환경보건학과 환경보건학 석·박사
서울대학교 자연과학대학 미생물학과 이학사

폐기물처리 기술사

중앙인사위원회 행정고등고시 기술직(환경직) 출제위원
한국산업인력공단 환경기술사 출제위원
한국환경공단 설계자문위원회 위원
한국환경기술진흥원 환경신기술평가 심의위원
한국산업기술진흥원 대한민국 기술사업화 자문단 위원
한국화학시험연구원 폐기물자원화분야 전문위원
한국산업기술평가원 환경기술평가 심의위원

기후변화와 환경 정가 15,000원

발 행 2018년 9월 10일 2판 1쇄
저 자 김임순·박석환
발행인 정우용
발행처 도서출판 동화기술
경기도 파주시 광인사길 201(문발동, 파주출판도시)
Tel (031)955-4211~6 donghwapub@nate.com
Fax (031)955-4217 www.donghwapub.co.kr
(등록) 1977년 12월 19일/9-16호

Printed in Korea
ISBN 978-89-425-9190-9